高等教育土建学科专业"十二五"规划教材
国家示范性高职院校工学结合系列教材

装饰装修工程施工

（建筑工程技术专业）

孙　武　主　编
王　玮　副主编

中国建筑工业出版社

图书在版编目（CIP）数据

装饰装修工程施工/孙武主编．—北京：中国建筑工业出版社，2010.9（2023.3重印）

（高等教育土建学科专业"十二五"规划教材．国家示范性高职院校工学结合系列教材．建筑工程技术专业）

ISBN 978-7-112-12427-5

Ⅰ.①装… Ⅱ.①孙… Ⅲ.①建筑装饰-工程施工-高等学校：技术学校-教材 Ⅳ.①TU767

中国版本图书馆CIP数据核字（2010）第180705号

本书是徐州建筑职业技术学院国家示范性高职院校建设项目成果之一。本书主要内容包括墙体装饰装修工程施工、顶棚装饰装修工程施工和楼地面装饰装修工程施工三部分内容。本书可作为高职高专建筑工程技术专业相关课程教材，也可供相关专业工程技术人员参考。

责任编辑：朱首明 李 明
责任设计：赵明霞
责任校对：王 颖 关 健

高等教育土建学科专业"十二五"规划教材
国家示范性高职院校工学结合系列教材

装饰装修工程施工
（建筑工程技术专业）
孙 武 主编
王 玮 副主编

*

中国建筑工业出版社出版、发行（北京西郊百万庄）
各地新华书店、建筑书店经销
北京红光制版公司制版
北京建筑工业印刷厂印刷

*

开本：787×1092毫米 1/16 印张：22½ 字数：560千字
2010年9月第一版 2023年3月第十次印刷
定价：47.00元
ISBN 978-7-112-12427-5
(19688)

版权所有 翻印必究
如有印装质量问题，可寄本社退换
（邮政编码100037）

本系列教材编委会

主　任：袁洪志
副主任：季　翔
编　委：沈士德　王作兴　韩成标　陈年和　孙亚峰　陈益武
　　　　张　魁　郭起剑　刘海波

序

　　20世纪90年代起,我国高等职业教育进入快速发展时期,高等职业教育占据了高等教育的半壁江山,职业教育迎来了前所未有的发展机遇,特别是国家启动示范性高职院校建设项目计划,促使高职院校更加注重办学特色与办学质量、深化内涵、彰显特色。我校自2008年成为国家示范性高职院校建设单位以来,在课程体系与教学内容、教学实验实训条件、师资队伍、专业及专业群、社会服务能力等方面进行了深化改革,探索建设具有示范特色的教育教学体制。

　　本系列教材是在工学结合思想指导下,结合"工作过程系统化"课程建设思路,突出"实用、适用、够用"特点,遵循高职教育的规律编写的。本系列教材的编者大部分具有丰富的工程实践经验和较为深厚的教学理论水平。

　　本系列教材的主要特点有:(1)突出工学结合特色。邀请施工企业技术人员参与教材的编写,教材内容大多采用情境教学设计和项目教学方法,所采用案例多来源于工程实践,工学结合特色显著,以培养学生的实践能力。(2)突出实用、适用、够用特点。传统教材多采用学科体系,将知识切割为点。本系列教材以工作过程或工程项目为主线,将知识点串联,把实用的理论知识和实践技能在仿真情境中融会贯通,使学生既能掌握扎实的理论知识,又能学以致用。(3)融入职业岗位标准、工作流程,体现职业特色。在本系列教材编写中根据行业或者岗位要求,把国家标准、行业标准、职业标准及工作流程引入教材中,指导学生了解、掌握相关标准及流程。学生掌握最新的知识、熟知最新的工作流程,具备了实践能力,毕业后就能够迅速上岗。

　　根据国家示范性建设项目计划,学校开展了教材编写工作。在编写工程中得到了中国建筑工业出版社的大力支持,在此,谨向支持或参与教材编写工作的有关单位、部门及个人表示衷心感谢。

　　本系列教材的付梓出版也是学校示范性建设项目成果之一,欢迎提出宝贵意见,以便在以后的修订中进一步完善。

徐州建筑职业技术学院
2010.9

前 言

随着国民经济的飞速发展和人们物质文化生活的不断提高，建筑装饰装修在人们的生活中越来越发挥着重要的作用。建筑装饰装修工程施工对于改善建筑内外空间环境的清洁卫生条件，提高建筑物的热工、声响、光照等物理性能，并结合防火、防盗、防震、防水等各种安全措施的完善，优化人类生活和工作的物质环境，具有显著的功能作用。同时，通过装饰装修对于建筑空间的合理规划与艺术分隔，配以各类方便使用并具有装饰装修价值的装饰装修设置和家具等，对于增加建筑的有效面积，创造完备的使用条件，有着不可替代的实际意义。

本书基于对常见装饰装修施工工作过程的分析，建立了工作过程系统化的课程体系。内容分为墙体装饰装修工程施工、顶棚装饰装修工程施工、楼地面装饰装修工程施工三个单元，重点介绍各类装饰装修施工的施工准备（包括技术准备、材料准备、机具准备、作业条件等内容）、施工工艺（包括工艺流程和操作工艺）、质量标准及检验方法、成品保护、安全环保措施和质量文件等内容，突出理论与实践的结合，应用性突出、可操作性强。

由于编者水平有限，错误在所难免，敬请读者批评指正。

本书编写的具体分工为：孙武编写单元 1，安沁丽编写单元 2，王玮编写单元 3 的第 2 节和第 3 节，朱超编写单元 3 的第 1 节，全书由孙武担任主编，王玮担任副主编。

目 录

单元 1 墙体装饰装修工程施工 ··· 1
  1.1 墙体抹灰施工 ·· 2
    1.1.1 内墙抹灰施工 ·· 4
    1.1.2 外墙抹灰施工 ··· 25
  1.2 墙体饰面工程施工 ··· 49
    1.2.1 墙体贴面工程施工 ··· 50
    1.2.2 墙体涂料装饰施工 ··· 93
    1.2.3 墙体裱糊工程施工 ··· 107
    1.2.4 墙体软包工程施工 ··· 121
  1.3 轻质隔墙工程施工 ·· 127
    1.3.1 轻钢龙骨隔墙施工 ··· 127
    1.3.2 木龙骨板材隔墙施工 ·· 140
    1.3.3 玻璃隔墙施工 ··· 144
  1.4 门窗幕墙工程施工 ·· 149
    1.4.1 门窗工程施工 ··· 149
    1.4.2 幕墙工程施工 ··· 180

单元 2 顶棚装饰装修工程施工 ·· 221
  2.1 轻钢龙骨吊顶施工 ·· 225
  2.2 木龙骨吊顶施工 ··· 241
  2.3 铝合金龙骨吊顶施工 ··· 249
  2.4 开敞式吊顶施工 ··· 252

单元 3 楼地面装饰装修工程施工 ··· 259
  3.1 建筑地面工程概论 ·· 260
  3.2 基层施工 ··· 264
    3.2.1 垫层施工 ··· 264
    3.2.2 找平层工程施工 ·· 274
  3.3 面层施工 ··· 280

3.3.1 整体面层施工 ……………………………………………… 280

3.3.2 板块面层铺设 ……………………………………………… 304

参考文献 ………………………………………………………………… 350

单元 1
墙体装饰装修工程施工

引　言

墙体装饰装修是建筑装饰装修的重要内容，其不仅可以美化建筑物，还可以保护墙体不受自然界侵害，并且能够提高隔热、隔声、保温防火、防风等性能。墙体装饰装修种类繁多，常用的有墙体抹灰、饰面板（砖）安装、门窗幕墙安装以及隔墙安装等。本单元主要学习墙面装饰装修工程施工的施工准备、施工工艺流程和操作工艺、质量标准、成品保护、安全环保措施、质量文件。

学习目标

通过学习，你将能够：
（1）根据实际工程选用墙体装饰装修工程材料并进行材料准备。
（2）合理选择施工机具，编制施工机具需求计划。
（3）通过施工图、相关标准图集等资料制定施工方案。
（4）在施工现场，进行安全、技术、质量管理控制。
（5）正确使用检测工具对墙体装饰装修施工质量进行检查验收。
（6）进行安全、文明施工。

1.1 墙体抹灰施工

学习目标

（1）根据实际工程合理进行墙体抹灰施工准备；
（2）墙体抹灰构造做法；
（3）墙体抹灰工艺流程；
（4）正确使用检测工具对墙体抹灰施工质量进行检查验收；
（5）进行安全、文明施工。

关键概念

一般抹灰；装饰抹灰；灰饼；冲筋；罩面

1. 抹灰工程的分类

（1）一般抹灰

一般抹灰其面层材料有石灰砂浆、水泥砂浆、水泥混合砂浆、麻刀灰、纸筋灰和石膏灰等，一般抹灰又按建筑物的标准可分为高级和普通二级。

1）高级抹灰：适用于大型公共、纪念性建筑（如剧院、礼堂、展览馆和高级住宅）以及有特殊要求的高级建筑物等。

高级抹灰要求做一层底层、数层中层和一层面层，其主要工序是阴阳角找方、设置标筋、分层赶平、修整和表面压光；

2）普通抹灰适用于一般、公用和民用房屋（如住宅、宿舍、教学楼）以及高级装修建筑物中的附属用房。

普通抹灰要求做一层底层、一层中层和一层面层，其主要工序是阴阳角找方、设置标筋、分层赶平、修整与表面压光。

（2）装饰抹灰

装饰抹灰根据其面层做法分为水刷石、斩假石、干粘石、喷涂、弹涂、滚涂、仿石和彩色抹灰等，其底层、中层应按照中级及以上标准进行施工。

2. 抹灰的组成

为了保证抹灰表面平整，避免裂缝，抹灰施工

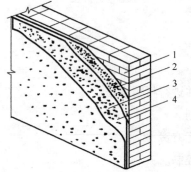

图 1-1 抹灰层的组成
1—基层；2—底层；3—中层；4—面层

一般应分层操作。抹灰层由底层、中层和面层组成（图1-1、表1-1）。

底层主要起与基体粘结和初步找平的作用，厚度一般为5~9mm，所用材料依基层材料和使用要求不同选用。一般对砌体基层可选用石灰砂浆、水泥混合砂浆，有防潮防水要求的用水泥砂浆；对混凝土基层可选用水泥混合砂浆和水泥砂浆；对木板条基层用纸筋灰、麻刀灰或玻璃丝灰。

抹 灰 的 组 成　　　　　表1-1

层次	作用	基层材料	一 般 做 法
底层	主要起与基层粘结作用，兼起初步找平作用	砖墙基层	1. 室内墙面一般采用石灰砂浆或水泥混合砂浆打底； 2. 室外前面，门窗洞口的外侧壁、屋檐、勒脚、压檐墙及湿度较大的房间和车间的抹灰，采用水泥砂浆或水泥混合砂浆
		混凝土基层	1. 宜先刷素水泥浆一道，用水泥砂浆或水泥混合砂浆打底； 2. 高级装饰顶板宜用乳胶水泥砂浆打底
		加气混凝土基层	宜用水泥混合砂浆、聚合物水泥砂浆或掺增稠粉的水泥砂浆打底。打底前先刷一道胶水溶液
		硅酸盐砌块基层	宜用水泥混合砂浆或掺增稠粉水泥砂浆打底
		木板条、苇箔、金属网基层	宜用麻刀石灰砂浆、纸筋石灰砂浆或玻璃丝灰打底，并将灰浆挤入基层缝隙内，以加强拉结
		平整光滑的混凝土基层，如顶棚、墙体基层	可不抹灰，采用粉刷石膏或刮腻子处理
中层	主要起找平作用		1. 基本与底层相同。砖墙则采用麻刀石灰砂浆或纸筋石灰砂浆或粉刷石膏； 2. 根据施工质量要求可以一次抹成，也可以分遍进行
面层	主要起装饰美化作用		1. 要求大面平整、无裂纹，颜色均匀； 2. 室内一般采用麻刀灰、纸筋灰或玻璃丝灰或粉刷石膏，高级墙面用石膏灰，装饰抹灰采用拉毛灰、拉条灰、扫毛灰等。保温隔热墙面应按设计要求 3. 室外常用水泥砂浆、水刷石、干粘石等

中层主要起找平作用，厚度一般为5~12mm，所用材料基本上与底层相同。

面层主要起装饰作用，厚度由面层使用材料不同而异：麻刀灰罩面，其厚度不大于3mm；纸筋灰或石膏灰罩面，其厚度不大于2mm，水泥砂浆面层和装饰面层不大于10mm。

3. 抹灰层的厚度

（1）抹灰层的平均总厚度

抹灰层厚度以达到相应标准要求的平整度来决定，但抹灰层的平均总厚度，不得大于下列规定：

1）顶棚：板条、空心砖、现浇混凝土为15mm；预制混凝土为18mm；金属网为20mm。

2）内墙：普通抹灰为18mm；中级抹灰为20mm；高级抹灰为25mm。

3）外墙为20mm；勒脚及突出墙面部分为25mm。

4）石墙为 35mm。

（2）每层厚度

抹灰工程一般应分遍进行，以使粘结牢固，并能起到找平和保证质量的作用。如果一次抹得太厚，由于内外收水快慢不同，易产生开裂，甚至起鼓脱落，每遍抹灰厚度一般控制如下：

1）抹水泥砂浆每层厚度宜为 5～7mm。

2）抹石灰砂浆和水泥混合砂浆每层厚度宜为 7～9mm。

3）抹灰面层采用麻刀石灰、纸筋石灰、石膏灰、粉刷石膏等罩面时，经赶平、压实后，其厚度麻刀石灰不得大于 3mm，纸筋石灰、石膏灰不得大于 2mm，粉刷石膏不受限制。

4）混凝土大板和大模板建筑的内墙面及楼板底面，宜用腻子分遍刮平，各遍应粘结牢固，总厚度为 2～3mm。

5）板条、金属网顶棚和墙抹灰的底层和中层，宜用麻刀石灰砂浆或纸筋石灰砂浆，各遍应分遍成活，每遍厚度为 3～6mm。

1.1.1 内墙抹灰施工

学习目标

通过本项目的学习和实训，主要掌握：

（1）根据实际工程合理进行内墙抹灰施工准备。

（2）内墙抹灰工艺施工。

（3）正确使用检测工具对内墙抹灰施工质量进行检查验收。

（4）进行安全、文明施工。

内墙抹灰施工工艺流程如下：

基层清理→浇水湿润→吊垂直、套方、找规矩、做灰饼→抹水泥踢脚或墙裙→做护角抹水泥窗台→墙面冲筋→抹底灰→修抹预留孔洞、配电箱、槽、盒等→抹罩面灰

1. 施工准备

（1）技术准备

1）完成抹灰工程的施工图、设计说明及其他设计文件。

2）完成材料的产品合格证书、性能检测报告、进场验收记录和复验报告。

3）完成施工技术交底（作业指导书）。

（2）材料准备

1）水泥

宜采用普通水泥或硅酸盐水泥，也可采用矿渣水泥、火山灰水泥、粉煤灰水泥及复合水泥。水泥强度等级宜采用 32.5 级以上颜色一致、同一批号、同一品种、同一强度等级、同一厂家生产的产品。

水泥进场需对产品名称、代号、净含量、强度等级、生产许可证编号、生产地址、出厂编号、执行标准、日期等进行外观检查，同时验收合格证。

2）砂

宜采用平均粒径 0.35～0.5mm 的中砂，在使用前应根据使用要求过筛，筛好后保持洁净。

3）磨细石灰粉

其细度过 0.125mm 的方孔筛，累计筛余量不大于 13%，使用前用水浸泡使其充分熟化，熟化时间最少不小于 3d。

浸泡方法：提前备好大容器，均匀地往容器中撒一层生石灰粉，浇一层水，然后再撒一层，再浇一层水，依次进行，当达到容器的 2/3 时，将容器内放满水，使之熟化。

4）石灰膏

石灰膏与水调合后具有凝固时间快，并在空气中硬化，硬化时体积不收缩的特性。

用块状生石灰淋制时，用筛网过滤，贮存在沉淀池中，使其充分熟化。熟化时间常温一般不少于 15d，用于罩面灰时不少于 30d，使用时石灰膏内不得含有未熟化的颗粒和其他杂质。在沉淀池中的石灰膏要加以保护，防止其干燥、冻结和污染。

5）纸筋

采用白纸筋或草纸筋施工时，使用前要用水浸透（时间不少于三周），并将其捣烂成糊状，并要求洁净、细腻。用于罩面时宜用机械碾磨细腻，也可制成纸浆。要求稻草、麦秆应坚韧、干燥、不含杂质，其长度不得大于 30mm，稻草、麦秆应经石灰浆浸泡处理。

6）麻刀

必须柔韧干燥，不含杂质，行缝长度一般为 10～30mm，用前 4～5d 敲打松散并用石灰膏调好，也可采用合成纤维。

7）材料关键要求

①水泥

使用前或出厂日期超过三个月必须复验，合格后方可使用。不同品种、不同强度等级的水泥不得混合使用。

②砂：要求颗粒坚硬，不含有机有害物质，含泥量不大于 3%。

③石灰膏：使用时不得含有未熟化颗粒及其他杂质，质地洁白、细腻。

④纸筋：要求品质洁净，细腻。

⑤麻刀：要求纤维柔韧干燥，不含杂质。

⑥进入施工现场的材料应按相关标准规定要求进行检验。

（3）机具准备

麻刀机、砂浆搅拌机、纸筋灰拌合机、窄手推车、铁锹、筛子、水桶（大小）、灰槽、灰勺、刮杠（大 2.5m，中 1.5m）、靠尺板（2m）、线坠、钢卷尺、方尺、托灰板、铁抹子、木抹子、塑料抹子、八字靠尺、方口尺、阴阳角抹子、长舌铁抹子、金属水平尺、捋角器、软水管、长毛刷、鸡腿刷、钢丝刷、茅草帚、喷壶、小线、钻子（尖、扁）、粉线袋、铁锤、钳子、钉子、托线板等，如图 1-2～图 1-7 所示。

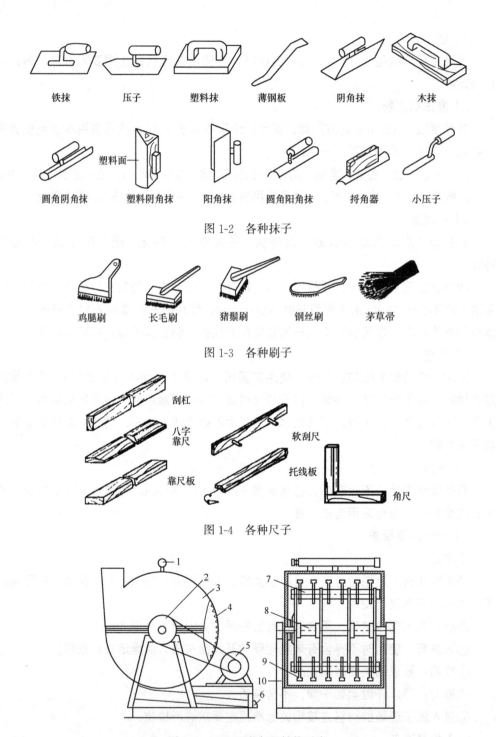

图 1-2 各种抹子

图 1-3 各种刷子

图 1-4 各种尺子

图 1-5 UL2型淋灰机结构示意
1—水管；2—皮带轮；3—筒体；4—角钢；5—自动机；
6—溜槽；7—甩轴；8—甩锤；9—主轴；10—机架

（4）作业条件

1）主体结构必须经过相关单位（建设单位、施工单位、质量监理、设计单位）检验合格。

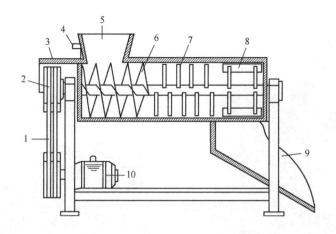

图 1-6　麻刀灰拌合机结构示意

1—皮带；2—皮带轮；3—防护罩；4—水管；5—进料斗；6—螺旋片；
7—打灰板；8—刮灰板；9—出料斗；10—电动机

2）抹灰前应检查门窗框安装位置是否正确，需埋设的接线盒、电箱、管线、管道套管是否固定牢固。连接处缝隙应用 1∶3 水泥砂浆或 1∶1∶6 水泥混合砂浆分层嵌塞密实，若缝隙较大时，应在砂浆中掺少量麻刀嵌塞，将其填塞密实，并用塑料贴膜或薄钢板将门窗框加以保护。

3）将混凝土过梁、梁垫、圈梁、混凝土柱、梁等表面凸出部分剔平，将蜂窝、麻面、露筋、疏松部分剔到实处，并刷胶粘性素水泥浆或界面剂。然后用 1∶3 的水泥砂浆分层抹平。脚手眼和废弃的孔洞应堵严，外露钢筋头、铅丝头及木头等要剔除，窗台砖补齐，墙与楼板、梁底等交接处应用斜砖砌严补齐。

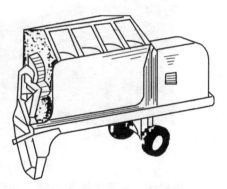

图 1-7　单卧轴式砂浆搅拌机

4）配电箱（柜）、消火栓（柜）以及卧在墙内的箱（柜）等背面露明部分应加钉钢丝网固定好，涂刷一层胶粘性素水泥浆或界面剂，钢丝网与最小边搭接尺寸不应小于 10cm。窗帘盒、通风篦子、吊柜、吊扇等埋件、螺栓位置，标高应准确牢固，且防腐、防锈工作完毕。

5）对抹灰基层表面的油渍、灰尘、污垢等应清除干净，对抹灰墙面结构应提前浇水均匀湿透。

6）抹灰前屋面防水及上一层地面最好已完成，如没完成防水及上一层地面需进行抹灰时，必须有防水措施。

7）抹灰前应熟悉图纸、设计说明及其他设计文件，制定方案，做好样板间，经检验达到要求标准后方可正式施工。

8）抹灰前应先搭好脚手架或准备好高马凳，架子应离开墙面 20～25cm，便于操作。

2. 施工工艺

（1）操作工艺

1）基层清理（图1-8～图1-10）

图1-8 砖砌体清除杂物，洒水润湿

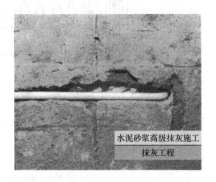

图1-9 加气混凝土基层洒水刷界面剂后抹水泥混合砂浆

凿毛

甩或喷掺胶水泥砂浆毛化处理

图1-10 混凝土基层毛化处理

①砖砌体：应清除表面杂物，残留灰浆、舌头灰、尘土等。

②混凝土基体：表面凿毛或在表面洒水润湿后涂刷1∶1水泥砂浆（加适量胶粘剂或界面剂）。

③加气混凝土基体：应在湿润后边涂刷界面剂，边抹强度不大于M5的水泥混合砂浆。

2）浇水湿润

一般在抹灰前一天，用软管或胶皮管或喷壶顺墙自上而下浇水湿润，每天宜浇两次。

3）吊垂直、套方、找规矩、做灰饼

根据设计图纸要求的抹灰质量，根据基层表面平整垂直情况，用一面墙做基准，吊垂直、套方、找规矩，确定抹灰厚度，抹灰厚度不应小于7mm。当墙面凹度较大时应分层衬平。每层厚度不大于7～9mm。操作时应先抹上灰饼，再抹下灰饼。抹灰饼（做标志俗称做塌饼）时应根据室内抹灰要求，确定灰饼的正确位置，再用靠尺板找好垂直与平整。灰饼宜用1∶3水泥砂浆抹成5cm×5cm形状。

房间面积较大时应先在地上弹出十字中心线，然后按基层面平整度弹出墙角线，随后在距墙阴角 100mm 处吊垂线并弹出铅垂线，再按地上弹出的墙角线往墙上翻引弹出阴角两面墙上的墙面抹灰层厚度控制线，以此做灰饼，然后根据灰饼冲筋。

做灰饼一般按下列步骤进行，见图 1-11～图 1-16：

①用 2m 直尺任意方向靠在墙面上，检查墙面平整度；用 2m 长托线板垂直地靠在墙面上，检查墙面垂直度；

②在墙面上浇水使其湿润；

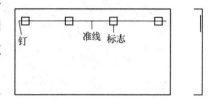

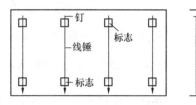

图 1-11 做灰饼步骤

③在墙面上方阴角附近（约距顶棚及内墙 10cm 处），用底层灰同样砂浆抹上一块 5cm×5cm 的砂浆块（塌饼），其表面要抹平；

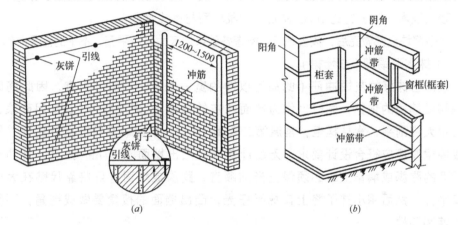

图 1-12 挂线做标准灰饼及冲筋

（a）灰饼、标筋位置示意图；（b）水平横向标筋示意图

图 1-13 在墙体角部做灰饼

图 1-14 水平拉线，补做中间灰饼，间距 1.5m

④待已抹砂浆块稍干后，在其右侧或左侧钉上圆钉，在钉杆间系根准线，使准线与砂浆块表面相平；

⑤按照准线，在墙面上方每隔 1.5m 左右再做若干砂浆块（塌饼）；

图1-15 水平拉线，补做中间灰饼　　图1-16 拖线板吊直，做下部灰饼

⑥待各砂浆块稍干后，在其上方钉上圆钉，在钉杆上挂个线锤吊下来，吊线与砂浆块面平齐；

⑦按照线锤，在墙面下方每隔1.5m左右（与上方塌饼相对）再做若干砂浆块，此处砂浆块离踢脚上边约10cm左右，砂浆块面与吊线平齐；

⑧砂浆块全部做完后，拔去圆钉。检查各砂浆块表面是否平整，不平的需及时修补。

4）抹水泥踢脚（或墙裙）

根据已抹好的灰饼冲筋（此筋可以冲的宽一些，8～10cm为宜，因此筋即为抹踢脚或墙裙的依据，同时也作为墙面抹灰的依据），底层抹1∶3水泥砂浆，抹好后用大杠刮平，木抹搓毛，常温第二天用1∶2.5水泥砂浆抹面层并压光，抹踢脚或墙裙厚度应符合设计要求，无设计要求时凸出墙面5～7mm为宜。凡凸出抹灰墙面的踢脚或墙裙上口必须保证光洁顺直，踢脚或墙面抹好将靠尺贴在大面与上口平齐，然后用小抹子将上口抹平压光，凸出墙面的棱角要做成钝角，不得出现毛茬和飞棱。

5）做护角

墙、柱间的阳角应在墙、柱面抹灰前用1∶2水泥砂浆做护角，其高度自地面以上2m。其做法详见图1-17～图1-19，然后将墙、柱的阳角处浇水湿润。第一步在阳角正面立上八字靠尺，靠尺突出阳角侧面，突出厚度与成活抹灰面平齐。然后在阳角侧面，依靠尺边抹水泥砂浆，并用铁抹子将其抹平，按护角宽度（不小于5cm）将多

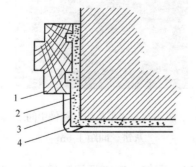 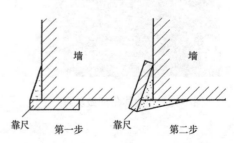

图1-17 护角　　　　　　　图1-18 水泥护角做法示意图

1—窗口；2—墙面抹灰；
3—面层；4—水泥护角

余的水泥砂浆铲除。第二步待水泥砂浆稍干后,将八字靠尺移到抹好的护角面上(八字坡向外)。在阳角的正面,依靠尺边抹水泥砂浆,并用铁抹子将其抹平,按护角宽度将多余的水泥砂浆铲除。抹完后去掉八字靠尺,用素水泥浆涂刷护角尖角处,并用捋角器自上而下捋一遍,使形成钝角。

图 1-19 做护角(一)

起八字靠尺

捋角器修圆角

每侧不小于50mm修成45°斜面

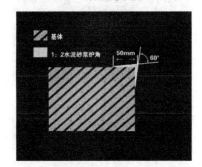
护角构造要求,高不小于2m

图 1-19　做护角(二)

6)抹水泥窗台

先将窗台基层清理干净,松动的砖要重新补砌好。砖缝划深,用水润透,然后用1∶2∶3豆石混凝土铺实,厚度宜大于2.5cm,次日刷胶粘性素水泥一遍,随后抹1∶2.5水泥砂浆面层,待表面达到初凝后,浇水养护2～3d,窗台板下口抹灰要平直,没有毛刺。

7)墙面冲筋(做标筋、出柱头,图1-20～图1-22)

当灰饼砂浆达到七八成干时,即可用与抹灰层相同砂浆冲筋,冲筋根数应根据房间的宽度和高度确定,一般标筋宽度为5cm。两筋间距不大于1.5m。即在上下两砂浆块之间,用底层灰同样的砂浆抹成砂浆条(灰梗),其宽度同砂浆块,抹上砂浆后用刮尺在砂浆条面上来回搓动,使砂浆条与砂浆块一样平,见图1-20。

当墙面高度小于3.5m时宜做立筋,大于3.5m时宜做横筋,做横向冲筋时做灰饼的间距不宜大于2m,见图1-21。

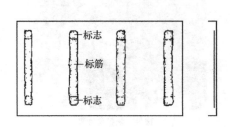
图 1-20　做标筋

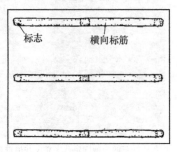
图 1-21　横向标筋

在两灰饼之间抹砂浆灰条，略高于灰饼

用刮尺以灰饼为准将灰条刮平　　　　　　修正灰条成坡面

图 1-22　标筋

8）抹底灰（图 1-23～图 1-27）

一般情况下冲筋完成 2h 左右可开始抹底灰为宜，抹前应先抹一层薄灰，要求将基体抹严，抹时用力压实使砂浆挤入细小缝隙内，接着分层装档、抹灰与冲筋平齐，用木杠刮找平整，用木抹子搓毛。

抹底层灰可用托灰板（大板）盛砂浆，用力将砂浆推抹到墙面上，一般应从上而下进行，在两标筋之间的墙面上砂浆抹满后，即用长刮尺两头靠着标筋，从下而上进行刮灰，使抹上的底层灰与标筋面相平，再用木抹来回抹压，去高补低，最后再用铁抹压平一遍。

然后全面检查底子灰是否平整，阴阳角是否方直、整洁，管道后与阴角交接处、墙顶板交接

图 1-23　抹底层灰

处是否光滑平整、顺直，并用托线板检查墙面垂直与平整情况。散热器后边的墙面抹灰，应在散热器安装前进行，抹灰面接槎应平顺，地面踢脚板或墙裙，管道背后应及时清理干净，做到活完底清。

9）修抹预留孔洞、配电箱、槽、盒

当底灰抹平后，要随即由专人把预留孔洞、配电箱、槽、盒周边 5cm 宽的石灰砂浆刮掉，并清除干净，用大毛刷沾水沿周边刷水湿润，然后用 1∶1∶4 水泥混合砂浆，把洞口、箱、槽、盒周边压抹平整、光滑。

图 1-24 抹底层灰

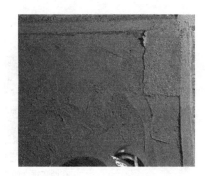

图 1-25 抹中层灰

图 1-26 用刮尺刮平（刮杠）

图 1-27 刮杠

10）抹罩面灰

应在底灰六七成干时开始抹罩面灰（抹时如底灰过干应浇水湿润），罩面灰两遍成活，厚度约 2mm，操作时最好两人同时配合进行，一人先刮一遍薄灰，另一人随即抹平。依先上后下的顺序进行，然后赶实压光，压时要掌握火候，既不要出现水纹，也不可压活，压好后随即用毛刷蘸水将罩面灰污染处清理干净。施工时整面墙不宜甩破活，如遇有预留施工洞时，可甩下整面墙待抹为宜。

铁抹运行方向应注意：不要乱抹，最后一遍抹压宜是垂直方向，各分遍之间宜互相垂直抹压。墙面上半部与墙面下半部面层灰接头处应压抹理顺，不留抹印。

11）阴阳角找方

两墙面相交的阴角、阳角抹灰方法，一般按下述步骤进行（图 1-28、图 1-29）。

①用阴角方尺检查阴角的直角度，用阳角方尺检查阳角的直角度。用线锤检查阴角或阳角的垂直度。根据直角度及垂直度的误差，确定抹灰层厚度。阴、阳角处洒水湿润。

②将底层灰抹于阴角处，用木阴角抹压住抹灰层并上下搓动，使阴角处抹灰基本上达到直角。如靠近阴角处有已结硬的标筋，则木阴角器应沿着标筋上下搓动，基本搓平后，再用阴角抹上下抹压，使阴角线垂直。

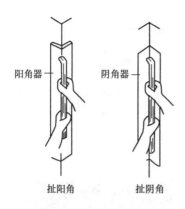

图 1-28 阴角、阳角抹灰　　图 1-29 阴阳角要双面做灰饼并吊垂直

③将底层灰抹于阳角处,用木阳角器压住抹灰层并上下搓动,使阳角处抹灰基本上达到直角。再用阳角抹上下抹压,使阳角线垂直。

④在阴角、阳角处底层灰凝结后,洒水湿润,将中层灰抹于阴角、阳角处,分别用阴角抹、阳角抹上下抹压,使中层灰达到平整。

⑤待阴角、阳角处中层灰凝结后,洒水湿润,将面层灰抹于阴角、阳角处,分别用阴角抹、阳角抹上下抹压,使面层灰达到平整光滑。

阴阳角找方应与墙面抹灰相配合进行,即墙面抹底层灰时,阴、阳角抹底层灰找方。

(2) 技术关键要求

1) 冬期施工现场温度最低不低于5℃。

2) 抹灰前基层处理,必须经验收合格,并填写隐蔽工程验收记录。

3) 不同材料基体交接处表面的抹灰,应采取防止开裂的加强措施,当采用加强网时,加强网与各基体的搭接宽度不应小于100mm,详见图1-30。

3. 质量标准

(1) 一般规定

1) 抹灰工程验收时应检查下列文件和记录:

①抹灰工程的施工图、设计说明及其他设计文件。

②材料的产品合格证书、性能检测报告、进场验收记录和复验报告。

③隐蔽工程验收记录。

④施工记录。

2) 抹灰工程应对水泥的凝结时间和安定性进行复验。

3) 抹灰工程应对下列隐蔽工程项目进行验收:

①抹灰总厚度不小于35mm时的加强措施。

②不同材料基体交接处的加强措施。

4) 各分项工程的检验批应按下列规定划分:

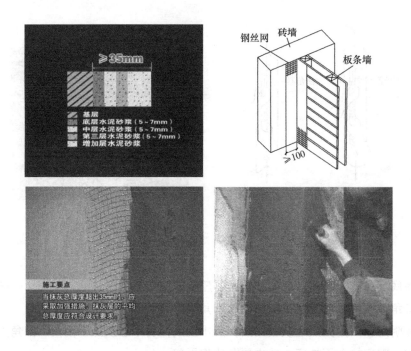

图 1-30 抹灰加强措施

①相同材料、工艺和施工条件的室外抹灰工程每 500~1000m² 应划为一个检验批,不足 500m² 也应划为一个检验批。

②相同材料、工艺和施工条件的室内抹灰工程每 50 个自然间(大面积房间和走廊按抹灰面积 30m² 为一间)应划分为一个检验批,不足 50 间也应划分为一个检验批。

5)检查数量应符合下列规定:

室内每个检验批应至少抽查 10%,并不得少于 3 间;不足 3 间时应全数检查。

6)抹灰用的石灰膏的熟化期不应少于 15d;罩面用的磨细石灰粉的熟化期不应少于 3d。

7)室内墙面、柱面和门洞口的阳角做法应符合设计要求。设计无要求时,应采用 1:2 水泥砂浆做护角,其高度不应低于 2m,每侧宽度不应小于 50mm。

8)当要求抹灰层具有防水、防潮功能时,应采用防水砂浆。

9)各种砂浆抹灰层,在凝结前应防止快干、水冲、撞击、振动和受冻,在凝结后应采取措施防止玷污和损坏。水泥砂浆抹灰层应在湿润条件下养护。

(2)主控项目

1)抹灰前基层表面的尘土、污垢、油渍等应清除干净,并应洒水润湿。

检验方法:检查施工记录。

2)一般抹灰所用材料的品种和性能应符合设计要求。水泥的凝结时间和安定性复验应合格。砂浆的配合比应符合设计要求。

检验方法:检查产品合格证书、进场验收记录、复验报告和施工记录。

3)抹灰工程应分层进行。当抹灰总厚度不小于 35mm 时,应采取加强措施。不同材料基体交接处表面的抹灰,应采取防止开裂的加强措施,当采用加强网时,加强网与各基体的搭接宽度不应小于100mm。

检验方法：检查隐蔽工程验收记录和施工记录。

4）抹灰层与基层之间及各抹灰层之间必须粘结牢固，抹灰层应无脱层、空鼓，面层应无爆灰和裂缝。

检验方法：观察；用小锤轻击检查；检查施工记录。

（3）一般项目

1）一般抹灰工程的表面质量应符合下列规定：

①普通抹灰表面应光滑、洁净、接槎平整，分格缝应清晰。

②高级抹灰表面应光滑、洁净、颜色均匀、无抹纹，分格缝和灰线应清晰美观。

检验方法：观察；手摸检查。

2）护角、孔洞、槽、盒周围的抹灰表面应整齐、光滑；管道后面的抹灰表面应平整。

检验方法：观察。

3）抹灰层的总厚度应符合设计要求；水泥砂浆不得抹在石灰砂浆层上；罩面石膏灰不得抹在水泥砂浆层上。

检验方法：检查施工记录。

4）抹灰分格缝的设置应符合设计要求，宽度和深度应均匀，表面应光滑，棱角应整齐。

检验方法：观察；尺量检查。

5）有排水要求的部位应做滴水线（槽）。滴水线（槽）应整齐顺直，滴水线应内高外低，滴水槽宽度和深度均不应小于10mm。

检验方法：观察；尺量检查。

6）一般抹灰工程质量的允许偏差和检验方法应符合表1-2的规定。

一般抹灰的允许偏差和检验方法　　　　　　　表1-2

项次	项目	允许偏差		检验方法
		普通抹灰	高级抹灰	
1	立面垂直度	4	3	用2m垂直检测尺检查
2	表面平整度	4	3	用2m靠尺和塞尺检查
3	阴阳角方正	4	3	用直角检测尺检查
4	分格条（缝）直线度	4	3	用5m线，不足5m拉通线，用钢尺检查
5	墙裙、勒脚上口直线度	4	3	用5m线，不足5m拉通线，用钢尺检查

注：1. 普通抹灰，本表第3项阴角方正可不检查；
　　2. 顶棚抹灰，本表第2项表面平整度可不检查，但应平顺。

（4）质量关键要求

抹灰工程质量关键是粘结牢固，无开裂、空鼓和脱落，施工过程应注意：

1）抹灰基体表面应彻底清理干净，对于表面光滑的基体应进行毛化处理。

2）抹灰前应将基体充分浇水均匀润透，防止基体浇水不透造成抹灰砂浆中的水分很快被基体吸收，造成质量问题。

3）严格各层抹灰厚度，防止一次抹灰过厚，造成干缩率增大，造成空鼓、开裂等质量问题。

4）抹灰砂浆中使用材料应充分水化，防止影响粘结力。

4. 成品保护

（1）抹灰前必须将门、窗口与墙间的缝隙按工艺要求将其嵌塞密实，对木制门、窗口应采用薄钢板、木板或木架进行保护，对塑钢或金属门、窗口应采用贴膜保护。

（2）抹灰完成后应对墙面及门、窗口加以清洁保护，门、窗口原有保护层如有损坏的应及时修补确保完整直至竣工交验。

（3）在施工过程中，搬运材料、机具以及使用小手推车时，要特别小心，防止碰、撞、磕划墙面、门、窗口等。后期施工操作人员严禁蹬踩门、窗口、窗台，以防损坏棱角。

（4）抹灰时墙上的预埋件、线槽、盒、通风箅子、预留孔洞应采取保护措施，防止施工时灰浆漏入或堵塞。

（5）拆除脚手架、跳板、高马凳时要加倍小心，轻拿轻放，集中堆放整齐，以免撞坏门、窗口、墙面或棱角等。

（6）当抹灰层未充分凝结硬化前，防止快干、水冲、撞击、振动和挤压，以保证灰层不受损伤和有足够的强度。

（7）施工时不得在楼地面上和休息平台上拌合灰浆，对休息平台、地面和楼梯踏步要采取保护措施，以免搬运材料或运输过程中造成损坏。

5. 安全环保措施

（1）安全措施

1）室内抹灰采用高凳上铺脚手板时，位置变动于两块（50cm）脚手板之间，间距不得大于2m，移动高凳时上面不得站人，作业人员最多不得超过2人。高度超过2m时，应由架子工搭设脚手架。

2）室内施工使用手推车时，拐弯时不得猛拐。

3）作业过程中遇有脚手架与建筑物之间拉接，未经技术人员同意，严禁拆除。必要时由架子工负责采取加固措施后，方可拆除。

4）采用井子架、龙门架、外用电梯垂直运输材料时，卸料平台通道的两侧边安全防护必须齐全、牢固，吊盘（笼）内小推车必须加挡车沿，不得向井内探头张望。

5）脚手板不得搭设在门窗、暖气片、洗脸池等承重的物器上。

6）夜间或阴暗作业，应用36V以下安全电压照明。

7）参加施工人员应坚守岗位，严禁酒后操作，淋制石灰人员要带防护眼镜。

8）机械操作人员必须身体健康，并经专业培训合格，持证上岗，学员不得独立操作。

9）凡患有高血压、心脏病、贫血病、癫痫病及不适宜高空作业人员不得从事高空作业。

（2）环保措施

1）使用现场搅拌站时，应设置施工污水处理设施。施工污水未经处理不得随意排放，需要向施工区外排放时必须经相关部门批准方可排放。

2）施工垃圾要集中堆放，严禁将垃圾随意堆放或抛撒。施工垃圾应由合格消纳单位组织消纳，严禁随意消纳。

3）大风天严禁筛制砂料、石灰等材料。

4）砂子、石灰、散装水泥要封闭或苫盖集中存放，不得露天存放。

5）清理现场时，严禁将垃圾杂物从窗口、洞口、阳台等处采用抛撒运输方式，以防造成粉尘污染。

6）施工现场应设立合格的卫生环保设施，严禁随处大小便。

7）施工现场使用或维修机械时，应有防滴漏油措施，严禁将机油滴漏于地表，造成土壤污染。清修机械时，废弃的棉丝（布）等应集中回收，严禁随意丢弃或燃烧处理。

6. 质量记录

（1）施工技术资料

1）图纸会审记录

2）一般抹灰施工方案

3）一般抹灰施工技术交底记录

（2）施工物资资料

1）材料、构配件进场检验记录

2）进场材料的出厂质量证明文件

3）水泥试验报告

4）砂试验报告

（3）施工记录

1）一般抹灰施工记录

2）隐蔽工程检查记录（填写示例如表1-3）

3）交接检查记录

（4）施工试验记录

砂浆配合比申请单、通知单

（5）施工质量验收记录

1）一般抹灰工程检验批质量验收记录表（填写示例如表1-4）

2）一般抹灰分项工程质量验收记录表（填写示例如表1-5）

3）墙面一般抹灰质量分户验收记录表（填写示例如表1-6）

抹灰隐蔽工程验收记录

表 1-3

工程名称	××工程	项目经理	×××	
分项工程名称	一般抹灰	专业工长	×××	
隐蔽工程项目	水泥砂浆抹灰	施工单位	××建设工程有限公司	
施工标准名称及代号	《建筑装饰装修工程质量验收规范》（GB 50210—2001）	施工图名称及编号	结施××、结施××	
隐蔽工程部位	质量要求	施工单位自查记录	监理（建设）单位验收记录	
东立面五层外墙水泥砂浆抹灰	抹灰厚度	抹灰工程分层进行，抹灰总厚度为20mm，梁、柱与空心砖砌体交接处表面的抹灰，用密目钢丝网加强以防止开裂，钢丝网各基体的搭接宽度为150mm	符合要求	
	不同材料基体交接处的加强措施	在8轴与A、B轴南面墙面抹灰为40mm；中间加一道钢丝网加强	符合要求	
施工单位自查结论	经检查，符合设计要求和《建筑装饰装修工程质量验收规范》（GB 50210—2001）的规定。 施工单位项目技术负责人：×××　　　　　　　　　　　　　　　　　　　2006年×月×日			
监理（建设）单位验收结论	同意隐蔽。 监理工程师：××× （建设单位项目负责人）　　　　　　　　　　　　　　　　　　　　　　2006年×月×日			

一般抹灰工程检验批质量验收记录

表 1-4

工程名称	××工程	检验批部位	三层①~⊗ Ⓐ~⊗轴内墙	施工执行标准名称及编号		建筑装饰装修工程施工工艺标准（QB×××—2005）
施工单位	××建设集团有限公司	项目经理	×××	专业工长		×××
分包单位	—	分包项目经理	×××	施工班组长		—
序号		GB 50210—2001 的规定		施工单位检查评定记录		监理（建设）单位验收记录
主控项目	1	抹灰前基层表面的尘土、污垢、油渍等应清除干净、并应洒水润湿。		观察，基层表面干净，已洒水润湿		主要材料品种、性能符合设计要求，水泥凝结时间和安定性复试合格；基层表面清理干净、抹灰层粘结牢固
	2	一般抹灰所用材料的品种和性能应符合设计要求。水泥的凝结时间和安定性复验应合格。砂浆的配合比应符合设计要求。		水泥经复试符合要求，复试单编号：××××，砂浆配合比符合设计要求		
	3	抹灰工程应分层进行。当抹灰总厚度大于或等于 35mm 时，应采取加强措施。不同材料基体交接处表面的抹灰，应采取防止开裂的加强措施，当采用加强网时，加强网与各基体的搭接宽度不应小于 100mm。		抹灰层厚度及其防裂措施符合设计规范规定		
	4	抹灰层与基层之间及各抹灰层之间必须粘结牢固、抹灰层应无脱层、空鼓、面层应无爆灰和裂缝。		抹灰层与基层之间及各抹灰层之间粘接牢固，抹放层无脱层、空鼓，面层无爆灰和裂缝		
一般项目	1	一般抹灰工程的表面质量应符合规范规定。		经观察、手摸和对照施工记录检查，符合规范规定		抹灰层表面质量、阴阳角抹灰质量符合施工规范要求；每层抹灰厚度符合设计及规范要求
	2	护角、孔洞、槽、盒周围的抹灰表面整齐、光滑；管道后面的抹灰表面应平整。		对照设计图纸和施工记录检查，符合规范规定要求		
	3	抹灰层的总厚度应符合设计要求；水泥砂浆不得抹在石灰砂浆层上；罩面石膏灰不得抹在水泥砂浆层上。		对照设计图纸检查，符合设计和规范规定要求		
	4	抹灰分格缝的设置应符合设计要求。		分格缝宽度、深度均匀，表面光滑，棱角整齐		
	5	有排水要求的部位应做滴水线（槽）。		—		
	6			允许偏差（mm）		

	项次	项　目	普通抹灰√	高级抹灰									
	1	立面垂直度	4	3	4	4	4	4	4	3	3	3	4
	2	表面平整度	4	3	4	4	4	4	3	4	4	3	4	3
	3	阴阳角方正	4	3	4	3	4	2	4	4	4	3	3
	4	分格条（缝）直线度	4	3	3	2	4	4	4	3	3	4	3
	5	墙裙、勒脚上口直线度	4	3									

施工单位检查评定结果	经检查，工程主控项目、一般项目均符合设计和《建筑装饰装修工程质量验收规范》（GB 50210—2001）的规定，评定合格。 　项目专业质量检查员：×× 　　　　　　　　　　　　　　　　2006 年×月×日
监理（建设）单位验收结论	同意施工单位评定结果，验收合格，同意进行下道工序施工。 　监理工程师（建设单位项目专业技术负责人）：××× 　　　　2006 年×月×日

一般抹灰分项工程质量验收记录表　　　表 1-5

单位（子单位）工程名称	××工程	结构类型	框架
分部（子分部）工程名称	抹灰	检验批数	8
施工单位	××建设工程有限公司	项目经理	×××
分包单位	××装饰装修工程有限公司	分包项目经理	×××

序号	检验批名称及部位、区段	施工单位检查评定结果	监理（建设）单位验收结论
1	一层①～⑩/Ⓐ～Ⓖ轴墙（室内）	检查合格	
2	二层①～⑩/Ⓐ～Ⓖ轴墙（室内）	检查合格	
3	三层①～⑩/Ⓐ～Ⓖ轴墙（室内）	检查合格	
4	四层①～⑩/Ⓐ～Ⓖ轴墙（室内）	检查合格	
5	五层①～⑩/Ⓐ～Ⓖ轴墙（室内）	检查合格	验收合格
6	六层①～⑩/Ⓐ～Ⓖ轴墙（室内）	检查合格	
7	七层①～⑩/Ⓐ～Ⓖ轴墙（室内）	检查合格	
8	八层①～⑩/Ⓐ～Ⓖ轴墙（室内）	检查合格	

说明：

检查结论	一至八层①～⑩/Ⓐ～Ⓖ轴墙（室内）抹灰工程施工质量符合《建筑装饰装修工程质量验收规范》（GB 50210—2001）的要求，一般抹灰分项工程合格。 项目专业技术负责人：×× ××年×月×日	验收结论	同意施工单位检查结论，验收合格。 监理工程师：××× （建设单位项目专业技术负责人） ××年×月×日

墙面一般抹灰工程质量分户验收记录表

表 1-6

单位工程名称	××住宅楼	结构类型	框架结构	层　数	十　层
验收部位(房号)	一单元202室	户　型	两室两厅一卫	检查日期	××年×月×日
建设单位	××房地产开发有限公司	参检人员姓名	×××	职务	建设单位代表
总包单位	××建设集团有限公司	参检人员姓名	×××	职务	质量检查员
分包单位	××装饰装修工程有限公司	参检人员姓名	×××	职务	质量检查员
监理单位	××建设监理有限公司	参检人员姓名	×××	职务	土建监理工程师
施工执行标准名称及编号			《建筑装饰装修工程施工工艺标准》(QB×××—××)		

施工质量验收规范的规定（GB 50210—2001）					施工单位检查评定记录	监理（建设）单位验收记录
主控项目	1	基层表面			第4.2.2条	—	—
	2	材料品种的性能			第4.2.3条	—	—
	3	操作要求			第4.2.4条	—	—
	4	层粘结及面层质量			第4.2.5条	经观察和小锤轻击检查，无脱层、空鼓，符合规范规定要求	合　格
一般项目	1	表面质量			第4.2.6条	经观察、手摸和对照施工记录检查，符合规范规定	合　格
	2	细部质量			第4.2.7条	对照设计图纸和施工记录检查，符合规范规定要求	合　格
	3	层与层间材料要求层总厚度			第4.2.8条	—	—
	4	分格缝			第4.2.9条	分格缝宽度、深度均匀，表面光滑、棱角整齐	合　格
	5	滴水线（槽）			第4.2.10条	—	—
	6	允许偏差	项　目	允许偏差			
				√普通抹灰	高级抹灰			
			立面垂直度	4	3	2 3 2 4 1 1 2 3 2 3	合　格
			表面平整度	4	3	3 2 1 2 3 2 2 4 2 2	合　格
			阴阳角方正	4	3	2 3 3 1 3 3 1 3 3 2	合　格
			分格条（缝）直线度	4	3	2 2 3 2 3 3 1 2 3 2	合　格
			墙裙、勒脚上口直线度	4	3	3 2 2 2 1 3 2 2 3 2	合　格

复查记录	监理工程师（签章）：　　　年 月 日 建设单位专业技术负责人（签章）：　　　年 月 日
施工单位检查评定结果	经检查，主控项目、一般项目均符合设计要求和《建筑装饰装修工程质量验收规范》(GB 50210—2001)的规定，评定合格。 　　　　总包单位质量检查员：（签章）×××　　××年×月×日 　　　　分包单位质量检查员：（签章）×××　　××年×月×日
监理单位验收结论	验收合格。 　　　　监理工程师（签章）：×××　　××年×月×日
建设单位验收结论	验收合格。 　　　　建设单位专业技术负责人（签章）：×××　　××年×月×日

附：施工技术交底

技术交底要有针对性及详细可操作性,技术交底的基本要求及流程主要有以下几个方面：

1. 工程概况

工程概况是说明部分,是对拟建项目安装工程的一个简单扼要、突出重点的文字介绍,使施工操作人员能够熟悉所施工的工程内容。

2. 质量目标

标明本分项工程要求的技术质量标准,若有企业标准按企业标准要求,没有制定企业标准的分项工程,按国家质量验收标准和有关规范、规程执行,要有具体的量化的数值。

3. 施工准备

主要包括技术准备、材料准备、机具准备、人员安排、作业条件等内容。

（1）技术准备

1）熟悉图纸,按设计要求准备相应的施工工艺规程、施工验收规范、施工质量检验评定标准及图集等。

2）提供施工人员用工手续,备齐相应的上岗证及培训证书。

3）所需材料要求复试的,要提供合格的材料复试检验报告单。

4）备齐施工中所需的计量、测量器具,并要经检测部门检测合格,有合格证书。

5）检查主要机具是否完好,能否满足正常施工使用。

6）工种交接检查记录应齐全,并有交接双方工长签字认可。

（2）材料准备

本分项工程主要采用的原材料、辅料的准备。

（3）机具准备

本分项工程使用的主要机具、量具等。

（4）劳动力安排

根据本分项工程所需主要工种、配合工种人员情况,合理安排劳动力。

（5）作业条件

根据本分项工程的实际情况,要写清楚：

1）满足本道工序施工的必备条件。

2）要求上道工序达到的标准。

4. 操作工艺

主要包括工艺流程、操作要点和技术要求等内容。

（1）工艺流程

一般分项工程工艺流程用图框及箭头表示。

（2）操作要点

要明确本分项工程的主要操作要点,具体操作要描述清楚。

（3）技术要求

要表达清楚本分项工程在技术上的具体要求是什么。

5. 质量标准

（1）主控（保证）项目要求

详细描述对产品或工程项目的质量起到决定性作用的检验项目的具体要求。

（2）一般（基本）项目要求

简单描述对产品或工程项目的质量不起决定性作用的检验项目。

6. 成品保护

成品保护有三个方面的内容，第一方面是保护已施工完成主体结构及装修完成的成品保护；第二方面是对自己施工完成项目的成品保护；第三方面是要求下道工序对成品的保护措施。

7. 其他

主要包括安全措施、文明施工、环境保护措施等。

安全措施包括本分项工程保证安全的具体措施；与本分项工程相关的机具安全防护措施的制定。文明施工是按施工所在地文明施工具体要求，加强材料管理，做到活完底清。环境保护是施工中垃圾的清理、废弃物的处理、减少施工噪声等的具体措施。

1.1.2　外墙抹灰施工

学习目标

通过本项目的学习和实训，主要掌握：

（1）根据实际工程合理进行外墙抹灰施工准备。

（2）外墙抹灰施工工艺。

（3）正确使用检测工具对外墙抹灰施工质量进行检查验收。

（4）进行安全、文明施工。

1.1.2.1　外墙一般抹灰施工

外墙一般抹灰施工工艺流程如下：

墙面基层清理、浇水湿润→堵门窗口缝及脚手眼、孔洞→吊垂直、套方、找规矩、抹灰饼、冲筋→抹底层灰、中层灰→弹线分格、嵌分格条→抹面层灰、起分格条→抹滴水线→养护

1. 基本规定

（1）基本规定

1）设计

①抹灰工程应有施工图、设计说明及其他设计文件。

②相关各单位专业之间应进行交接验收并形成记录。

2）材料

①所有材料进场时应对品种、规格、外观和数量进行验收。材料包装应完好，应有产品合格证书。

②进场后需要进行复验的材料应符合国家规范规定。

③现场配制的砂浆、胶粘剂等,应按设计要求或产品说明书配制。

④不同品种、不同强度等级的水泥不得混合使用。

3)施工

①在施工中严禁违反设计文件擅自改动建筑主体、承重结构或主要使用功能,严禁未经设计确认和有关部门批准擅自拆改水、暖、电、燃气、通信等配套设施。

②各工序应按施工技术标准进行质量控制,每道工序完成后,应进行"工序交接"检验。

③相关各专业工种之间,应进行交接检验,并形成记录,未经监理工程师或建设单位技术负责人检查认可,不得进行下道工序施工。

④施工过程质量管理应有相应的施工技术标准和质量管理体系,加强过程质量控制管理。

⑤施工完成验收前应将施工现场清理干净。

⑥施工单位应遵守有关环境保护的法律法规,并应采取有效措施控制施工现场的各种粉尘、废弃物、噪声、振动等对周围环境造成的污染和危害。

(2)质量要求

1)普通抹灰:表面光滑、洁净、接槎平整,分格线应清晰。

2)高级抹灰:表面光滑、颜色均匀,无抹痕、线角及灰线平直方正、分格线清晰美观。

2. 施工准备

(1)技术准备

1)抹灰工程的施工图、设计说明及其他设计文件完成。

2)材料的产品合格证书、性能检测报告、进场验收记录和复验报告完成。

3)施工组织设计(方案)已完成,经审核批准并已完成交底工作。

4)施工技术交底(作业指导书)已完成。

(2)材料准备

1)水泥

宜采用普通水泥或硅酸盐水泥,彩色抹灰宜采用白色硅酸盐水泥。水泥强度等级宜采用32.5级以上颜色一致、同一批号、同一品种、同一强度等级、同一厂家生产的产品。

水泥进场需对产品名称、代号、净含量、强度等级、生产许可证编号、生产地址、出厂编号、执行标准、日期等进行外观检查,同时验收合格证。

2)砂

宜采用平均粒径0.35~0.5mm的中砂,在使用前应根据使用要求过筛,筛好后保持洁净。

3)磨细石灰粉

其细度过0.125mm的方孔筛,累计筛余量不大于13%,使用前用水浸泡使其充分熟化，熟化时间不少于 3d。

浸泡方法：提前备好大容器，均匀地往容器中撒一层生石灰粉，浇一层水，然后再撒一层，再浇一层水，依次进行，当达到容器的 2/3 时，将容器内放满水，使之熟化。

4）石灰膏

石灰膏与水调合后具有凝固时间快，并在空气中硬化，硬化时体积不收缩的特性。

用块状生石灰淋制时，用筛网过滤，贮存在沉淀池中，使其充分熟化。熟化时间常温一般不少于 15d，用于罩面灰时不少于 30d，使用时石灰膏内不得含有未熟化的颗粒和其他杂质。在沉淀池中的石灰膏要加以保护，防止其干燥、冻结和污染。

5）掺加材料

当使用胶粘剂或外加剂时，必须符合设计及国家规范要求。

（3）机具准备

1）砂浆搅拌机：可根据现场使用情况选择强制式或小型鼓筒混凝土搅拌机等。

2）手推车：室内抹灰时采用窄式卧斗或翻斗式，室外可根据使用情况选择窄式或普通式斗车。手推车宜采用胶胎轮或充气胶胎轮，不宜采用硬质胎轮。

3）施工工具：铁锹、筛子、水桶（大小）、灰槽、灰勺、刮杠（大 2.5m，中 1.5m）、靠尺板、线坠、钢卷尺、方尺、托灰板、铁抹子、木抹子、塑料抹子、八字靠尺、方口尺、阴阳角抹子、长舌铁抹子、金属水平尺、捋角器、软水管、长毛刷、鸡腿刷、钢丝刷、笤帚、喷壶、小线、钻子（尖、扁）、粉线袋、铁锤、钳子、钉子、托线板等，见图 1-2～图 1-7。

（4）作业条件

1）主体结构必须经过相关单位（建设单位、施工单位、质量监理、设计单位）检验合格。

2）抹灰前应检查门窗框安装位置是否正确，需埋设的接线盒、电箱、管线、管道套管是否固定牢固。连接处缝隙应用 1∶3 水泥砂浆或 1∶1∶6 水泥混合砂浆分层嵌塞密实，若缝隙较大时，应在砂浆中掺少量麻刀嵌塞，将其填塞密实。

3）将混凝土过梁、梁垫、圈梁、混凝土柱、梁等表面凸出部分剔平，将蜂窝、麻面、露筋、疏松部分剔到实处，并刷胶粘性素水泥浆或界面剂。然后用 1∶3 的水泥砂浆分层抹平。脚手眼和废弃的孔洞应堵严，外露钢筋头、铅丝头及木头等要剔除，窗台砖补齐，墙与楼板、梁底等交接处应用斜砖砌严补齐。

4）配电箱、消火栓等背后裸露部分应加钉钢丝网固定好，可涂刷一层界面剂，钢丝网与最小边搭接尺寸不应小于 10cm。

5）对抹灰基层表面的油渍、灰尘、污垢等应清除干净。

6）抹灰前屋面防水最好是提前完成，如没完成防水及上一层地面需进行抹灰时，必须有防水措施。

7）抹灰前应熟悉图纸、设计说明及其他设计文件，制定方案，做好样板间，经检验达到要求标准后方可正式施工。

8）外墙抹灰施工要提前按安全操作规范搭好外架子。架子离墙20~25cm以利于操作。为保证减少抹灰接槎，使抹灰面平整，外架宜铺设三步板，以满足施工要求。为保证抹灰不出现接缝和色差，严禁使用单排架子，同时不得在墙面上预留临时孔洞等。

9）抹灰开始前应对建筑整体进行表面垂直、平整度检查，在建筑物的大角两面、阳台、窗台等两侧吊垂直弹出抹灰层控制线，以作为抹灰的依据。

3. 施工工艺

（1）墙面基层清理、浇水湿润

1）砖墙基层处理

将墙面上残存的砂浆、舌头灰剔除干净，污垢、灰尘等清理干净，用清水冲洗墙面，将砖缝中的浮砂、尘土冲掉，并将墙面均匀湿润。

2）混凝土墙基层处理

因混凝土墙面在结构施工时大都使用脱膜隔离剂，表面比较光滑，故应将其表面进行处理，其方法：采用脱污剂将墙面的油污脱除干净，晾干后采用机械喷涂或笤帚涂刷一层薄的胶粘性水泥浆或涂刷一层混凝土界面剂，使其凝固在光滑的基层上，以增加抹灰层与基层的附着力，不出现空鼓开裂。再一种方法可采用将其表面用尖钻子均匀剔成麻面，使其表面粗糙不平，然后浇水湿润。

3）加气混凝土墙基层处理

加气混凝土砌体本身强度较低，孔隙率较大，在抹灰前应对松动及灰浆不饱满的拼缝或梁、板下的顶头缝，用砂浆填塞密实。将墙面凸出部分或舌头灰剔凿平整，并将缺棱掉角、坑凹不平和设备管线槽、洞等同时用砂浆整修密实、平顺。用托线板检查墙面垂直偏差及平整度，根据要求将墙面抹灰基层处理到位，然后喷水湿润。

（2）堵门窗口缝及脚手眼、孔洞等

堵缝工作要作为一道工序安排专人负责，门窗框安装位置准确牢固，用1:3水泥砂浆将缝隙塞严。堵脚手眼和废弃的孔洞时，应将洞内杂物、灰尘等物清理干净，浇水湿润，然后用砖将其补齐砌严。

（3）吊垂直、套方、找规矩、做灰饼、冲筋

根据建筑高度确定放线方法，高层建筑可利用墙大角、门窗口两边，用经纬仪打直线找垂直。多层建筑时，可从顶层用大线坠吊垂直，绷钢丝找规矩，横向水平线可依据楼层标高或施工+50cm线为水平基准线进行交圈控制，然后按抹灰操作层抹灰饼，做灰饼时应注意横竖交圈，以便操作。每层抹灰时则以灰饼做基准冲筋，使其保证横平竖直。

（4）抹底层灰、中层灰

根据不同的基体，抹底层灰前可刷一道胶粘性水泥浆，然后抹1:3水泥砂浆（加气混凝土墙应抹1:1:6混合砂浆），每层厚度控制在5~7mm为宜。分层抹灰，抹与冲筋平时，用木杠刮平找直，木抹搓毛，每层抹灰不宜跟的太紧，以防收缩影响

质量。

(5) 弹线分格、嵌分格条

根据图纸要求弹线分格、粘分格条。分格条宜采用红松制作,粘前应用水充分浸透。粘时在分格条两侧用素水泥浆抹成45°八字坡形。粘分格条时注意竖条应粘在所弹立线的同一侧,防止左右乱粘,出现分格不均匀。分格条粘好后待底层呈七八成干后可抹面层灰(图1-31、图1-32)。

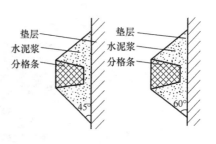

图1-31 分隔条示意图

(6) 抹面层灰、起分格条

待底灰呈七八成干时开始抹面层灰,将底灰墙面浇水均匀湿润,先刮一层薄薄的素水泥浆,随即抹罩面灰与分格条平齐,并用木杠横竖刮平,木抹子搓毛,铁抹子溜光、压实。待其表面无明水时,用软毛刷蘸水垂直于地面向同一方向轻刷一遍,以保证面层灰颜色一致,避免出现收缩裂缝,随后将分格条起出,待灰层干后,用素水泥膏将缝勾好。难起的分格条不要硬起,防止棱角损坏,待灰层干透后补起,并补勾缝(图1-33)。

(7) 抹滴水线

在抹檐口、窗台、窗楣、阳台、雨篷、压顶和突出墙面的腰线以及装饰凸线时,应将其上面做成向外的流水坡度,严禁出现倒坡。下面做滴水线(槽)。窗台上面的抹灰层应深入窗框下坎裁口内,堵塞密实,流水坡度及滴水线(槽)距外表面不小于

弹竖向分格线

弹横向分格线

木分格条应提前一天用水泡透

分格条背面抹素水泥浆

图1-32 弹线分格、嵌分格条(一)

竖向分格条贴在竖向分格线左侧

横向分格条贴在横向分格线下侧

检查分格条平整度

分格条两侧用水泥浆抹成八字形斜角

图1-32 弹线分格、嵌分格条（二）

4cm，滴水线深度和宽度一般不小于10mm，并应保证其流水坡度方向正确，做法见图1-34。

抹滴水线（槽）应先抹立面，后抹顶面，再抹底面。分格条在底面灰层抹好后即可拆除。采用"隔夜"拆条法时，需待抹灰砂浆达到适当强度后方可拆除。

（8）养护

水泥砂浆抹灰常温24h后应喷水养护。冬期施工要有保温措施。

4. 质量标准

外墙的抹灰层与基层之间及各抹灰层之间必须粘结牢固。

外墙抹灰工程施工前应先安装钢木门窗框、护栏等，并应将墙上的施工孔洞堵塞密实。

室外每个检验批每100m²应至少抽查一处，每处不得小于10m²。

抹罩面灰与分格条平

刮杠要横竖刮平

木抹子搓毛

铁抹子溜光、压实

用软毛刷蘸水垂直于地面向同一方向轻刷一遍

起分格条

图 1-33 抹面层灰、起分格条

主控项目和一般项目参见内墙抹灰部分相关内容。

质量关键：

（1）注意防止出现空鼓、开裂、脱落。

1）基体表面要认真清理干净，浇水湿润。

2）基体表面光滑的要进行毛化处理。

3）准确控制各抹灰层的厚度，防止一次抹灰过厚。

4）大面积抹灰应分格，防止砂浆收缩，造成开裂。

5）加强养护。

（2）注意防止阳台、雨罩、窗台等抹灰面水平和垂直方向出现不一致。

1）抹灰前拉通线，吊垂直线检查调整，确定抹灰层厚度。

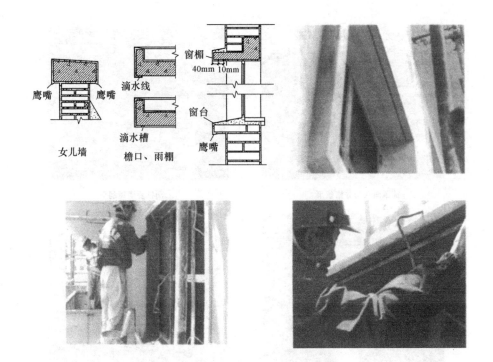

图 1-34 滴水线（槽）做法示意图

2）抹灰时在阳台、雨罩、窗口、柱垛等处水平和垂直方向拉通线找平、找正套方。

（3）注意防止抹灰面不平整，阴阳角不方正、不垂直。

1）抹灰前应认真对整个抹灰部位进行测量，确定抹灰总厚度，对坑凹不平的应分层补平。

2）抹阴阳角时要冲筋，并使用专用工具操作以控制其方正。

5. 成品保护

（1）对已完成的抹灰工程应采取隔离、封闭或看护等措施加以保护。

（2）抹灰前应将木制门、窗口用钢板、木板或木架进行保护，塑钢或金属门、窗口用贴膜或胶带贴严加以保护。抹完灰后要对已完工的墙面及门窗口加以清洁保护，如门窗口原保护层面有损坏的要及时修补确保完整直至竣工交验。

（3）在施工过程中，搬运材料、机具以及使用手推车时，要特别小心，防止碰、撞、磕划墙面、门、窗口等。后期施工操作人员严禁蹬踩门、窗口、窗台，以防损坏棱角。

（4）抹灰时对预埋件、线槽、盒、通风箅子、预留孔洞应采取保护措施，防止施工时灰浆漏入堵塞。

（5）拆除脚手架、跳板、高马凳时要加倍小心，轻拿轻放，集中堆放整齐，以免撞坏门、窗口、墙面或棱角等。

（6）当抹灰层未充分凝结硬化前，防止快干、水冲、撞击、振动和挤压，以保证灰层不受损伤和有足够的强度。

（7）施工时不得在楼地面上和休息平台上拌合灰浆，对休息平台、地面和楼梯踏步要采取保护措施，以免搬运材料或运输过程中造成损坏。

（8）根据温度情况，加强养护。

6. 安全环保措施

（1）安全措施

1）搭设抹灰用高大架子必须有设计和施工方案，参加搭架子的人员，必须经培训合格，持证上岗。

2）遇有恶劣气候，影响安全施工时，禁止高空作业。

3）高空作业衣着要轻便，禁止穿硬底鞋和带钉易滑鞋上班。

4）施工现场的脚手架、防护设施、安全标志和警告牌，不得擅自拆动，需拆动应经施工负责人同意，并由专业人员加固后拆动。

5）乘人的外用电梯、吊笼应有可靠的安全装置，禁止人员随同运料吊篮、吊盘上下。

6）对安全帽、安全网、安全带要定期检查，不符合要求的严禁使用。

7）高大架子必须经相关安全部门检验合格后方可开始使用。

（2）环保措施

1）使用现场搅拌站时，应设置施工污水处理设施。施工污水未经处理不得随意排放，需要向施工区外排放时必须经相关部门批准方可外排。

2）施工垃圾要集中堆放，严禁将垃圾随意堆放或抛撒。施工垃圾应由合格消纳单位组织消纳，严禁随意消纳。

3）大风天严禁筛制砂料、石灰等材料。

4）砂子、石灰、散装水泥要封闭或苫盖集中存放，不得露天存放。

5）清理现场时，严禁将垃圾杂物从窗口、洞口、阳台等处采取抛撒运输方式，以防止造成粉尘污染。

6）施工现场应设立合格的卫生环保设施，严禁随处大小便。

7）施工现场使用或维修机械时，应有防滴漏油措施，严禁将机油滴漏于地表，造成土壤污染。清修机械时，废弃的棉丝（布）等应集中回收，严禁随意丢弃或燃烧处理。

7. 质量记录

（1）抹灰工程设计施工图、设计说明及其他设计文件。

（2）材料的产品合格证书、性能检测报告，进场验收记录，进厂材料复验记录。

（3）工序交接检验记录。

（4）隐蔽工程验收记录。

（5）工程检验批检验记录。

（6）分项工程检验记录。

（7）单位工程检验记录。

（8）质量检验评定记录。

（9）施工记录。

（10）施工现场管理检查记录。

1.1.2.2 外墙装饰抹灰施工

装饰抹灰是指利用材料特点和工艺处理，使抹灰面具有特定的质感、纹理及色泽效果的抹灰类型和施工方式。装饰抹灰除具有与一般抹灰相同的功能外，还能使装饰艺术效果更加鲜明。装饰抹灰的底层和中层的做法与一般抹灰基本相同，只是面层材料和做法有所不同。

装饰抹灰主要包括水刷石、斩假石、干粘石和假面砖等项目，装饰抹灰若能精工细作，其抹灰层既能保持与一般抹灰的相同功能，又可取得独特的装饰艺术效果。

根据当前国内建筑装饰装修的实际情况，国家标准已删除了传统装饰抹灰工程的拉毛灰、扫毛灰、喷砂、喷涂、彩色抹灰和仿石等项目，它们的装饰效果可以由涂料涂饰以及新型装饰制品等所取代。对于较大规模的饰面工程，应综合考虑其用工用料和节能、环保等经济效益与社会效益等多方面的重要因素，例如水刷石，由于其浪费水资源并对环境有污染，也应尽量减少使用。本书考虑到我国各地技术发展的不平衡，此处对装饰抹灰作一简介。

1. 水刷石抹灰工程施工

水刷石抹灰工程施工工艺流程如下：

堵门窗口缝→基层清理→浇水湿润墙面→吊垂直、套方、找规矩、做灰饼、冲筋→分层抹底层砂浆→弹线分格、粘分格条→做滴水线→抹面层石渣浆→修整、赶实压光、喷刷→起分格条、勾缝→养护

（1）施工准备

1）技术准备

A. 完成设计施工图、设计说明及其他设计文件。

B. 施工方案已完成，并通过审核、批准。

C. 施工设计交底、施工技术交底（作业指导书）已签订完成。

2）材料准备

A. 水泥

宜采用普通水泥或硅酸盐水泥，也可采用矿渣水泥、火山灰水泥、粉煤灰水泥及复合水泥。彩色抹灰宜采用白色硅酸盐水泥。水泥强度等级宜采用不小于32.5级颜色一致、同一批号、同一品种、同一强度等级、同一厂家生产的产品。

水泥进场需对产品名称、代号、净含量、强度等级、生产许可证编号、生产地址、出厂编号、执行标准、日期等进行外观检查，同时验收合格证。

B. 砂

宜采用平均粒径0.35~0.5mm的中砂，在使用前应根据使用要求过筛，筛好后保持洁净。

C. 石渣

要求颗粒坚实、整齐、均匀、颜色一致，不含黏土及有机有害物质。所使用的石

渣规格、级配应符合规范和设计要求。一般中八厘为 6mm，小八厘为 4mm，使用前应用清水洗净，按不同规格、颜色分堆晾干后，用苫布苫盖或装袋堆放，施工采用彩色石渣时，要求同一品种、同一产地的产品，宜一次进货备足。

D. 小豆石

用小豆石做水刷石墙面材料时，其粒径 5~8mm 为宜。其含泥量不大于 1%，粒径要求坚硬、均匀。使用前宜过筛，筛去粉末，清除僵块，用清水洗净，晾干备用。

E. 石灰膏

宜采用熟化后的石灰膏。

F. 生石灰粉

使用前要将其焖透熟化，时间应不少于 7d，使其充分熟化，使用时不得含有未熟化的颗粒和杂质。

G. 颜料

应采用耐碱性和耐光性较好的矿物质颜料，使用时应采用同一配合比与水泥干拌均匀，装袋使用。

H. 胶粘剂

应符合国家规范标准要求，掺加量应通过试验。

3）机具准备

A. 砂浆搅拌机：可根据现场情况选用适应的机型。

B. 手推车：室内抹灰时宜采用窄式卧斗或翻斗式，室外可根据使用情况选择窄式或普通式。无论采用哪种形式其车轮宜采用胶胎轮或充气胶胎轮，不宜采用硬质胎轮。

C. 主要工具：水压泵（可根据施工情况确定数量）、喷雾器、喷雾器软胶管（根据喷嘴大小确定口径）、铁锹、筛子、木杠（大、小）、钢卷尺、线坠、画线笔、方口尺、水平尺、水桶（大、小）、小压子、铁溜子、钢丝刷、托线板、粉线袋、钳子、钻子、（尖、扁）、笤帚、木抹子、软（硬）毛刷、灰勺、铁板、铁抹子、托灰板、灰槽、小线、钉子、胶鞋等。

4）作业条件

A. 抹灰工程的施工图、设计说明及其他设计文件已完成。

B. 主体结构应经过相关单位（建设单位、施工单位、监理单位、设计单位）检验合格。

C. 抹灰前按施工要求搭好双排外架子或桥式架子，如果采用吊篮架子时必须满足安装要求，架子距墙面 20~25cm，以保证操作，墙面不应留有临时孔洞，架子必须经安全部门验收合格后方可开始抹灰。

D. 抹灰前应检查门窗框安装位置是否正确固定牢固，并用 1∶3 水泥砂浆将门窗口缝堵塞严密，对抹灰墙面预留孔洞、预埋穿管等已处理完毕。

E. 将混凝土过梁、梁垫、圈梁、混凝土柱、梁等表面凸出部分剔平，将蜂窝、麻面、露筋、疏松部分剔到实处，然后用 1∶3 的水泥砂浆分层抹平。

F. 抹灰基层表面的油渍、灰尘、污垢等应清除干净，墙面提前浇水均匀湿透。

G. 抹灰前应先熟悉图纸、设计说明及其他文件，制定方案要求，做好技术交底，确定配合比和施工工艺，责成专人统一配料，并把好配合比关。按要求做好施工样板，经相关部门检验合格后，方可大面积施工。

（2）施工工艺

1）操作工艺

A. 堵门窗口缝

抹灰前检查门窗口位置是否符合设计要求，安装牢固，四周缝按设计及规范要求已填塞完成，然后用1:3水泥砂浆塞实抹严。

B. 基层清理

a. 混凝土墙基层处理

凿毛处理：用钢錾子将混凝土墙面均匀凿出麻面，并将板面酥松部分剔除干净，用钢丝刷将粉尘刷掉，用清水冲洗干净，然后浇水湿润。

清洗处理：用10%的火碱水将混凝土表面油污及污垢清刷除净，然后用清水冲洗晾干，采用涂刷素水泥浆或混凝土界面剂等处理方法均可。如采用混凝土界面剂施工时，应按所使用产品要求使用。

b. 砖墙基层处理

抹灰前需将基层上的尘土、污垢、灰尘、残留砂浆、舌头灰等清除干净。

C. 浇水湿润

基层处理完后，要认真浇水湿润，浇水时应将墙面清扫干净，浇透浇均匀。

D. 吊垂直、套方、找规矩、做灰饼、冲筋

根据建筑高度确定放线方法，高层建筑可利用墙大角、门窗口两边，用经纬仪打直线找垂直。多层建筑时，可从顶层用大线坠吊垂直，绷钢丝找规矩，横向水平线可依据楼层标高或施工+50cm线为水平基准线交圈控制，然后按抹灰操作层抹灰饼，做灰饼时应注意横竖交圈，以便操作。每层抹灰时则以灰饼做基准冲筋，使其保证横平竖直。

E. 分层抹底层砂浆

混凝土墙：先刷一道胶粘性素水泥浆，然后用1:3水泥砂浆分层装档，抹与冲筋平齐，然后用木杠刮平，木抹子搓毛或花纹。

砖墙：抹1:3水泥砂浆，在常温时可用1:0.5:4混合砂浆打底，抹灰时以冲筋为准，控制抹灰层厚度，分层分遍装档与冲筋抹平，用木杠刮平，然后木抹子搓毛或花纹。底层灰完成24小时后应浇水养护。抹头遍灰时，应用力将砂浆挤入砖缝内使其粘结牢固。

F. 弹线分格、粘分格条

根据图纸要求弹线分格、粘分格条，分格条宜采用红松制作，粘前应用水充分浸透，粘时在分格条两侧用素水泥浆抹成45°八字坡形，粘分格条时注意竖条应粘在所弹立线的同一侧，防止左右乱粘，出现分格不均匀。分格条粘好后待底层灰呈七八成

干后可抹面层灰。

G. 做滴水线

在抹檐口、窗台、窗眉、阳台、雨篷、压顶和突出墙面的腰线以及装饰凸线等时，应将其上面做成向外的流水坡度，严禁出现倒坡。下面做滴水线（槽）。窗台上面的抹灰层应深入窗框下坎裁口内，堵塞密实。流水坡度及滴水线（槽）距外表面不小于4cm，滴水线深度和宽度一般不小于10mm，应保证其坡度方向正确。

抹滴水线（槽）应先抹立面，后抹顶面，再抹底面。分格条在其面层灰抹好后即可拆除。采用隔夜拆条法时须待面层砂浆达到适当强度后方可拆除。

滴水线做法同一般抹灰做法。

H. 抹面层石渣浆

待底层灰六七成干时首先将墙面润湿涂刷一层胶粘性素水泥浆，然后开始用钢抹子抹面层石渣浆。自下往上分两遍与分格条抹平，并及时用靠尺或小杠检查平整度（抹石渣层高于分格条1mm为宜），有坑凹处要及时填补，边抹边拍打揉平。

I. 修整、赶实压光、喷刷

将抹好在分格条块内的石渣浆面层拍平压实，并将内部的水泥浆挤压出来，压实后尽量保证石渣大面朝上，再用铁抹子溜光压实，反复3～4遍。拍压时特别要注意阴阳角部位石渣饱满，以免出现黑边。待面层初凝时（指捻无痕），用水刷子刷不掉石粒为宜，开始刷洗面层水泥浆。喷刷分两遍进行，第一遍先用毛刷蘸水刷掉面层水泥浆，露出石粒，第二遍紧随其后用喷雾器将四周相邻部位喷湿，然后按自上而下顺序喷水冲洗，喷头一般距墙面10～20cm，喷刷要均匀，使石子露出表面1～2mm为宜。最后用水壶从上往下将石渣表面冲洗干净，冲洗时不宜过快，同时注意避开大风天，以避免造成墙面污染发花。若使用白水泥砂浆做水刷石墙面时，在最后喷刷时，可用草酸稀释液冲洗一遍，再用清水洗一遍，墙面更显洁净、美观。

J. 起分格条、勾缝

喷刷完成后，待墙面水分控干后，小心将分格条取出，然后根据要求用线抹子将分格缝溜平抹顺直。

K. 养护

待面层达到一定强度后，可喷水养护防止脱水、收缩造成空鼓、开裂。

L. 阳台、雨罩部位做法

窗台、阳台、雨罩等部位水刷石施工时，应先做小面，后做大面，刷石喷水应由外往里喷刷，最后用水壶冲洗，以保证大面的清洁美观。檐口、窗台、阳台、雨罩等底面应做滴水槽。滴水线（槽）应做成上宽7mm，下宽10mm，深10mm的木条，便于抹灰时木条容易取出，保持棱角不受损坏。滴水线距外皮不应小于4cm，且应顺直。当大面积墙面做水刷石一天不能完成时，在继续施工冲刷新活前，应将前面做的刷石用水淋湿，以防喷刷时粘上水泥浆不便于清洗，防止对原墙面造成污染。施工槎子应留在分格缝上。

2)技术关键要求

A. 分格要符合设计要求,粘条时要按顺序粘在分格线的同一侧。

B. 抹灰前要对基体进行处理检查,并做好隐蔽工程验收记录。

C. 配置砂浆时,材料配合比应用计量器具,不得采用估量法。

D. 喷刷水刷石面层时,要正确掌握喷水时间和喷头角度。

(3)质量标准

1)主控项目

A. 抹灰前基层表面的尘土、污垢、油渍等应清除干净,并应洒水润湿。

检验方法：检查施工记录。

B. 装饰抹灰工程所用材料的品种和性能应符合设计要求。水泥的凝结时间和安定性复验应合格。砂浆的配合比应符合设计要求。

检验方法：检查产品合格证书、进场验收记录、复验报告和施工记录。

C. 抹灰工程应分层进行。当抹灰总厚度不小于 35mm 时,应采取加强措施。不同材料基体交接处表面的抹灰,应采取防止开裂的加强措施,当采用加强网时,加强网与各基体的搭接宽度不应小于 100mm。

检验方法：检查隐蔽工程验收记录和施工记录。

D. 抹灰层之间及抹灰层与基体之间必须粘结牢固,抹灰层应无脱层、空鼓和裂缝。

检验方法：观察；用小锤轻击检查；检查施工记录。

2)一般项目

A. 水刷石表面应石粒清晰、分布均匀、紧密平整、色泽一致,应无掉粒和接槎痕迹。

检验方法：观察；手摸检查。

B. 装饰抹灰分格条(缝)的设置应符合设计要求,宽度和深度应均匀,表面应平整光滑,棱角应整齐。

检验方法：观察。

C. 有排水要求的部位应做滴水线(槽)。滴水线(槽)应顺直,滴水线应内高外低,滴水槽的宽度和深度均不应小于 10mm,应采取加强措施。不同材料基体交接处表面的抹灰,应采取防止开裂的加强措施,当采用加强网时,加强网与各基体的搭接宽度不应小于 100mm。

检验方法：观察；尺量检查。

D. 装饰抹灰工程质量的允许偏差和检验方法应符合表 1-7 规定。

水刷石抹灰的允许偏差和检验方法　　　　　表 1-7

项次	项　目	允许偏差(mm)	检　验　方　法
1	立面垂直度	5	用 2m 垂直检测尺检查
2	表面平整度	3	用 2m 靠尺和塞尺检查

续表

项次	项　目	允许偏差（mm）	检　验　方　法
3	阳角方正	3	用直角检测尺检查
4	分格条（缝）直线度	3	用5m线，不足5m拉通线，用钢尺检查
5	墙裙、勒脚上口直线度	3	用5m线，不足5m拉通线，用钢尺检查

3）质量关键要求

A. 注意防止水刷石墙面出现石子不均匀或脱落，表面混浊不清晰。

①石渣使用前应冲洗干净。

②分格条应在分格线同一侧贴牢。

③掌握好水刷石冲洗时间，不宜过早或过迟，喷洗要均匀，冲洗不宜过快或过慢。

④掌握喷刷石子深度，一般使石粒露出表面1/3为宜。

B. 注意防止水刷石面层出现空鼓、裂缝。

①待底层灰至六七成干时再开始抹面层石渣灰，抹前如底层灰干燥应浇水均匀润湿。

②抹面层石渣灰前应满刮一道胶粘剂素水泥浆，注意不要有漏刮处。

③抹好石渣灰后应轻轻拍压使其密实。

C. 注意防止阴阳角不垂直，出现黑边。

①抹阳角时，要使石渣灰浆接槎正交在阳角的尖角处。

②阳角卡靠尺时，要比上段已抹完的阳角高出1~2mm。

③喷洗阳角时要骑角喷洗，并注意喷水角度，同时喷水速度要均匀。

④抹阳角时先弹好垂直线，然后根据弹线确定的厚度为依据抹阳角石渣灰。同时掌握喷洗时间和喷水角度，特别注意喷刷深度。

D. 注意防止水刷石与散水、腰线等接触部位出现烂根。

①应将接触的平面基层表面浮灰及杂物清理干净。

②抹根部石渣灰浆时注意认真抹压密实。

E. 注意防止水刷石墙面留茬混乱，影响整体效果。

①水刷石槎子应留在分格条缝或水落管后边或独立装饰部分的边缘。

②不得将槎子留在分格块中间部位。

（4）成品保护

1）对已完成的成品可采用封闭、隔离或看护等措施进行保护。

2）对建筑物的出入口处做好的水刷石，应及时采取保护措施，避免损坏棱角。

3）对施工时粘在门、窗框及其他部位或墙面上的砂浆要及时清理干净，对铝合金门窗膜造成损坏的要及时补粘好护膜，以防损伤、污染。抹灰前必须对门、窗口采取保护措施。

4）对已交活的墙面喷刷新活时要将其覆盖好，特别是大风天施工更要细心保护，以防造成污染。抹完灰后要对已完工墙面及门、窗口加以清洁保护，如门、窗口原保护层面有损坏的要及时修补确保完整直至竣工交验。

5）在拆除架子、运输架杆时要制定相应措施，并做好操作人员的交底，以提高责任心，避免造成碰撞、损坏墙面或门窗玻璃等。在施工过程中，对搬运材料、机具以及使用小手推车时，要特别小心，不得碰、撞、磕划墙面、门、窗口等。严禁任何人员蹬踩门、窗柜、窗台，以防损坏棱角。

6）在抹灰时对预埋件、线槽、盒、通风箅子、预留孔洞应采取保护措施，防止施工时掉入灰浆造成堵塞。

7）在拆除脚手架、跳板、高马凳时要加倍小心，轻拿轻放，集中堆放整齐，以免撞坏门、窗口或碰坏墙面及棱角等。

8）当抹灰层未充分凝结硬化前，防止快干、水冲、撞击、振动和挤压，以保证灰层不受损伤并有足够的强度，不出现空鼓开裂现象。

9）施工时不得在楼地面和休息平台上拌合灰浆，施工时应对休息平台、地面和楼梯踏步等采取保护措施，以免搬运材料运输过程中造成损坏。

（5）安全环保措施

1）安全措施

A. 进入施工现场，必须戴安全帽，禁止穿硬底鞋和拖鞋。

B. 距地面 3m 以上作业要有防护栏杆、挡板或安全网。

C. 安全设施和劳动保护用具应定期检查，不符合要求严禁使用。

D. 禁止采用运料的吊篮、吊盘上下人。乘人的外用电梯、吊笼应安装可靠的安全装置。

E. 施工现场的脚手架、防护设施、安全标志和警告牌等，不可擅自拆动，确需拆动应经施工负责人同意。

F. 施工现场的洞口、坑、沟、升降口、漏斗、架子出入口等，应设防护设施及明显标志。

G. 搭设抹灰用高大架子必须有设计和施工方案，参加搭架子的人员，必须经培训合格，持证上岗。

H. 遇有恶劣气候影响安全施工时，禁止高空作业。

2）环保措施

A. 采用机械集中搅拌灰料时，所使用机械必须是完好的，不得有漏油现象，维修机械时应采取机油滴漏措施，以防止机油滴落在大地上造成土壤污染。对清擦机械使用的棉丝（布）及清除的油污要装袋集中回收，并交合格消纳方消纳，严禁随意丢弃或燃烧消纳。

B. 施工现场搅拌站应制定施工污水处理措施，施工污水必须经过处理达到排放标准后再进行有组织的排放或回收再利用施工。施工污水不得直接排放，以防造成污染。

C. 抹灰施工过程中所产生的所有施工垃圾必须及时清理、集中消纳，做到活完底清。

D. 高处作业清理施工垃圾时不可抛撒，以防造成粉尘污染。

（6）质量记录

1）施工技术资料

A. 施工方案

B. 施工技术交底记录

2）施工物资资料

A. 材料、构配件进场检验记录

B. 进场材料的出厂质量证明文件

C. 水泥复试报告

D. 砂试验报告

3）施工记录

A. 施工记录

B. 隐蔽工程检查记录

C. 交接检查记录

4）施工试验记录

砂浆配合比申请单、通知单

5）施工质量验收记录

A. 装饰抹灰工程检验批质量验收记录表

B. 装饰抹灰分项工程质量验收记录表

2. 干粘石抹灰工程施工

干粘石抹灰工程施工工艺流程如下：

基层处理→吊垂直、套方、找规矩→抹灰饼、冲筋→抹底层灰→弹线分格、粘分格条→抹粘结层砂浆、撒石粒→拍平、修整、处理黑边→起条、勾缝→喷水养护。

（1）基本规定

1）不同品种、不同强度等级的水泥不得混合使用。

2）材料使用必须符合国家现行标准的规定，严禁使用国家明令淘汰的材料。

3）底层的抹灰层强度不得低于面层的抹灰强度。

4）水泥砂浆拌好后应在初凝前用完（一般不超过 2h），凡结硬砂浆不得继续使用。

5）各工序应按施工技术标准进行质量控制，每道工序完成后，应进行"工序交接"检验。

6）相关各专业工种之间，应进行交接检验并形成记录，未经监理工程师或建设单位技术负责人检查认可，不得进行下道工序施工。

7）施工过程质量管理应有相应的施工技术标准和质量管理体系，加强过程质量控制管理。

8）施工单位应遵守有关环境保护的法律法规并应采取有效措施控制施工现场的各种粉尘、废弃物、噪声、振动等对周围环境造成的污染和危害。

9）质量要求

干粘石表面应色泽一致、不露浆、不漏粘，石粒应粘结牢固，分布均匀、阳角无黑边。

（2）施工准备

1）技术准备

A. 设计施工图、设计说明及其他设计文件已完成。

B. 施工方案已完成，并通过审核、批准。

C. 施工设计交底、施工技术交底（作业指导书）已签订完成。

2）材料准备

A. 水泥

宜采用强度等级为 32.5 级以上的普通水泥、硅酸盐水泥或白水泥，要求使用同一批号、同一品种、同一生产厂家、同一颜色的产品。

水泥进场需对产品名称、代号、净含量、强度等级、生产许可证编号、生产地址、出厂编号、执行标准、日期等进行外观检查，同时验收合格证。

B. 砂子

宜采用中砂。要求颗粒坚硬、洁净。含泥量小于 3%，使用前应过筛，筛好备用。

C. 石渣

所选用的石渣品种、规格、颜色应符合设计规定。要求颗粒坚硬、不含泥土、软片、碱质及其他有害有机物等。使用前应用清水洗净晾干，按颜色、品种分类堆放，并加以保护。

D. 石灰膏

石灰膏不得含有未熟化的颗粒和杂质。要求使用前进行熟化，时间不少于 30d，质地应洁白细腻。

E. 磨细石灰粉

使用前用水熟化焖透，时间应 7d 以上，不得含有未熟化的颗粒和杂质。

F. 颜料

颜料应采用耐碱性和耐光性较好的矿物质颜料，进场后要经过检验，其品种、货源、数量要一次进够。

G. 胶粘剂

所使用胶粘剂必须符合国家环保质量要求。

（3）机具准备

1）砂浆搅拌机：可根据现场使用情况选择强制式砂浆搅拌机或利用小型鼓筒式混凝土搅拌机等。

2）手推车：根据现场情况可采用窄式卧斗、翻斗式或普通式手推车。手推车车轮宜采用胶胎轮或充气胶胎轮，不宜采用硬质胎轮手推车。

3）主要工具：磅秤、筛子、水桶（大小）、钢板、喷壶、铁锹、灰槽、灰勺、托灰板、水勺、木抹子、铁抹子、钢丝刷、钢卷尺、水平尺、方口尺、靠尺、笤帚、米厘条、木杠、施工小线、粉线包、线坠、钢筋卡子、钉子、塑料磙子、小压子、接石渣筛、拍板（图1-35）。

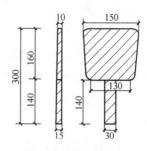

图1-35 木拍板示意图

（4）作业条件

1）主体结构必须经过相关单位（建设单位、施工单位、监理单位、设计单位）检验合格，并已验收。

2）抹灰工程的施工图、设计说明及其他设计文件已完成。施工作业指导书（技术交底）已完成。

3）施工所使用的架子已搭好，并已经过安全部门验收合格。架子距墙面应保持20～25cm，操作面脚手板宜满铺，距墙空档处应放接落石子的小筛子。

4）门窗口位置正确，安装牢固并已采取保护。预留孔洞、预埋件等位置尺寸符合设计要求。

5）墙面基层以及混凝土过梁、梁垫、圈梁、混凝土柱、梁等表面凸出部分剔平，表面已处理完成，坑凹部分已按要求补平。

6）施工前根据要求应做好施工样板，并经过相关部门检验合格。

3. 施工工艺

（1）操作工艺

1）基层处理

①砖墙基层处理

抹灰前需将基层上的尘土、污垢、灰尘等清除干净，并浇水均匀湿润。

②混凝土墙基层处理

凿毛处理：用钢錾子将混凝土墙面均匀凿出麻面，并将板面酥松部分剔除干净，用钢丝刷将粉尘刷掉，用清水冲洗干净，然后浇水均匀湿润。

清洗处理：用10%的火碱水将混凝土表面油污及污垢清刷除净，然后用清水冲洗晾干，刷一道胶粘性素水泥浆，或涂刷混凝土界面剂等方法均可。如采用混凝土界面剂施工时应按产品要求使用。

2）吊垂直、套方、找规矩

当建筑物为高层时，可用经纬仪利用墙大角、门窗两边打直线找垂直。建筑为多层时，应从顶层开始用特制大线坠吊垂直，绷钢丝找规矩，横向水平线可按楼层标高或施工＋50cm线为水平基准交圈控制。

3）做灰饼、冲筋

根据垂直线在墙面的阴阳角、窗台两侧、柱、垛等部位做灰饼，并在窗口上下弹水平线，灰饼要横竖垂直交圈，然后根据灰饼冲筋。

4）抹底层、中层砂浆

用1∶3水泥砂浆抹底灰，分层抹与冲筋平齐，用木杠刮平，木抹子压实、搓毛，待终凝后浇水养护。

5）弹线分格、粘分格条

根据设计图纸要求弹出分格线，然后粘分格条，分格条使用前要用水浸透，粘时在条两侧用素水泥浆抹成45°八字坡形，粘分格条应注意粘在所弹立线的同一侧，防止左右乱粘，出现分格不均匀。弹线、分格应设专人负责，以保证分格符合设计要求。

6）抹粘结层砂浆

为保证粘结层粘石质量，抹灰前应用水湿润墙面，粘结层厚度以所使用石子粒径确定，抹灰时如果底面湿润有干的过快的部位应再补水湿润，然后抹粘结层。抹粘结层宜采用两遍抹成，第一道用同强度等级水泥素浆薄刮一遍，保证结合层粘牢，第二遍抹聚合物水泥砂浆。然后用靠尺测试，严格按照高刮低添的原则操作，否则，易使面层出现大小波浪造成表面不平整影响美观。在抹粘结层时宜使上下灰层厚度不同，并不宜高于分格条，最好是在下部约1/3高度范围内比上面薄些。整个分格块面层比分格条低1mm左右，撒上石子压实后，不但可保证平整度，且条边整齐，而且可避免下部出现鼓包皱皮现象。

7）撒石粒（甩石子）

当抹完粘结层后，紧跟其后一手拿装石子的托盘，一手用木拍板向粘结层甩粘石子。要求甩严、甩均匀，并用托盘接住掉下来的石粒，甩完后随即用钢抹子将石子均匀地拍入粘结层，石子嵌入砂浆的深度应不小于粒径的1/2为宜，并应拍实、拍严。操作时要先甩两边，后甩中间，从上至下快速均匀地进行，甩出的动作应快，用力均匀，不使石子下溜，并应保证左右搭接紧密，石粒均匀，甩石粒时要使拍板与墙面垂直平行，让石子垂直嵌入粘结层内，如果甩时偏上偏下、偏左偏右则效果不佳，石粒浪费也大，用力过大会甩出使石粒陷入太紧形成凹陷，用力过小则石粒粘结不牢，出现空白不宜添补，动作慢则会造成部分不合格，修整后宜出接槎痕迹和"花脸"。阳角甩石粒，可将薄靠尺粘在阳角一边，先做邻面干粘石，然后取下薄靠尺抹上水泥腻子，一手持短靠尺在已做好的邻面上一手甩石子并用钢抹子轻轻拍平、拍直，使棱角挺直。

8）拍平、修整、处理黑边

拍平、修整要在水泥初凝前进行，先拍压边缘，而后中间，拍压要轻、重结合、均匀一致。拍压完成后，应对已粘石面层进行检查，发现阴阳角不顺挺直、表面不平整、黑边等问题，应及时处理。

9）起条、勾缝

前工序全部完成，检查无误后，随即将分格条、滴水线条取出，取分格条时要认真小心，防止将边棱碰损，分格条起出后用抹子轻轻地按一下粘石面层，以防拉起面层造成空鼓现象。然后待水泥达到初凝强度后，用素水泥膏勾缝。勾缝要保持平顺挺直、颜色一致。

10）喷水养护

粘石面层完成后常温 24h 后喷水养护，养护期不少于 2～3d，夏日阳光强烈，气温较高时，应适当遮阳，避免阳光直射，并适当增加喷水次数，以保证工程质量。

（2）技术关键要求

1）抹灰前应认真将基层清理干净，坚持"工序交接检验"制度。

2）粘分格条时注意粘在竖线的同一侧，分格要符合设计要求。

3）甩石子时注意甩板与墙面保持垂直，甩时用力均匀。

4）各层间抹灰不宜跟的太紧，底层灰七八成干时再抹上一层，注意抹面层灰前应将底层均匀润湿。

4. 质量标准

（1）主控项目

1）抹灰前基层表面的尘土、污垢、油渍等应清除干净，并应洒水润湿。

检验方法：检查施工记录。

2）装饰抹灰工程所用材料的品种和性能应符合设计要求。水泥的凝结时间和安定性复验应合格。砂浆的配合比应符合设计要求。

检验方法：检查产品合格证书、进场验收记录、复验报告和施工记录。

3）抹灰工程应分层进行。当抹灰总厚度不小于 35mm 时，应采取加强措施。不同材料基体交接处表面的抹灰，应采取防止开裂的加强措施，当采用加强网时，加强网与各基体的搭接宽度不应小于 100mm。

检验方法：检查隐蔽工程验收记录和施工记录。

4）抹灰层之间及抹灰层与基体之间必须粘结牢固，抹灰层应无脱层、空鼓和裂缝。

检验方法：观察；用小锤轻击检查；检查施工记录。

（2）一般项目

1）干粘石表面应色泽一致、不露浆、不漏粘，石粒应粘结牢固、分布均匀，阳角处应无明显黑边。

检验方法：观察；手摸检查。

2）装饰抹灰分格条（缝）的设置应符合设计要求，宽度和深度应均匀，表面应平整光滑，棱角应整齐。

检验方法：观察。

3）有排水要求的部位应做滴水线（槽）。滴水线（槽）应顺直，滴水线应内高外低，滴水槽的宽度和深度均不应小于 10mm。不同材料基体交接处表面的抹灰，应采取防止开裂的加强措施，当采用加强网时，加强网与各基体的搭接宽度不应小于 100mm。

检验方法：观察；尺量检查。

4）干粘石抹灰工程质量的允许偏差和检验方法应符合表 1-8 的规定。

干粘石抹灰的允许偏差和检验方法　　　　　表 1-8

项次	项　目	允许偏差（mm）	检 验 方 法
1	立面垂直度	5	用 2m 垂直检测尺检查
2	表面平整度	5	用 2m 靠尺和塞尺检查
3	阳角方正	4	用直角检测尺检查
4	分格条（缝）直线度	3	用 5m 线，不足 5m 拉通线，用钢尺检查

（3）质量关键要求

1）注意防止干粘石面层不平，表面出现坑洼，颜色不一致。

①施工前石渣必须过筛，去掉杂质，保证石粒均匀，并用清水冲洗干净。

②底灰不要抹的太厚，避免出现坑洼现象。

③甩石渣时要掌握好力度，不可硬砸、硬甩，应用力均匀。

④面层石渣灰厚度控制在 8~10mm 为宜，并保证石渣浆的稠度合适。

⑤甩完石渣后，待灰浆内的水分洇到石渣表面用抹子轻轻将石渣压入灰层，不可用力过猛，造成局部返浆，形成面层颜色不一致。

2）注意防止干粘石面层出现石渣不均匀和部分露灰层，造成表面花感。

①操作时将石渣均匀用力甩在灰层上，然后用抹子轻拍使石渣进入灰层 1/2，外留 1/2，使其牢固，表面美观。

②合理采用石渣浆配合比，最好选择掺入既能增加强度，又能延缓初凝时间的外加剂，以便于操作。

③注意天气变化，遇有大风或雨天应采取保护措施或停止施工。

3）注意防止干粘石出现开裂、空鼓。

①根据不同的基体采取不同的处理方法，基层处理必须到位。

②抹灰前基层表面应刷一道胶凝性素水泥浆，分层抹灰，每层厚度控制在 5~7mm 为宜。

③每层抹灰前应将基层均匀浇水润湿。

④冬期施工应采取防冻保温措施。

4）注意防止干粘石面层接槎明显、有滑坠。

①面层抹灰后应立即甩粘石渣。

②遇有大块分格，事先计划好，最好一次做完一块分格块，中间避免留槎。

③施工脚手架搭设要考虑分格块操作因素，应满足分格块粘石操作，分步搭设架子。

④施工前熟悉图纸，确定施工方案，避免分格不合理，造成操作困难。

5）注意防止干粘石面出现棱角不通顺和黑边现象。

①抹灰前应严格按工艺标准，根据建筑物情况整体吊垂直、套方、找规矩、做灰饼、冲筋，不得采用一楼层或一步架分段施工的方法。

②分格条要充分浸水泡透，抹面层灰时应先抹中间，再抹分格条四周，并及时甩

粘石渣，确保分格条侧面灰层未干时甩粘石渣，使其饱满、均匀、粘结牢固、分格清晰美观。

③阳角粘石起尺时动作要轻缓，抹大面边角粘结层时要特别细心地操作，防止操作不当碰损棱角。当拍好小面石渣后应当立即起卡，在灰缝处撒些小石渣，用钢抹子轻轻拍压平直。如果灰缝处稍干，可淋少许水，随后粘小石渣，即可防止出现黑边。

6）注意防止干粘石面出现抹痕。

①根据不同基体掌握好浇水量。

②面层灰浆稠度配合比要合理，使其干稀适合。

③甩粘面层石渣时要掌握好时间，随粘随拍平。

7）注意防止分格条、滴水线（槽）不清晰、起条后不勾缝。

①施工操作前要认真做好技术交底，签发作业指导书。

②坚持施工过程管理制度，加强过程检查、验收。

5. 成品保护

（1）根据现场和施工情况，应制定成品保护措施，成品保护可采取看护、隔离、封闭等形式。

（2）施工过程中翻脚手板及施工完成后拆除架子时要对操作人员进行交底，要轻拆轻放，严禁乱拆和抛扔架杆、架板等，避免碰撞干粘石墙面，粘石做好后的棱角处应采取隔离保护，以防碰撞。

（3）抹灰前对门、窗口应采取保护措施，铝门、窗口应贴膜保护抹灰完成后应将门窗口及架子上的灰浆及时清理干净，散落在架子上的石渣及时回收。

（4）其他工种作业时严禁蹬踩已完成的干粘石墙面，油漆工作业时严防碰倒油桶或滴甩刷子油漆，以防污染墙面。

（5）不同的抹灰面交叉施工时，应将先做好的抹灰面层采取保护措施后方可施工。

6. 安全环保措施

（1）安全措施

1）外墙抹灰采用高大架子时，施工前架子整体必须经安全部门验收合格后，方可进行施工。

2）拆翻架子及脚手板，必须由专业人员执证上岗，非专业人员严禁拆搭施工架子。

3）使用桥式或吊篮架子施工时，安装时必须由专业人员执证上岗操作，架子安装必须满足安全规范要求，并由安全部门检查验收合格后方可使用。吊篮升降操作人员必须经培训合格由专人负责，非负责人员严禁随意操作。

4）支搭、拆除高大架子要制定方案，方案必须经上级主管安全部门审核批准。

5）施工操作人员严禁在架子上打闹、嬉戏或在非通道上下。

（2）环保措施

1）采用机械集中搅拌灰料时，所使用机械必须是完好的，不得有漏油现象，维修机械时应采取接油滴漏措施，以防止机油滴落在大地上造成土壤污染。对清擦机械使用的棉丝（布）及清除的油污要装袋集中回收，并交合格消纳方消纳，严禁随意丢弃或燃烧消纳。

2）施工现场搅拌站应制定施工污水处理措施，施工污水必须经过处理达到排放标准后再进行有组织的排放或回收再利用施工。施工污水不得直接排放，以防造成污染。

3）抹灰施工过程中所产生的所有施工垃圾必须及时清理、集中消纳，做到活完底清。

4）高处作业清理施工垃圾时不可抛撒，以防造成粉尘污染。

7. 质量记录

（1）抹灰工程设计施工图、设计说明及其他设计文件。

（2）材料的产品合格证书、性能检测报告、进场验收记录、进场材料复试记录。

（3）工序交接检验记录。

（4）隐蔽工程验收记录。

（5）工程检验批检验记录。

（6）分项工程检验记录。

（7）单位工程检验记录。

（8）质量检验评定记录。

（9）施工现场管理检查记录。

小结

本节基于墙体抹灰工作过程的分析，以现场墙体抹灰施工操作的工作过程为主线，分别对一般抹灰和装饰抹灰工作中的技术准备、材料准备、机具准备、施工工艺流程、施工操作工艺、施工质量标准、成品保护、安全环保措施和质量文件进行了介绍。通过学习，你将能够根据实际工程选用墙体抹灰装饰装修工程材料并进行材料准备，合理选择施工机具、编制施工机具需求计划，通过施工图、相关标准图集等资料制定施工方案，在施工现场进行安全、技术、质量管理控制，正确使用检测工具对墙体抹灰装饰装修施工质量进行检查验收，进行安全、文明施工，最终成功完成墙体抹灰装饰装修工程施工。

思考题

1. 内墙一般抹灰工艺流程如何？
2. 外墙一般抹灰工艺流程如何？
3. 简述内墙一般抹灰的施工方法。
4. 简述外墙一般抹灰的施工方法。
5. 简述加气混凝土墙体的一般抹灰的施工方法。
6. 一般抹灰空鼓、裂缝是什么原因？
7. 抹灰面层起泡、有抹纹是什么原因？

操作题

选择墙体抹灰成品，利用检测工具进行抹灰工程质量检查，并填写检验批验收记录表。

项目实训

墙体抹灰施工工作任务书

班级		姓名		学号	
工作名称	墙体抹灰施工					
工作对象	根据给出的工程图纸（部分），进行墙体抹灰施工，按照工作要求完成。 尺寸标注：500, 1000, 750, 240；300, 600, 300；240 1-1剖面图				
工作要求	学生根据学习内容，查阅相关资料，熟悉墙体抹灰施工工艺、质量标准和安全环保措施；看懂上述施工图，做好施工准备工作，填写施工材料、机具清单，做好计划单；准备工作完成后，按照图纸要求进行墙体抹灰施工，施工过程中注意劳动保护和环境保护。最后，进行检查评价，各小组陈述施工工艺、安全要求和质量要求。				
任务要求	根据工程施工图，正确进行工程施工准备，合理选择施工机具和材料等，进行墙体抹灰施工，并符合墙体抹灰施工施工工艺标准和建筑装饰装修工程质量验收规范的要求。				
基本工作思路	查阅相关资料，掌握墙体抹灰施工施工工艺和质量标准，制定工作计划和组织分工，按照工艺流程进行墙体抹灰施工，并按照验收规范要求过程控制施工质量，及时调整，最后进行工程质量检查验收。				

1.2 墙体饰面工程施工

学习目标

（1）根据实际工程合理进行墙体饰面工程施工准备；

（2）掌握墙体饰面工程构造做法；

（3）掌握墙体饰面工程施工工艺流程；

（4）正确使用检测工具对墙体饰面施工质量进行检查验收；

（5）进行安全、文明施工。

关键概念

排砖；粘结强度；干挂；刷涂；基层处理

1.2.1 墙体贴面工程施工

学习目标

通过本项目学习和实训，主要掌握：

（1）根据实际工程合理进行墙体贴面工程施工准备。

（2）墙体贴面工程构造做法。

（3）墙体贴面工程施工工艺。

（4）正确使用检测工具对墙体贴面施工质量进行检查验收。

（5）进行安全、文明施工。

1.2.1.1 内墙贴面砖施工

釉面砖又名内墙面砖、瓷砖、瓷片，是用瓷土或优质陶土经低温烧制而成，内墙面砖一般都上釉，釉面细腻光亮如镜。不同类型的釉层各具特色，装饰优雅别致，经过专门设计、彩绘、烧制而成的面砖，还可镶拼成各式壁画，具有独特的艺术效果。

陶瓷釉面砖有白色、彩色、印花、图案等多种颜色，以浅色为主。有长方形、正方形及配件砖等种类，颜色、图案、产品等级以及是否使用配件砖等，应符合设计要求。

内墙贴面砖施工工艺流程如图1-36所示。

选砖→基层处理→规方、贴标块→设标筋→抹底子灰→排砖→弹线、拉线、贴标志砖→垫底尺→铺贴釉面砖→铺贴边角→擦缝。

1. 施工准备

（1）材料准备

陶瓷釉面砖产品质量应符合现行有关标准，必须有产品合格证；对掉角、缺棱、开裂、夹层、翘曲和遭受污染的产品应剔除。对不易观察的细裂纹和夹层缺陷的最有效而简捷的检验方法是用小金属棒轻轻敲击砖背面，当听到沙哑的声音必是夹层砖或裂纹砖。辅助材料有水泥、砂子、水等。

（2）机具准备

木抹子、铁抹子、小灰铲、小木杠、角尺、托线板、水平尺、八字靠尺、卷尺、克丝钳、墨斗、尼龙线、刮尺、钢扁铲、小铁锤、扫帚、水桶、水盆、洒水壶、切砖机、合金钢钻子及拌灰工具等。

（3）作业条件

1）完成墙顶抹灰、墙面防水层、地面防水层和混凝土垫层。

图 1-36 内墙贴面砖施工过程

2）立好门窗框，装好窗扇及玻璃，做好内隔墙和水电管线，堵好管洞。

3）堵好脚手眼，窗台板也应安装好。

4）铝合金门窗框边缝所用嵌塞材料要符合设计要求，且应塞堵密实并事先粘贴好保护膜。

5）洗面器托架、镜钩等附墙设备应预埋防腐木砖，位置要准确。

6）弹好墙面+500mm 水平线。

7）如室内层高较高，墙面大，需搭设架子时，要提前选用双排架子，其横竖杆及拉杆等应离开门窗口角和墙面 150～200mm，架子的步高要符合设计要求；大面积铺贴内墙砖工程应做样板墙或样板间，经质量部门检查合格后，正式施工。

2. 施工工艺

（1）选砖

内墙砖属于近距离观看的制品，铺贴前应开箱验收，发现破碎产品、表面有缺陷并影响美观的均应剔出。可自做一个检查砖规格的选砖工具，按 1mm 差距分档将砖分为三种规格，将相同规格的砖镶在同一房间，不可大小规格混合使用，以免影响镶贴效果。釉面砖镶贴前，首先要将面砖清扫干净，放入净水中浸泡 2h 以上，取出待表面晾干或擦干净后方可使用。饰面砖选砖工具如图 1-37 所示。

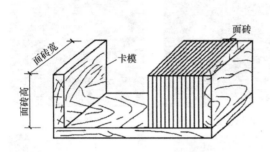

图 1-37　饰面砖选砖工具

（2）基层处理

1）基层为砖墙

将基层表面多余的砂浆、灰尘抠净，脚手架等孔洞堵严，墙面浇水润湿。

2）基层为混凝土

剔凿凸出部分，光面凿毛，用铜丝刷子满刷一遍。墙面有隔离剂、油污等，先用 10% 浓度的火碱水洗刷干净，再用清水冲洗干净，然后浇水润湿。

3）基层为加气混凝土板

用钢丝刷将表面的粉末清刷一遍，提前 1d 浇水润湿板缝，清理干净，并刷 25% 的 108 胶水溶液，随后用 1∶1∶6 的混合砂浆勾缝、抹平。在基层表面普遍刷一道 25% 的 108 胶水溶液，使底层砂浆与加气混凝土面层粘结牢固。

加气混凝土板接缝宜钉 150～200mm 宽的钢丝网，以避免灰层拉裂。

（3）规方、贴标块

贴标块，首先用托线板检查砖墙平整、垂直程度，由此确定抹灰厚度，但最薄不应小于 7mm，遇墙面凹度较大处要分层涂抹，严禁一次抹得太厚。一次抹灰超厚，砂浆干缩，易空鼓开裂。在 2m 高左右、距两边阴角 100～200mm 处，分别做一个标块，大小通常为 50mm×50mm，厚度一般为 10～15mm，以墙面平整和垂直为准。标块所用砂浆与底子灰砂浆相同，常用 1∶3 水泥砂浆（或用水泥∶石灰膏∶砂＝1∶0.1∶3 的混合砂浆）。根据上面两个标块用托线板挂垂直线做下面两个标块（图 1-38），或位于踢脚线上口，在两个标块的两端砖缝分别钉上小钉子，在钉子上拉横线，线距标块表面 1mm 处，根据拉线做中间标块。厚度与两端标块一样。

标块间距为 1.2～1.5m，在门窗口垛角处均应做标块。

若墙高于 3.2m 以上，应两人一起挂线贴标块。一人在架子上吊线锤，另一人站

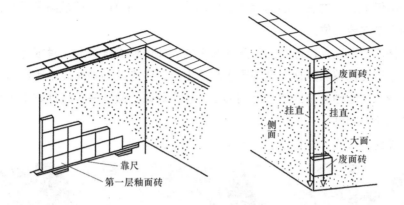

图 1-38 饰面砖施工方法

在地面,根据垂直线调整上下标块的厚度。

(4)设标筋

设标筋亦称冲筋。墙面浇水润湿后,在上下两个标块之间先抹一层宽度为100mm左右的水泥砂浆,稍后,再抹第二遍凸起成八字形,应比标块略高,然后用木杠两端紧贴标块左右上下来回搓动,直至把标筋与标块搓到一样平为止。竖向为竖筋,水平方向为横筋。标筋所用砂浆与底子灰相同。操作时,应先检查木杠有无受潮变形,若变形应及时修理,以防标筋不平。

(5)抹底子灰

标筋做完后,抹底子灰应注意两点:一是先薄薄抹一层,再用刮杠刮平,木抹子搓平,接着抹第二遍,与标筋找平;二是抹底灰的时间应掌握好,不宜过早,也不应过晚。底子灰抹早了,筋软易将标筋刮坏,产生凹陷现象;底子灰抹晚了标筋干了,抹上底子灰虽然看似与标筋齐平了,可待底灰干了,便会出现标筋高出墙面现象。

1)基层为砖墙面

先在墙面上浇水润湿,紧跟着分层分遍抹 1:3 水泥砂浆底子灰,厚度约 12mm,吊直、刮平,底灰要扫毛或划出横向纹道,24h 后浇水养护。

2)基层为混凝土墙面

先刷一道掺水重 10% 的 108 胶水泥浆,接着分层分遍抹 1:3 水泥砂浆底子灰,每层厚度以 5~7mm 为宜。底层砂浆与墙面要粘结牢固,打底灰要扫毛或划出纹道。

3)基层为加气混凝土板

先刷一道掺水重 20% 的 108 胶水溶液,紧跟着分层分遍抹 1:0.5:4 水泥混合砂浆,厚度约 7mm,吊直、刮平,底子灰要扫毛或划出纹道。待灰层终凝后,浇水养护。

(6)排砖

排砖应按设计要求和选砖结果以及铺贴釉面砖墙面部位实测尺寸,从下至上按皮数排列(在厨房、卫生间等上部有吊顶可以遮掩)。

如果缝宽无具体要求时,可按 1~1.5mm 计算。排在最下一皮的釉面砖下边沿应比地面标高低 10mm 左右，因为地砖要压墙砖。铺贴釉面砖一般从阳角开始，非整砖应排在阴角或次要部位。

墙裙铺砖，上边收口应将压顶条计算在内。如遇墙面有管卡、管根等突出物，釉面砖必须进行套割镶嵌处理。装饰要求高的工程，还应绘制釉面砖排砖详图，以保证工程高质量。内墙釉面砖的组合铺贴形式，较为普遍的做法是顺缝铺贴（十字缝）和错缝（骑马缝）铺贴。

（7）弹线、拉线、贴标志块（图 1-39～图 1-42）

 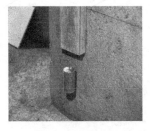 

图 1-39　弹竖线

图 1-40　弹水平线

贴上下标志块

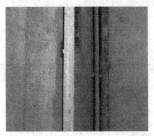 

靠直上下标志块

图 1-41　贴标志块

1）弹竖线

经检查基层表面符合贴砖要求后，可用墨斗弹出竖线，每隔 2~3 块弹一竖线，沿竖线在墙面吊垂直，贴标准点（用水泥∶石灰膏∶砂＝1∶0.1∶3 的混合砂浆），然后，在墙面两侧贴定位釉面砖两行（标准砖行），大面墙可贴多条标准砖行，厚度 5~7mm，以此作为各皮砖铺贴的基准，定位砖底边必须与水平线吻合。

图 1-42　阳角两面做标志块靠直

2）弹水平线

在距地面一定高度处弹水平线，但离地面最低不要低于 50mm，以便垫底尺，底尺上口与水平线吻合。大墙面 1m 左右间距弹一条水平控制线。

3）拉线

在竖向定位的两行标准砖之间分别拉水平控制线，保证所贴的每一行砖与水平线平直，同时也控制整个墙面的平整度。

（8）垫底尺

根据排砖弹线结果，在最低一皮砖下口垫好底尺（木尺板），它顶面与水平线相平，作为第一皮釉面砖的下口标准，防止釉面砖在水泥砂浆未硬化前下坠。底尺应垫平、垫稳，可用水平尺核对。垫点间距在 400mm 以内，如图 1-43 所示。

图 1-43　垫底尺

（9）铺贴釉面砖（图 1-44、图 1-45）

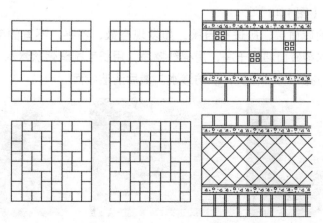

图 1-44　釉面砖常用排列方法

以标志块为依据贴面砖并吊垂直　　　　砖背面满铺砂浆

  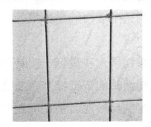

分层铺贴　　　　局部粘贴不牢及时修补

砖缝塑料卡

图 1-45　铺贴釉面砖

可用 1∶1 水泥砂浆铺贴釉面砖。铺贴前砖浸水 2h，晾干表面浮水后，在釉面砖背面均匀地抹满灰浆。以拉线为标准，位置准确地贴于润湿的找平层上，用灰铲木把轻轻敲实，使灰挤满。贴好几块后，要认真检查平整度和调整缝隙（为了使砖缝一致，可使用砖缝塑料卡），发现不平砖要用灰铲把敲平，亏灰的砖，应取出添灰重贴。照此方法一皮一皮自下而上铺贴。从缝隙中挤流出的灰浆要及时用抹布、棉纱擦净。贴墙裙应凸出墙面 5mm，上口线要平直。

（10）勾缝（图 1-46）

对所铺贴的砖面层，应进行自检，如发现空鼓、不平、不直的毛病，应立即返工。然后用清水将砖面冲洗干净，用棉纱擦净。用长毛刷蘸粥状素水泥浆（与砖颜色一致）擦缝，应擦均匀、密实，以防渗水。最后清洁砖面。

图 1-46　勾缝

釉面砖嵌缝，可以采用水：水泥＝1：2，现在较为流行的方法是使用专用勾缝剂。之后也必须彻底清洁面层。嵌缝的水泥浆料采用何种矿物颜料调配，应根据设计决定。

（11）养护

3. 质量标准

（1）主控项目

1）饰面砖的品种、规格、图案颜色和性能应符合设计要求。

检验方法：观察；检查产品合格证书、进场验收记录、性能检测报告和复验报告。

2）饰面砖粘贴工程的找平、防水、粘结和勾缝材料及施工方法应符合设计要求及国家现行产品标准和工程技术标准的规定。

检验方法：检查产品合格证书、复验报告和隐蔽工程验收记录。

3）饰面砖粘贴必须牢固。

检验方法：检查样板间粘结强度检测报告和施工记录。

4）满粘法施工的饰面砖工程应无空鼓、裂缝。

检验方法：观察；用小锤轻击检查。

（2）一般项目

1）饰面砖表面应平整、洁净、色泽一致，无裂痕和缺损。

检验方法：观察。

2）阴阳角处搭接方式、非整砖使用部位应符合设计要求。

检验方法：观察。

3）墙面突出物周围的饰面砖应整砖套割吻合，边缘应整齐。墙裙、贴脸突出墙面的厚度应一致。

检验方法：观察；尺量检查。

4）饰面砖接缝应平直、光滑，填嵌应连续、密实；宽度和深度应符合设计要求。

检验方法：观察；尺量检查。

5）有排水要求的部位应做滴水线（槽）。滴水线（槽）应顺直，流水坡向应正确，坡度应符合设计要求。

检验方法：观察；用水平尺检查。

6）饰面砖粘贴的允许偏差和检验方法应符合表1-9的规定。

墙体饰面砖的允许偏差和检验方法 表1-9

项次	项目	允许偏差（mm）		检验方法
		内墙面砖	外墙面砖	
1	立面垂直度	2	3	用2m垂直检测尺检查
2	表面平整度	3	4	用2m靠尺和塞尺检查
3	阴阳角方正	3	3	用直角检测尺检查

续表

项次	项 目	允许偏差（mm）		检 验 方 法
		内墙面砖	外墙面砖	
4	接缝直线度	2	3	拉5m线，不足5m拉通线，用钢直尺检查
5	接缝高低差	0.5	1	用钢直尺和塞尺检查
6	接缝宽度	1	1	用钢直尺检查

4. 成品保护

（1）要及时清擦干净残留在门框上的砂浆，特别是铝合金等门窗宜粘贴保护膜，预防污染、锈蚀，施工人员应加以保护，不得碰坏。

（2）认真贯彻合理的施工顺序，少数工种（水、电、通风、设备安装等）的活应做在前面，防止损坏面砖。

（3）油漆粉刷不得将油漆喷滴在已完的饰面砖上，如果面砖上部为涂料，宜先做涂料，然后贴面砖，以免污染墙面。若需先做面砖时，完工后必须采取贴纸或塑料薄膜等措施，防止污染。

（4）各抹灰层在凝固前应防止风干、水冲和振动以保证各层有足够的强度。

（5）搬、拆架子时注意不要碰撞墙面。

（6）装饰材料和饰件以及饰面的构件，在运输、保管和施工过程中，必须采取措施防止损坏。

5. 安全环保措施

（1）操作前检查脚手架和跳板是否搭设牢固，高度是否满足操作要求，合格后才能上架操作，凡不符合安全之处应及时修整。

（2）禁止穿硬底鞋、拖鞋、高跟鞋在架子上工作，架子上人不得集中在一起，工具要搁置稳定，以防止坠落伤人。

（3）在两层脚手架上操作时，应尽量避免在同一垂直线上工作，必须同时作业时，下层操作人员必须戴安全帽。

（4）抹灰时应防止砂浆掉入眼内；采用竹片或钢筋固定八字靠尺板时，应防止竹片或钢筋回弹伤人。

（5）夜间临时用的移动照明灯，必须用安全电压。机械操作人员需培训持证上岗，现场一切机械设备，非机械操作人员一律禁止操作。

（6）饰面砖、胶粘剂等材料必须符合环保要求，无污染。

（7）禁止搭设飞跳板，严禁从高处往下乱投东西。脚手架严禁搭设在门窗、散热器、水暖等管道上。

6. 质量记录

（1）材料应有合格证或复验合格单。

（2）工程验收应有质量验评资料。

（3）结合层、防水层、连接节点，预埋件（或后置埋件）应有隐蔽验收记录。

1.2.1.2 外墙贴面砖施工

外墙面砖是以陶土为原料，半干压法成型，经1100℃左右煅烧而成的粗炻类制品。其质地坚实，吸水率较小（不大于10%），色调美观，耐水抗冻，经久耐用，有多种规格。外墙砖的质量要求为表面光洁，质地坚固，尺寸、色泽一致，不得有暗痕和裂纹。

外墙面砖按其表面处理可分为有釉和无釉两种。常用的有以下几个品种：

①表面无釉外墙面砖（墙面砖）：常用的有白、浅黄、红、绿等颜色。

②表面有釉墙面砖（彩釉砖）：常用的有粉红、蓝、绿、金黄、黄、白等颜色。

③线砖：表面有突起纹线。

④外墙立体贴面砖（立体彩釉砖）：表面上釉，并做成各种立体图案。

⑤劈离砖：是一种以重黏土为主要原料的高强度面砖，耐磨、耐腐蚀，且色调古朴高雅。

⑥变色釉面砖：该砖面釉料中加入了对不同波长的光线具有不同吸收作用的原料，使其在不同光源下显示不同色彩的效果。

⑦"变尺度"面砖：目前国内外流行的如大规格外墙面砖和加长釉面砖，能给人以新颖的感觉。

⑧陶瓷壁画：是一种特殊的外墙贴面材料。它以陶瓷马赛克、面砖或陶板等为基料，将设计画稿经放大、制板、刻画、配釉、施釉和烧制等工艺过程，使绘画艺术与施釉技法相结合，形成一种独特效果的装饰材料，可用于外墙的装饰。

面砖饰面的构造做法如图1-47所示，是先在基层上抹1:3水泥砂浆做底灰，厚15mm左右。粘结砂浆用1:2.5水泥砂浆或1:0.2:2.5的水泥石灰混合砂浆，也可采用掺108胶（水泥重的5%～10%）的1:2.5水泥砂浆粘贴，其粘结砂浆的厚度不小于10mm。然后，在其上贴面砖，并用1:1水泥细砂浆填缝。面砖墙的施工如图1-48所示。面砖的断面形式宜选用背部带有凹槽的，因这种凹槽截面可以增强面砖和砂浆之间的结合力。

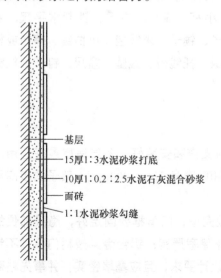

图1-47 面砖饰面的构造

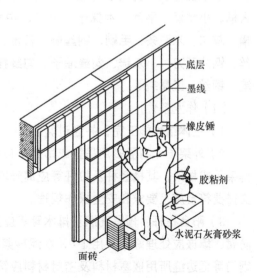

图1-48 面砖墙的施工

外墙贴面砖工艺流程如下：

基层处理→吊垂直、套方、找规矩→贴灰饼→抹底层砂浆→弹线分格→排砖→浸

砖→镶贴面砖→面砖勾缝与擦缝

1. 施工准备

（1）技术准备

编制室外贴面砖工程施工方案，并对工人进行书面技术及安全交底。

（2）材料准备

1）强度等级为 32.5 级以上的矿渣水泥或普通硅酸盐水泥。应有出厂证明或复验合格报告，若出厂日期超过三个月而且水泥已结有小块的不得使用；白水泥应为强度等级为 32.5 级以上的，并符合设计和规范质量标准的要求。

2）砂子：粗中砂，用前过筛，其他应符合规范的质量标准。

3）面砖：面砖的表面应光洁、方正、平整、质地坚固，其品种、规格、尺寸、色泽、图案应均匀一致，必须符合设计规定。不得有缺棱、掉角、暗痕和裂纹等缺陷。其性能指标均应符合现行国家标准的规定，釉面砖的吸水率不得大于 10%。

4）石灰膏：用块状生石灰淋制，必须用孔径 3mm×3mm 的筛网过滤，并储存在沉淀池中，熟化时间，常温下不少于 15d，用于罩面灰，不少于 30d，石灰膏内不得有未熟化的颗粒和其他物质。

5）生石灰粉：磨细生石灰粉，其细度应通过 4900 孔/cm^2 筛子，用前应用水浸泡，其时间不少于 3d。

6）粉煤灰：细度过 0.08mm 筛，筛余量不大于 5%；界面剂胶和矿物颜料：按设计要求配合比，其质量应符合规范标准。

7）粘贴面砖所用水泥、砂、胶粘剂等材料均应进行复验，合格后方可使用。

（3）机具准备

砂浆搅拌机、瓷砖切割机、磅秤、钢板、孔径 5mm 筛子、窗纱筛子、手推车、大桶、小水桶、平锹、木抹子、大杠、中杠、小杠、靠尺、方尺、铁制水平尺、灰槽、灰勺、米厘条、毛刷、钢丝刷、笤帚、錾子、锤子、米线包、小白线、擦布或棉丝、钢片开刀、小灰铲、勾缝溜子、勾缝托灰板、托线板、线坠、盒尺、钉子、红铅笔、钢丝、工具袋等。

（4）作业条件

1）主体结构施工完，并通过验收。

2）外架子（高层多用吊篮或吊架）应提前支搭和安装好，多层房屋最好选用双排架子或桥架，其横竖杆及拉杆等应离开墙面和门窗角 150～200mm。架子的步高和支搭要符合施工要求和安全操作规程。

3）阳台栏杆、预留孔洞及排水管等应处理完毕，门窗框要固定好，隐蔽部位的防腐、填嵌应处理好，并用 1:3 水泥砂浆将缝隙塞严实；铝合金、塑料门窗、不锈钢门等框边缝所用嵌塞材料及密封材料应符合设计要求，且应塞堵密实，并事先粘贴好保护膜。

4）墙面基层清理干净，脚手眼、窗台、窗套等事先应使用与基层相同的材料砌堵好。

5）按面砖的尺寸、颜色进行选砖，并分类存放备用。

6）大面积施工前应先放大样，并做出样板墙，确定施工工艺及操作要点，并向施工人员做好交底工作。样板墙完成后必须经质检部门鉴定合格后，还要经过设计、甲方和施工单位共同认定验收，方可组织班组按照样板墙壁要求施工。

2. 施工工艺

（1）操作工艺

1）基体为混凝土墙面时的操作方法

①基层处理：将凸出墙面的混凝土剔平，对大钢模施工的混凝土墙面应凿毛，并用钢丝刷满刷一遍，清除干净，然后浇水湿润；对于基体混凝土表面很光滑的，可采取"毛化处理"办法，即先将表面尘土、污垢清扫干净，用10%火碱水将板面的油污刷掉，随之用净水将碱液冲净、晾干，然后用水泥砂浆内掺水重20%的界面剂胶，用笤帚将砂浆甩到墙上，其甩点要均匀，终凝后浇水养护，直至水泥浆疙瘩全部粘到混凝土光面上，并有较高的强度（用手掰不动）为止。

②吊垂直、套方、找规矩、贴灰饼、冲筋：高层建筑物应在四大角和门窗口边用经纬仪打垂直线找直；多层建筑物，可从顶层开始用特制的大线坠绷低碳钢丝吊垂直，然后根据面砖的规格尺寸分层设点、做灰饼，间距1.6m。横向水平线以楼层为水平基准线交圈控制，竖向垂直线以四周大角和通天柱或墙垛子为基准线控制，应全部是整砖。阳角处要双面排直。每层打底时，应以此灰饼作为基准点进行冲筋，使其底层灰做到横平竖直。同时要注意找好凸出檐口、腰线、窗台、雨篷等饰面的流水坡度和滴水线（槽）。

③抹底层砂浆：先刷一道掺水重10%的界面剂胶水泥素浆，打底应分层分遍进行抹底层砂浆（常温时采用配合比为1∶3水泥砂浆），第一遍厚度宜为5mm，抹后用木抹子搓平、扫毛，待第一遍六至七成干时，即可抹第二遍，厚度约为8～12mm，随即用木杠刮平、木抹子搓毛，终凝后洒水养护。砂浆总厚不得超过20mm，否则应做加强处理。

④弹线分格：待基层灰六至七成干时，即可按图纸要求进行分段分格弹线，同时亦可进行面层贴标准点的工作，以控制面层出墙尺寸及垂直、平整。

⑤排砖：根据大样图及墙面尺寸进行横竖向排砖，以保证面砖缝隙均匀，符合设计图纸要求，注意大墙面、通天柱子和垛子要排整砖，以及在同一墙面上的横竖排列，均不得有一行以上的非整砖。非整砖行应排在次要部位，如窗间墙或阴角处等。但亦要注意一致和对称。如遇有凸出的卡件，应用整砖套割吻合，不得用非整砖随意拼凑镶贴。排砖常见的布缝方法如图1-49所示。外墙

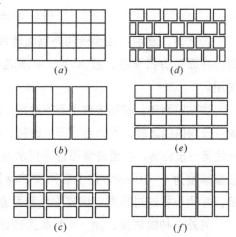

图1-49 外墙面砖排砖常见的布缝方法
(a) 齐密缝；(b) 划块留缝；(c) 齐离缝；
(d) 错离缝；(e) 水平离缝，垂直密缝；
(f) 垂直离缝，水平密缝

面砖一般都为离缝镶贴,可通过调整分格缝的尺寸(一个墙面分格缝尺寸应统一)来保证不出现非整砖。转角处面砖处理如图 1-50 所示。

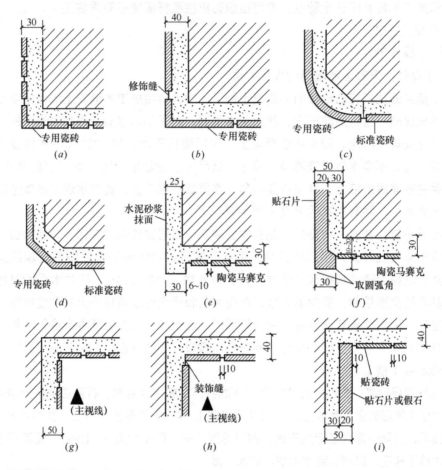

图 1-50 转角处面砖处理

⑥选砖、浸泡:釉面砖和外墙面砖镶贴前,应挑选颜色、规格一致的砖;浸泡砖时,将面砖清扫干净,放入净水中浸泡 2h 以上,取出待表面晾干或擦干净后方可使用。

⑦粘贴面砖:粘贴应自上而下进行。高层建筑采取措施后,可分段进行。在每一分段或分块内的面砖,均为自下而上镶贴。从最下一层砖下皮的位置线先稳好靠尺,以此托住第一皮面砖。在面砖背面宜采用水泥:白灰膏:砂=1:0.2:2 的混合砂浆镶贴,砂浆厚度为 6~10mm,贴上后用灰铲柄轻轻敲打,使之附线,再用钢片开刀调整竖缝,并用小杠通过标准点调整平面和垂直度。

另外一种做法是,用 1:1 水泥砂浆加水重 20% 的界面剂胶,在砖背面抹 3~4mm 厚粘贴即可。但此种做法其基层灰必须抹得平整,而且砂子必须用窗纱筛后使用。不得采用有机物作主要粘结材料。

另外也可用胶粉来粘贴面砖,其厚度为 2~3mm,用此种做法其基层灰必须更平整。

如要求釉面砖拉缝镶贴时，面砖之间的水平缝宽度用米厘条控制，米厘条用砂浆与中层灰临时镶贴，米厘条贴在已镶贴好的面砖上口，为保证其平整，可临时加垫小木楔。

女儿墙压顶、窗台、腰线等部位平面也要镶贴面砖时，除流水坡度符合设计要求外，应采取顶面砖压立面面砖的做法，预防向内渗水，引起空裂；同时还应采取立面中最低一排面砖必须压底平面面砖，并低出底平面面砖 3~5mm 的做法，让其起滴水线（槽）的作用，防止尿檐，引起空裂。

⑧面砖勾缝与擦缝：面砖铺贴拉缝时，用 1∶1 水泥砂浆勾缝或采用勾缝胶，先勾水平缝再勾竖缝，勾好后要求凹进面砖外表面 2~3mm。若横竖缝为干挤缝，或小于 3mm 者，应用白水泥配颜料进行擦缝处理。面砖缝子勾完后，用布或棉丝蘸稀盐酸擦洗干净。

2）基体为砖墙面时的操作方法

①基层处理：抹灰前，墙面必须清扫干净，浇水湿润。

②吊垂直、套方、找规矩：大墙面和四角、门窗口边弹线找规矩，必须由顶层到底一次进行，弹出垂直线，并决定面砖出墙尺寸，分层设点、做灰饼。横线则以楼层为水平基线交圈控制，竖向线则以四周大角和通天垛、柱子为基准线控制。每层打底时则以此灰饼作为基准点进行冲筋，使其底层灰横平竖直。同时要注意找好突出檐口、腰线、窗台、雨篷等饰面的流水坡度。

③抹底层砂浆：先把墙面浇水湿润，然后用 1∶3 水泥砂浆刮一道约 5~6mm 厚，紧跟着用同强度等级的灰与所冲的筋抹平，随即用木杠刮平，木抹搓毛，隔天浇水养护。

④~⑧同基层为混凝土墙面做法。

3）基层为加气混凝土时，可酌情选用下述两种方法中的一种

①用水湿润加气混凝土表面，修补缺棱掉角处。修补前，先刷一道聚合物水泥浆，然后用水泥∶白灰膏∶砂子=1∶3∶9 混合砂浆分层补平，隔天刷聚合物水泥浆并抹 1∶1∶6 混合砂浆打底，木抹子搓平，隔天养护。

②用水湿润加气混凝土表面，在缺棱掉角处刷聚合物水泥浆一道，用 1∶3∶9 混合砂浆分层补平，待干燥后，钉金属网一层并绷紧。在金属网上分层抹 1∶1∶6 混合砂浆打底（最好采取机械喷射工艺），砂浆与金属网应结合牢固，最后用木抹子轻轻搓平，隔天浇水养护。

其他做法同混凝土墙面。

4）夏季镶贴室外饰面板、饰面砖，应有防止暴晒的可靠措施。

5）冬期施工：一般只在冬季初期施工，严寒阶段不得施工。

①砂浆的使用温度不得低于 5℃，砂浆硬化前，应采取防冻措施。

②用冻结法砌筑的墙，应待其解冻后再抹灰。

③镶贴砂浆硬化初期不得受冻，室外气温低于 5℃ 时，室外镶贴砂浆内可掺入能降低冻结温度的外加剂，其掺入量应由试验确定。

④严防粘结层砂浆早期受冻，并保证操作质量，禁止使用白灰膏和界面剂胶，宜采用同体积粉煤灰代替或改用水泥砂浆抹灰。

（2）技术关键要求

弹线必须准确，经复验后方可进行下道工序。基层处理抹灰前，墙面必须清扫干净，浇水湿润；基层抹灰必须平整；贴砖应平整牢固，砖缝应均匀一致。

3. 质量标准

4. 成品保护

5. 安全环保措施

6. 质量文件

3~6部分内容参见1.2.1.1。

1.2.1.3　墙体贴陶瓷马赛克（玻璃马赛克）施工

陶瓷马赛克，亦称纸皮砖，是以优质瓷土烧制成片状小瓷砖再拼成各种图案反贴在底纸板的饰面材料。其质地坚硬，经久耐用，耐酸、耐碱、耐磨，不渗水，吸水率小（不大于0.2%），是优良的室内外墙面（或地面）饰面材料。陶瓷马赛克成联供应，拼花图案如表1-10所示。

陶瓷马赛克的几种基本拼花图案　　　　　表1-10

拼花编号	拼花说明
拼-1	各种正方形与正方形相拼
拼-2	正方与长条相拼
拼-3	大方、小方与长条相拼
拼-4	中方及大对角相拼
拼-5	小方及小对角相拼
拼-6	中方及大对角相拼 小方及小对角相拼
拼-7	斜长条与斜长条相拼
拼-8	斜长条与斜长条相拼
拼-9	长条对角与小方相拼
拼-10	正方与五角相拼
拼-11	半八角与正方相拼
拼-12	各种六角相拼
拼-13	大方、中方、长条相拼
拼-14	小对角、中大方相拼
拼-15	各种长条相拼

玻璃马赛克是用玻璃烧制而成的小块贴于纸板而成的材料。有乳白、珠光、蓝、紫、橘黄等多种花色。其特点是质地坚硬，性能稳定，表面光滑，耐大气腐蚀，耐热、耐冻、不龟裂。其背面呈凹形有材线条，四周有八字形斜角，使其与基层砂浆结合牢固。

陶瓷马赛克和玻璃马赛克的质量要求为质地坚硬，边棱整齐，尺寸正确，脱纸时间不得大于 40min。

陶瓷马赛克的构造做法见图 1-51、图 1-52。

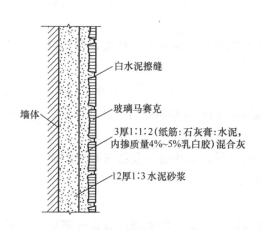

图 1-51　陶瓷马赛克的构造做法　　图 1-52　陶瓷马赛克的施工

墙体贴陶瓷马赛克施工工艺流程如下：

基层处理→吊垂直、套方、找规矩→贴灰饼→抹底子灰→弹控制线→贴陶瓷马赛克→揭纸、调缝→擦缝。

1. 施工准备

（1）技术准备

编制室内、外墙面贴陶瓷马赛克工程施工方案，并对工人进行书面技术及安全交底。

（2）材料准备

1）水泥：强度等级为不小于 32.5 级的普通硅酸盐水泥或矿渣硅酸盐水泥。应有出厂证明或复试单，若出厂超过三个月，应按试验结果使用。

2）白水泥：强度等级为 32.5 级的白水泥。

3）砂子：粗砂或中砂，用前过筛，其他应符合规范的质量标准。

4）陶瓷马赛克：应表面平整，颜色一致，每张长宽规格一致，尺寸正确，边裱整齐，一次进场。马赛克脱纸时间不得大于 40min。

5）石灰膏：应用块状生石灰淋制，淋制时必须用孔径不大于 3mn×3mm 的筛过滤，并贮存在沉淀池中。

6）生石灰粉：抹灰用的石灰膏可用磨细生石灰粉代替，其细度应通过 4900 孔/cm^2 筛。用于罩面时，熟化时间不应小于 3d。

7）纸筋：用白纸筋或草纸筋，使用前三周应用水浸透捣烂。使用时宜用小钢磨磨细。

8）质量要求：符合相关规范要求。

（3）主要机具

砂浆搅拌机、手提石材切割机、磅秤、钢板、孔径 5mm 筛子、手推车、大桶、平锹、木抹子、开刀或钢片、铁制水平尺、方尺、大杠、灰槽、灰勺、米厘条、毛刷、笤帚、大小锤子、粉线包、小线、擦布或棉丝、老虎钳子、小铲、小型台式砂轮、勾缝溜子、勾缝托灰板、托线板、线坠、盒尺、钉子、低碳钢丝、工具袋等。

（4）作业条件

1）根据设计图纸要求，按照建筑物各部位的具体做法和工程量，事先挑选出颜色一致、同规格的陶瓷马赛克，分别堆放并保管好。

2）预留孔洞及排水管等应处理完毕，门窗框、扇要固定好，并用1∶3水泥砂浆将缝隙堵塞严密。铝合金、塑钢等门窗框边缝所用嵌缝材料应符合设计要求，且堵塞密实，并事先粘贴好保护膜。

3）脚手架或吊篮提前支搭好，选用双排架子，其横竖杆及拉杆等应距离门窗口角150～200mm。架子的步高要符合施工要求。

4）墙面基层要清理干净，脚手眼堵好。

5）大面积施工前应先做样板，样板完成后，必须经质检部门鉴定合格后，还要经过设计单位、甲方、施工单位共同认定验收后，方可组织班组按样板要求施工。

2. 施工工艺

（1）操作工艺

1）基层为混凝土墙面时的操作方法

①基层处理：首先将凸出墙面的混凝土剔平，对大钢模施工的混凝土墙面应凿毛，并用钢丝刷满刷一遍，再浇水湿润，并用水泥∶砂∶界面剂＝1∶0.5∶0.5的水泥砂浆对混凝土墙面进行拉毛处理。

②吊垂直、套方、找规矩、贴灰饼：根据墙面结构平整度找出贴陶瓷马赛克的规矩，如果是高层建筑物在外墙全部贴陶瓷马赛克时，应在四周大角和门窗口边用经纬仪打垂直线找直；如果是多层建筑时，可从顶层开始用特制的大线坠绷低碳钢丝吊垂直，然后根据陶瓷马赛克的规格、尺寸分层设点、做灰饼。横线则以楼层为水平基线交圈控制，竖向线则以四周大角和层间贯通柱、垛子为基线控制。每层打底时则以此灰饼为基准点进行冲筋，使其底层灰横平竖直、方正。同时要注意找好突出檐口、腰线、窗台、雨篷等饰面的流水坡度和滴水线，坡度应小于3%。其深宽不小于10mm，并整齐一致，而且必须是整砖。

③抹底子灰：底子灰一般分两次操作，抹头遍水泥砂浆，其配合比为1∶2.5或1∶3，并掺20%水重的界面剂胶，薄薄的抹一层，用抹子压实。第二次用相同配合比的砂浆按冲筋抹平，用短杠刮平，低凹处事先填平补齐，最后用木抹子搓出麻面。底子灰抹完后，隔天浇水养护。找平层厚度不应大于20mm，若超过此值必须采取加强措施。

④弹控制线：贴陶瓷马赛克前应放出施工大样，根据具体高度弹出若干条水平控制线，在弹水平线时，应计算陶瓷马赛克的块数，使两线之间保持整砖数。如分格需按总高度均分，可根据设计与陶瓷马赛克的品种、规格定出缝子宽度，再加工分格条。但要注意同一墙面不得有一排以上的非整砖，并应将其镶贴在较隐蔽的部位。

⑤贴陶瓷马赛克：镶贴应自上而下进行。高层建筑采取措施后，可分段进行。在每一分段或分块内的陶瓷马赛克，均为自下向上镶贴。贴陶瓷马赛克时底灰要浇水润湿，并在弹好水平线的下口上，支上一根垫尺，一般三人为一组进行操作。一人浇水润湿墙面，先刷上一道素水泥浆，再抹 2～3mm 厚的混合灰粘结层，其配合比为纸筋：石灰膏：水泥＝1：1：2，亦可采用 1：0.3 水泥纸筋灰，用靠尺板刮平，再用抹子抹平；另一人将陶瓷马赛克铺在木托板上，缝子里灌上 1：1 水泥细砂子灰，用软毛刷子刷净麻面，再抹上薄薄一层灰浆。然后一张一张递给另一人，将四边灰刮掉，两手执住陶瓷马赛克上面，在已支好的垫尺上由下往上贴，缝子对齐，要注意按弹好的横竖线贴。如分格贴完一组，将米厘条放在上口线继续贴第二组。镶贴的高度应根据当时气温条件而定。

⑥揭纸、调缝：贴完陶瓷马赛克的墙面，要一手拿拍板，靠在贴好的墙面上，一手拿锤子对拍板满敲一遍，然后将陶瓷马赛克上的纸用刷子刷上水，约等 20～30min 便可开始揭纸。揭开纸后检查缝子大小是否均匀，如出现歪斜、不正的缝子，应顺序拨正贴实，先横后竖、拨正拨直为止。

⑦擦缝：粘贴后 48h，先用抹子把近似陶瓷马赛克颜色的擦缝水泥浆摊放在需擦缝的陶瓷马赛克上，然后用刮板将水泥浆往缝子里刮满、刮实、刮严。再用麻丝和擦布将表面擦净。遗留在缝子里的浮砂可用潮湿干净的软毛刷轻轻带出，如需清洗饰面时，应待勾缝材料硬化后方可进行。起出米厘条的缝子要用 1：1 水泥砂浆勾严勾平，再用擦布擦净。外墙应选用抗渗性能勾缝材料。

2）基层为砖墙墙面时

①基层处理：抹灰前墙面必须清理干净，检查窗台窗套和腰线等处，对损坏和松动的部分要处理好，然后浇水润湿墙面。

②吊垂直、套方、找规矩：同基层为混凝土墙面做法。

③抹底子灰：底子灰一般分两次操作，第一次抹薄薄的一层，用抹子压实，水泥砂浆的配合比为 1：3，并掺水泥重 20% 的界面剂胶；第二次用相同配合比的砂浆按冲筋线抹平，用短杠刮平，低凹处事先填平补齐，最后用木抹子搓出麻面。底子灰抹完后，隔天浇水养护。

④面层做法同基层为混凝土墙面的做法。

3）基层为加气混凝土墙面时，可酌情选用下述两种方法中的一种。

①其中一种是用水湿润加气混凝土表面，修补缺棱掉角处。修补前，先刷一道聚合物水泥浆，然后用水泥：石灰膏：砂子＝1：3：9 混合砂浆分层补平，隔天刷聚合物水泥浆，并抹 1：1：6 混合砂浆打底，木抹子搓平，隔天浇水养护。

②另一种是用水湿润加气混凝土表面，在缺棱掉角处刷聚合物水泥浆一道，用 1：3：9 混合砂浆分层补平，待干燥后，钉金属网一层并绷紧。在金属网上分层抹 1：1：6 混合砂浆打底，砂浆与金属网应结合牢固，最后用木抹子轻轻搓平，隔天浇水养护。

③其他做法同混凝土墙面。

4）夏期镶贴室外墙面陶瓷马赛克时，应有防止暴晒的可靠措施。

5）冬期施工：一般只在冬施初期施工，严寒阶段不得镶贴室外墙面陶瓷马赛克。

①砂浆的使用温度不得低于5℃，砂浆硬化前，应采取防冻措施。

②用冻结法砌筑的墙，应待其解冻后方可施工。

③镶贴砂浆硬化初期不得受冻。气温低于5℃时，室外镶贴砂浆内可掺入能降低冻结温度的外加剂，其掺入量应由试验确定。

④为防止灰层早期受冻，并保证操作质量，严禁使用石灰膏和界面剂胶，可采用同体积粉煤灰代替或改用水泥砂浆抹灰。

⑤冬期室内镶贴陶瓷马赛克时，可采用热空气或带烟囱的火炉加速干燥。采用热空气时，应设通风设备排除湿气，并设专人进行测温控制和管理。

（2）技术关键要求

弹线必须准确，经复验后方可进行下道工序。基层处理抹灰前，墙面必须清扫干净，浇水湿润；基层抹灰必须平整；贴砖应平整牢固，砖缝应均匀一致，做好养护。

3. 质量标准

（1）主控项目

1）陶瓷马赛克的品种、规格、图案颜色和性能应符合设计要求。

检验方法：观察；检查产品合格证书、进场验收记录、性能检测报告和复验报告。

2）陶瓷马赛克粘贴工程的找平、防水、粘结和勾缝材料及施工方法应符合设计要求及国家现行产品标准和工程技术标准的规定。

检验方法：检查产品合格证书、复验报告和隐蔽工程验收记录。

3）陶瓷马赛克粘贴必须牢固。

检验方法：检查样板间粘结强度检测报告和施工记录。

4）满粘法施工的陶瓷马赛克工程应无空鼓、裂缝。

检验方法：观察；用小锤轻击检查。

（2）一般项目

1）陶瓷马赛克表面应平整、洁净、色泽一致，无裂痕和缺损。

检验方法：观察。

2）阴阳角处搭接方式、非整砖使用部位应符合设计要求。

检验方法：观察。

3）墙面突出物周围的陶瓷马赛克应整砖套割吻合，边缘应整齐。墙裙、贴脸突出墙面的厚度应一致。

检验方法：观察；尺量检查。

4）陶瓷马赛克接缝应平直、光滑，填嵌应连续、密实；宽度和深度应符合设计要求。

检验方法：观察；尺量检查。

5）有排水要求的部位应做滴水线（槽）。滴水线（槽）应顺直，流水坡向应正确,坡度应符合设计要求。

检验方法:观察;用水平尺检查。

6)陶瓷马赛克粘贴的允许偏差和检验方法应符合表 1-11 的规定。

陶瓷马赛克粘贴的允许偏差和检验方法　　　表 1-11

项次	项　目	允许偏差(mm)		检　验　方　法
		内墙面砖	外墙面砖	
1	立面垂直度	2	3	用 2m 垂直检测尺检查
2	表面平整度	3	4	用 2m 靠尺和塞尺检查
3	阴阳角方正	3	3	用直角检测尺检查
4	接缝直线度	2	3	拉 5m 线,不足 5m 拉通线,用钢直尺检查
5	接缝高低差	0.5	1	用钢直尺和塞尺检查
6	接缝宽度	1	1	用钢直尺检查

(3)质量关键要求

1)施工时,必须做好墙面基层处理,浇水充分湿润。在抹底层灰时,根据不同基体采取分层分遍抹灰方法,并严格配合比计量,掌握适宜的砂浆稠度,按比例加界面剂胶,使各灰层之间粘结牢固。注意及时洒水养护;冬期施工时,应做好防冻保温措施,以确保砂浆不受冻,其室外温度不得低于 5℃,但寒冷天气不得施工。防止空鼓、脱落和裂缝。

2)结构施工期间,几何尺寸控制好,外墙面要垂直、平整,装修前对基层处理要认真。应加强对基层打底工作的检查,合格后方可进行下道工序。

3)施工前认真按照图纸尺寸,核对结构施工的实际情况,要分段分块弹线、排砖要细,贴灰饼控制点要符合要求。

4)陶瓷马赛克应有出厂合格证及其复试报告,室外陶瓷马赛克应有拉拔试验报告。

4.成品保护

(1)镶贴好的陶瓷马赛克墙面,应有切实可靠的防止污染的措施;同时要及时清擦干净残留在门窗框、扇上的砂浆。特别是铝合金塑钢等门窗框、扇,事先应粘贴好保护膜,预防污染。

(2)每层抹灰层在凝结前应防止风干、暴晒、水冲、撞击和振动。

(3)少数工种的各种施工作业应做在陶瓷马赛克镶贴之前,防止损坏面砖。

(4)拆除架子时注意不要碰撞墙面。

(5)合理安排施工工程序,避免相互间的污染。

5.安全环保措施

(1)操作前检查脚手架和跳板是否搭设牢固,高度是否满足操作要求,合格后才能上架操作,凡不符合安全之处应及时修整。

(2)禁止穿硬底鞋、拖鞋、高跟鞋在架子上工作,架子上的人不得集中在一起,工具要搁置稳定，以防止坠落伤人。

（3）在两层脚手架上操作时，应尽量避免在同一垂直线上工作，必须同时作业时，下层操作人员必须戴安全帽，并应设置防护措施。

（4）抹灰时应防止砂浆掉入眼内；采用竹片或钢筋固定八字靠尺板时，应防止竹片或钢筋回弹伤人。

（5）必须用安全电压。机械操作人员须培训持证上岗，现场一切机械设备，非机械操作人员一律禁止操作。

（6）饰面砖等材料必须符合环保要求。

（7）禁止搭设飞跳板。严禁从高处往下乱投东西。脚手架严禁搭设在门窗、散热器、水暖等管道上。

（8）雨后、春暖解冻时应及时检查外架子，防止沉陷出现险情。

（9）外脚手架必须满搭安全网，各层设围栏。出入口应搭设人行通道。

6. 质量记录

（1）陶瓷马赛克等出厂合格证及其复试报告。

（2）水泥的凝结时间、安定性和抗压强度复验报告。

（3）本分项工程质量检验记录。

（4）外墙陶瓷马赛克的拉拔试验报告单等。

（5）外墙找平、粘结、勾缝材料的产品合格证和说明书、出厂检验报告、进场复验报告、配合比文件。

1.2.1.4 天然石材饰面施工

天然石材饰面板种类繁多，主要包括：

1. 天然花岗石板材

天然花岗石板材材质坚硬、密实，强度高，耐酸性好，属硬石材。按其结晶颗粒大小可分为"伟晶"、"粗晶"和"细晶"三种。一般采用晶粒较粗、结构较均匀的花岗石原材进行加工。品质优良的花岗石，结晶颗粒细而分布均匀，含云母少而石英多。其颜色有黑、青麻、粉红、深青等，纹理呈斑点状，常用于室外墙地饰面，为高级饰面板材。但石英含量高的花岗石耐火性能较差。某些花岗石含有超量的对人体健康有危害的放射性元素。装饰工程上所指的花岗石除常见的花岗石外，往往还泛指各种以石英、长石为主要组成矿物，含有少量云母和暗色矿物的火成岩和与其有关的变质岩。花岗石按其加工方法和表面粗糙程度可分为剁斧板、机刨板、火烧板、粗磨板和磨光板。剁斧板和机刨板规格按设计定，粗磨和磨光板材的常用规格有 400mm×400mm、600mm×600mm、600mm×900mm、750mm×1070mm 等，厚度为 20mm、30mm、40mm。

2. 天然大理石板材

大理石属中硬石材，其质地均匀，色彩多变，纹理美观，是良好的饰面材料。但大理石耐酸性差，在潮湿且含较多 CO_2 和 SO_2 的大气中，易受侵蚀，使其表面失去光泽，甚至遭到破坏，故大理石饰面板用于室外的主要是某些特殊品种（如汉白玉、艾叶青等），一般不宜用于室外或易受有害气体侵蚀的环境中。建筑装饰工程上所指的大理石也是广义的，除指大理石外，还包括所有具有装饰功能的，可以磨平、抛光的各种碳酸类的沉积岩和与其有关的变质岩。

大理石板材常制成抛光镜面板，其规格分为普通板和异型板两种。普通板常见的规格有 400mm×400mm、600mm×600mm、600mm×990mm、600mm×1200mm 等、厚度为 20mm、30mm、40mm 等。异型板的规格根据用户要求而定。近年来国内也开始广泛使用国际市场流行的产品——薄型大理石饰面板。薄型板四面倒角，厚度仅为 7～10mm，不但减轻了自重，而且使铺设方法也得以改进。

3. 文化石

文化石是一种俗称，包含内容大致有：

石板：有板岩、锈板、彩石面砖、瓦板等，用于室内地面，内、外墙面及屋面瓦。

砂岩：有硅质砂岩、钙质砂岩、铁质砂岩、泥质砂岩四类。性能以硅质砂岩最佳，依次递减。前三类应用于室内、外墙面和地面装饰。泥质砂岩遇水软化不宜用做装饰材料。

石英岩：是硅质砂岩的变质岩，强度大、硬度高、耐酸、耐久性优于其他石材。用于室内、外的墙面、地面。

蘑菇石：是采用花岗石石材加工成边缘整齐、中部不规则凸起的形状，立体感强、装饰效果好，用于外墙、内墙及屋面。常用规格有 600mm×900mm、750mm×1200mm 等，厚度为 150mm 等。

艺术石：外观具有不规则沉积式的层状结构，有天然石材和人造石材两类，用做内墙和外墙装饰。

乱石：包括卵石、乱形石板等，用于外墙面、地面装饰。

石材饰面板施工工艺有湿作业法、干挂法和直接粘贴法。

石材饰面板的传统湿作业法材料费用低，但工序多，操作较复杂，饰面层自重大，表面易泛碱，而且易造成粘结不牢，表面接槎不平等弊病，仅适用于墙面高度不大于 10m 的多、高层建筑首层外墙或内墙面的装饰。直接粘贴法一般适用于石材饰面板厚度不大于 10mm 的情况，一般也仅适用于墙面高度不大于 6m 的多、高层建筑首层外墙或内墙面的装饰。干挂法一般适用于钢筋混凝土外墙或有钢骨架的外墙饰面，不能用于砖墙或加气混凝土墙的饰面。这里着重介绍干挂法施工工艺。用此工艺做成的饰面，在风力和地震力的作用下允许产生适量的变位，以吸收部分风力和地震力，而不致出现裂纹和脱落。当风力、地震力消失后，石材也随结构而复位。该工艺与传统的湿作业工艺比较，免除了灌浆工序，可缩短施工周期，减轻建筑物自重，提高抗震性能，更重要的是有效地防止灌浆中的盐碱等色素对石材的渗透污染，提高其装饰质量和观感效果。此外，由于季节性室外温差变化引起的外饰面胀缩变形，使饰面板可能脱落，这种工艺可有效地防止饰面板脱落伤人事故的发生。

1. 干挂法基本构造

干挂法根据板材的加工形式分为普通干挂法和复合墙板干挂法。

1)普通干挂法

普通干挂是直接在饰面板厚度面和反面开槽或孔,然后用不锈钢连接器与安装在钢筋混凝土墙体内的膨胀金属螺栓或钢骨架相连接。饰面板背面与墙面间形成40～100mm的空气层。板缝间加泡沫塑料阻水条,外用防水密封胶做嵌缝处理。该种方法多用于30m以下的建筑外墙饰面。普通干挂法的施工关键是不锈钢连接器安装尺寸的准确和板面开槽(孔)位置精确。特别是金属连接器不能用普通的碳素角钢制作,因碳素钢耐腐蚀性差,使用中一旦发生锈蚀,将严重污染板面,尤其是受潮或漏水后会产生铁锈流纹,很难清洗。

2)复合墙板干挂法(GPC工艺)

复合墙板干挂法是以钢筋细石混凝土作衬板,磨光花岗石薄板为面板,经浇筑形成一体的饰面复合板,并在浇筑前放入预埋件,安装时用连接器将板材与主体结构的钢架相连接。复合板可根据使用要求加工成不同的规格,常做成一开间一块的大型板材。加工时花岗石面板通过不锈钢连接环与钢筋混凝土衬板接牢,形成一个整体,为防止雨水的渗漏,上下板材的接缝处设两道密封防水层,第一道在上、下花岗石面板间,第二道在上、下钢筋混凝土衬板间。复合墙板与主体结构间保持一空腔。该种做法施工方便,效率高,节约石材,但对连接件质量要求较高。连接件可用不锈钢制作,国内施工单位也有采用涂刷防腐防锈涂料后进行高温固化处理的碳素钢连接件,效果良好。这种方法适用于高层建筑的外墙饰面,高度不受限制。

2. 石材接缝构造

石材的接缝构造如图1-53～图1-55所示。

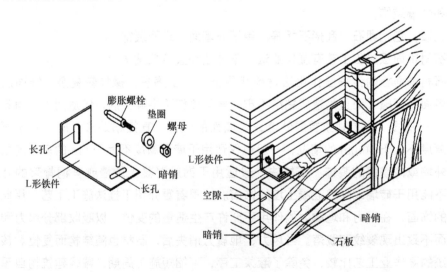

图1-53 石材墙面干挂法施工

3. 大理石、磨光花岗石饰面施工

大理石、磨光花岗石饰面施工工艺流程如下:

薄型小规格块材(边长小于40cm)工艺流程:

基层处理→吊垂直、套方、找规矩、贴灰饼→抹底层砂浆→弹线→分格→石材刷

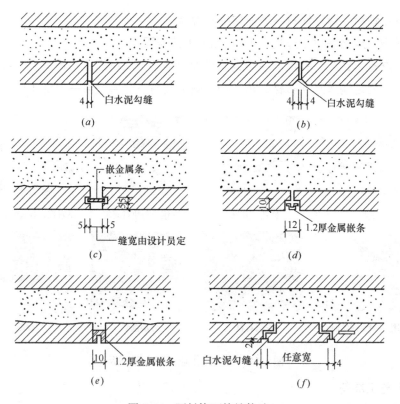

图 1-54 石材饰面接缝构造
(a) 平缝;(b) 三角缝;(c) 平缝加平嵌条;
(d) 平缝加嵌条;(e) 平缝加嵌条;(f) 镶板勾凹缝

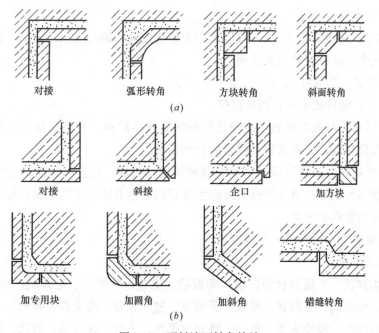

图 1-55 石材墙面转角接缝
(a) 阴角处理;(b) 阳角处理

防护剂→排块材→镶贴块材→表面勾缝与擦缝。

普通型大规格块材（边长大于 40cm）工艺流程：

施工准备（钻孔、剔槽）→穿铜丝或镀锌钢丝与块材固定→吊垂直、找规矩、弹线→绑扎、固定钢丝网→石材刷防护剂→安装石材→分层灌浆→擦缝（图 1-56）。

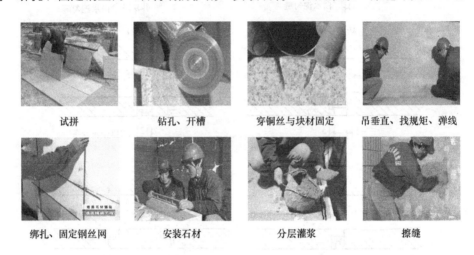

图 1-56 传统湿作业安装大理石板

（1）施工准备

1）技术准备

编制室内外墙面、柱面和门窗套的大理石、磨光花岗石饰面板装饰工程施工方案，并对工人进行书面技术及安全交底。

2）材料准备

A. 水泥：强度等级为 32.5 级以上的普通硅酸盐水泥应有出厂证明、试验单，若出厂超过三个月应按试验结果使用。

B. 白水泥：强度等级为 32.5 级的白水泥。

C. 砂子：粗砂或中砂，用前过筛。

D. 大理石、磨光花岗石：按照设计图纸要求的规格、颜色等备料，但表面不得有隐伤、风化等缺陷，不宜用易褪色的材料包装。

E. 其他材料：如熟石膏、铜丝或镀锌钢丝、铅皮、硬塑料板条、配套挂件；尚应配备适量与大理石或磨光花岗石等颜色接近的各种石渣和矿物颜料；胶合填塞饰面板缝隙的专用塑料软管等。

F. 质量要求：符合相关规范要求。

3）机具准备

石材切割机、手提石材切割机、角磨机、电锤、手电钻、电焊机、磅秤、钢板、半截大桶、小水桶、铁簸箕、平锹、手推车、塑料软管、胶皮碗、喷壶、合金钢扁錾子、合金钢钻头、操作支架、台钻、铁制水平尺、方尺、靠尺板、底尺、托线板、线坠、粉线包、高凳、木楔子、小型台式砂轮、裁改大理石用砂轮、全套裁割机、开刀、灰板、木抹子、铁抹子、细钢丝刷、笤帚、大小锤子、小白线、钢丝、擦布或棉丝、老虎钳子、小铲、盒尺、钉子、红铅笔、毛刷、工具袋等。

4）作业条件

A. 办理好结构验收，水电、通风、设备安装等应提前完成，准备好加工饰面板所需的水、电源等。

B. 内墙面弹好50cm水平线。

C. 脚手架或吊篮提前支搭好，宜选用双排架子（室外高层宜采用吊篮，多层可采用桥式架子等），其横竖杆及拉杆等应离开门窗口角150～200mm。架子步高要符合施工规程的要求。

D. 有门窗套的必须把门框、窗框立好，同时要用1∶3水泥砂浆将缝隙堵塞严密。铝合金门窗框边缝所用嵌缝材料应符合设计要求，且塞堵密实并事先粘贴好保护膜。

E. 大理石、磨光花岗石等进场后应堆放于室内，下垫方木，核对数量、规格，并预铺、配花、编号等，以备正式铺贴时按号取用。

F. 大面积施工前应先放出施工大样，并做样板，经质检部门鉴定合格后，还要经过设计单位、甲方、施工单位共同认定验收，方可组织班组按样板要求施工。

G. 对进场的石料应进行验收，颜色不均匀时应进行挑选，必要时进行试拼编号。

（2）施工工艺

1）操作工艺

A. 薄型小规格块材（一般厚度10mm以下）：边长小于40cm，可采用粘贴方法。

a. 进行基层处理和吊垂直、套方、找规矩，其他可参见镶贴面砖施工要点有关部分。要注意同一墙面不得有一排以上的非整材，并应将其镶贴在较隐蔽的部位。

b. 在基层湿润的情况下，先刷胶界面剂素水泥浆一道，随刷随打底；底灰采用1∶3水泥砂浆，厚度约12mm，分二遍操作，第一遍约5mm，第二遍约7mm，待底灰压实刮平后，将底子灰表面划毛。

c. 石材表面处理：石材表面充分干燥（含水率应小于8%）后，用石材防护剂进行石材六面体防护处理，此工序必须在无污染的环境下进行，将石材平放于木方上，用羊毛刷蘸上防护剂，均匀涂刷于石材表面，涂刷必须到位，第一遍涂刷完间隔24h后用同样的方法涂刷第二遍石材防护剂，如采用水泥或胶粘剂固定，间隔48h后对石材粘结面用专用胶泥进行拉毛处理，拉毛胶泥凝固硬化后方可使用。

d. 待底子灰凝固后便可进行分块弹线，随即将已湿润的块材抹上厚度为2～3mm的素水泥浆，内掺水重20%的界面剂进行镶贴，用木锤轻敲，用靠尺找平找直（图1-57～图1-59）。

B. 大规格块材：边长大于40cm，镶贴高度超过1m时，可采用如下安装方法。

a. 钻孔、剔槽：安装前先将饰面板按照设计要求用台钻打眼，事先应钉木架使钻头直对板材上端面，在每块板的上、下两个面打眼，孔位打在距板宽的两端1/4处，每个面各打两个眼，孔径为5mm，深度为12mm。如大理石、磨光花岗石，板

图 1-57 强度较低或较薄的石材背面粘贴玻璃纤维网

图 1-58 湿作业法石材防碱处理

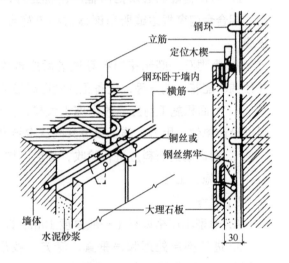

图 1-59 大理石传统安装方法

材宽度较大时,可以增加孔数。钻孔后用云石机轻轻剔一道槽,深 5mm 左右,连同孔眼形成象鼻眼,以备埋卧铜丝之用(图 1-60)。

若饰面板规格较大,如下端不好拴绑镀锌钢丝或铜丝时,亦可在未镶贴饰面的一侧,采用手提轻便小薄砂轮,按规定在板高的 1/4 处上、下各开一槽,(槽长约 3～4cm,槽深约 12mm 与饰面板背面打通,竖槽一般居中,亦可偏外,但以不损坏外饰面和不反碱为宜),可将镀锌钢丝

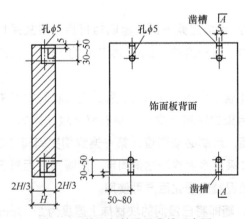

图 1-60 饰面板钻孔及凿槽示意图

或铜丝卧入槽内,便可拴绑与钢筋网固定。此法亦可直接在镶贴现场做。如图 1-61～图 1-63 所示。

b. 穿铜丝或镀锌钢丝:

把备好的铜丝或镀锌钢丝剪成长 20cm 左右,一端用木楔粘环氧树脂将铜丝或镀锌钢丝在孔内固定牢固,另一端将铜丝或镀锌钢丝顺孔槽弯曲并卧入槽内,使大理石

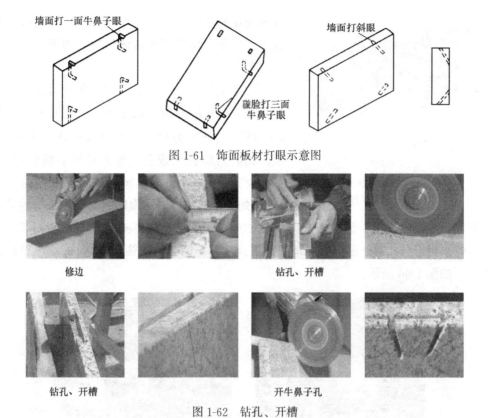

图 1-61　饰面板材打眼示意图

修边　　　　钻孔、开槽

钻孔、开槽　　　　开牛鼻子孔

图 1-62　钻孔、开槽

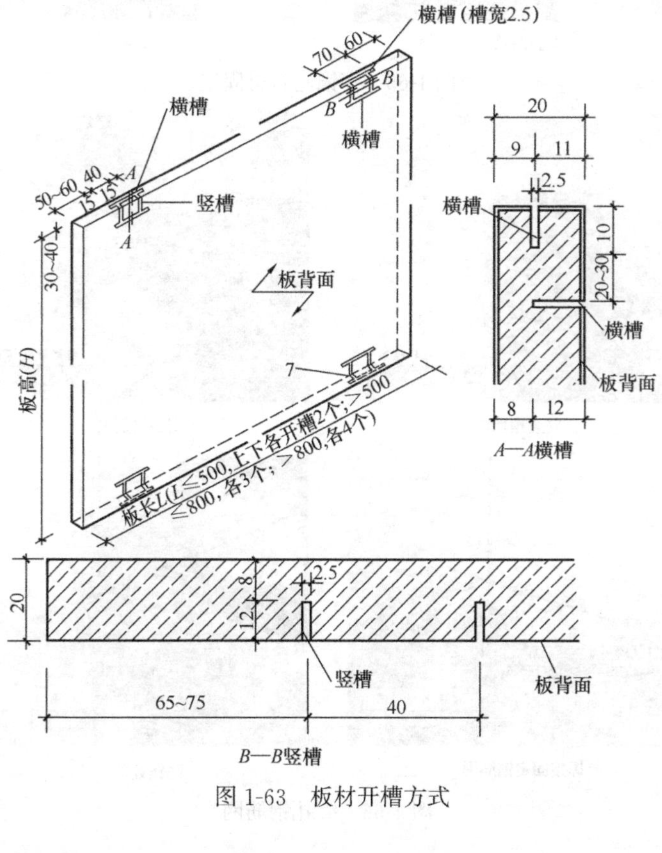

图 1-63　板材开槽方式

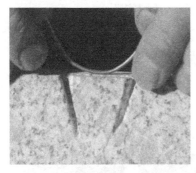

图 1-64 穿铜丝

或磨光花岗石板上、下端面没有铜丝或镀锌钢丝突出,以便和相邻石板接缝严密,如图 1-64、图 1-65 所示。

c. 绑扎钢筋:首先剔出墙上的预埋筋,把墙面镶贴大理石的部位清扫干净。先绑扎一道竖向 $\phi 6$ 钢筋,并把绑好的竖筋用预埋筋弯压于墙面。横向钢筋为绑扎大理石或磨光花岗石板材所用,如板材高度为 60cm 时,第一道横筋在地面以上 10cm 处与主筋绑牢,用做绑扎第一层板材的下口固定铜丝或镀锌钢丝。第二道横筋绑在 50cm 水平线上 7~8cm,比石板上口低 2~3cm 处,用于绑扎第一层石板上口固定铜丝或镀锌钢丝,再往上每 60cm 绑一道横筋即可,如图 1-66 所示。

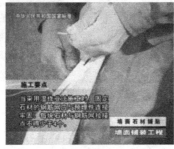
安装铜丝

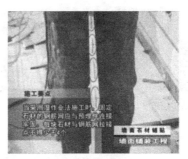
连接点

图 1-65 穿铜丝石材固定

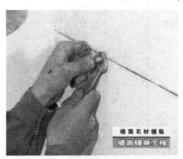
安装预埋件

安装钢筋网

焊接固定钢筋网

防锈处理

图 1-66 绑扎钢筋网

d. 弹线：首先将要贴大理石或磨光花岗石的墙面、柱面和门窗套用大线坠从上至下找出垂直。应考虑大理石或磨光花岗石板材厚度、灌注砂浆的空隙和钢筋网所占尺寸，一般大理石、磨光花岗石外皮距结构面的厚度应以 5～7cm 为宜。找出垂直后，在地面上顺墙弹出大理石或磨光花岗石等外廓尺寸线。此线即为第一层大理石或花岗石等的安装基准线。编好号的大理石或花岗石板等在弹好的基准线上画出就位线，每块留 1mm 缝隙（如设计要求拉开缝，则按设计规定留出缝隙）。

e. 石材表面处理：石材表面充分干燥（含水率应小于 8%）后，用石材防护剂进行石材六面体防护处理，此工序必须在无污染的环境下进行，将石材平放于木方上，用羊毛刷蘸上防护剂，均匀涂刷于石材表面，涂刷必须到位，第一遍涂刷完间隔 24h 后用同样的方法涂刷第二遍石材防护剂，如采用水泥或胶粘剂固定，间隔 48h 后对石材粘结面用专用胶泥进行拉毛处理，拉毛胶泥凝固硬化后方可使用。

f. 基层准备：清理预做饰面石材的结构表面，同时进行吊直、套方、找规矩，弹出垂直线水平线，并根据设计图纸和实际需要弹出安装石材的位置线和分块线。

g. 安装大理石或磨光花岗石：按部位取石板并舒直铜丝或镀锌钢丝，将石板就位，石板上口外仰，右手伸入石板背面，把石板下口铜丝或镀锌钢丝绑扎在横筋上。绑时不要太紧可留余量，只要把铜丝或镀锌钢丝和横筋拴牢即可，把石板竖起，便可绑大理石或磨光花岗石板上口铜丝或镀锌钢丝，并用木楔子垫稳，块材与基层间的缝隙一般为 30～50mm。用靠尺板检查调整木楔，再拴紧铜丝或镀锌钢丝，依次向另一方进行。柱面可按顺时针方向安装，一般先从正面开始。第一层安装完毕再用靠尺板找垂直，水平尺找平整，方尺找阴阳角方正，在安装石板时如发现石板规格不准确或石板之间的空隙不符，应用铅皮垫牢，使石板之间缝隙均匀一致，并保持第一层石板上口的平直。找完垂直、平直、方正后，调制熟石膏，把调成粥状的石膏贴在大理石或磨光花岗石板上下之间，使这二层石板结成一整体，木楔处亦可粘贴石膏，再用靠尺检查有无变形，等石膏硬化后方可灌浆，如图 1-67 所示。（如设计有嵌缝塑料软管者，应在灌浆前塞放好）。

h. 灌浆：把配合比为 1∶2.5 水泥砂浆放入大桶中加水调成粥状，用铁簸箕舀浆徐徐倒入，分层灌注。注意不要碰大理石，边灌边用橡皮锤轻轻敲击石板面使灌入砂浆排气。每次灌注高度一般为 20～30cm，不能超过石板高度的 1/3，待初凝后再继续灌浆，直至距上口 5～10cm 停止。然后将上口临时固定的石膏剔掉，清理干净缝隙，再安装第二片板材。第一层灌浆很重要，因要锚固石板的下口铜丝又要固定饰面板，所以要轻轻操作，防止碰撞和猛灌。如发生石板外移错动，应立即拆除重新安装，如图 1-68 所示。

i. 擦缝：全部石板安装完毕后，清除所有石膏和余浆痕迹，用麻布擦洗干净，并按石板颜色调制色浆嵌缝，边嵌边擦干净，使缝隙密实、均匀、干净、颜色一致，如图 1-69 所示。

安装石板

板材安装质量检查控制

垫木楔调整缝隙

石膏临时固定

图 1-67　安装石材

检查板材安装质量

嵌缝临时封闭固定

润湿石材背面及基层

分层灌浆

分层灌浆

插捣密实

图 1-68　灌浆

检查安装质量

清除临时固定石膏块

嵌缝

擦缝

图 1-69　擦缝

C. 改进湿法（楔固法）

省去了钢筋网片做连接件，采用镀锌或不锈钢锚固件与基体锚固，然后向缝中灌入 1∶2 水泥砂浆。

a. 基体处理。大理石安装前，先对清理干净的基体用水湿润，并抹上 1∶1 水泥砂浆（要求中砂或粗砂）。大理石背面也要用清水刷洗干净，以提高其粘结力。

b. 石板钻孔。将大理石饰面板直立固定于木架上，用手电钻在距板两端 1/4 处钻孔，孔径 6mm，深 35～40mm。板宽不大于 500mm 的打直孔两个；板宽大于 500mm 打直孔 3 个；大于 800mm 的打直孔 4 个。然后将板旋转 90°固定于木架上，在板两侧分别各打直孔 1 个，孔位距板下端 100mm 处，孔径 6mm，孔深 35～40mm，上下直孔都用合金錾子在板背面方向剔槽,槽深 7mm,以便安装凵形钉,见图 1-70。

c. 基体钻孔。板材钻孔后,按基体放线分块位置临时就位,对应于板材上下直孔的基体位置上,用冲击钻钻成与板材孔数相等的斜孔,斜孔成 45°角,孔径 6mm,孔深 40~50mm,见图 1-71。

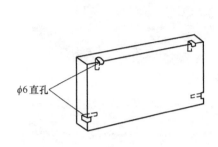 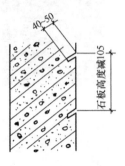

图 1-70 打直孔示意图　　　　图 1-71 基体钻斜孔

d. 板材安装、固定。基体钻孔后,将大理石安放就位,根据板材与基体相距的孔距,用夹丝钳子预制直径 5mm 的不锈钢凵形钉(图 1-72),一端钩进大理石直孔内,随即用硬木小楔楔紧;另一端钩进基体斜孔内,拉小线或用靠尺板和水平尺,校正板的上下口及板面的垂直度和平整度,并检查与相邻板材接合是否严密,随后将基体斜孔内不锈钢凵形钉楔紧。接着用大头木楔紧固于板材与基体之间,以紧固凵形钉,见图 1-73。

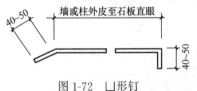

图 1-72 凵形钉

D. 柱子贴面

安装柱面大理石或磨光花岗石,其弹线、钻孔、绑钢筋和安装等工序与镶贴墙面方法相同,要注意灌浆前用木方子钉成槽形木卡子,双面卡住大理石板,以防止灌浆时大理石或磨光花岗石板外胀。

E. 夏期安装室外大理石或磨光花岗石时,应有防止暴晒的可靠措施。

F. 冬期施工

a. 灌缝砂浆应采取保温措施,砂浆的温度不宜低于 5℃。

b. 灌注砂浆硬化初期不得受冻。气温低于 5℃ 时,室外灌注砂浆可掺入能降低冻结温度的外加剂,其掺量应由试验确定。

c. 冬期施工,镶贴饰面板宜供暖也可采用热空气或带烟囱的火炉加速干燥。采用热空气时,应设通风设备排除湿气。并设专人进行测温控制和管理,保温养护 7~9d。

2) 技术关键要求

弹线必须准确,经复验后方可进行下道工序。基层处理抹灰前,墙面必须清扫干净,浇水湿润;基层抹灰必须

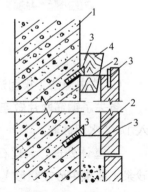

图 1-73 石板就位固定示意图

1—基体;2—凵形钉;
3—硬木小楔;4—大头木楔

平整；贴块材应平整牢固，无空鼓。

（3）质量标准

1）主控项目

A. 石材的品种、规格、颜色和性能应符合设计要求。

检验方法：观察；检查产品合格证书、进场验收记录和性能检测报告。

B. 石材孔、槽的数量、位置和尺寸应符合设计要求。

检验方法：检查进场验收记录和施工记录。

C. 石材安装工程的预埋件（或后置埋件）、连接件的数量、规格、位置、连接方法和防腐处理必须符合设计要求。后置埋件的现场拉拔强度必须符合设计要求。饰面板安装必须牢固。

检验方法：手扳检查；检查进场验收记录、现场拉拔检测报告、隐蔽工程验收记录和施工记录。

2）一般项目

A. 石材表面应平整、洁净、色泽一致，无裂痕和缺损。石材表面应无泛碱等污染。

检验方法：观察。

B. 饰面板嵌缝应密实、平直，宽度和深度应符合设计要求，嵌填材料色泽应一致。

检验方法：观察；用钢直尺检查。

C. 采用湿作业法施工的饰面板工程，石材应进行防碱背涂处理。饰面板与基体之间的灌注材料应饱满、密实。

检验方法：用小锤轻击检查；检查施工记录。

D. 石材饰面板上的孔洞应套割吻合，边缘应整齐。

检验方法：观察。

E. 石材饰面板安装的允许偏差和检验方法应符合表 1-12 的规定。

检验方法：按表 1-12 中的检验方法检验。

饰面板安装的允许偏差和检验方法　　　　表 1-12

项次	项 目	允许偏差（mm）	检 验 方 法
1	立面垂直度	2	用 2m 垂直检测尺检查
2	表面平整度	2	用 2m 靠尺和塞尺检查
3	阴阳角方正	2	用直角检测尺检查
4	接缝直线度	2	拉 5m 线，不足 5m 拉通线，用钢直尺检查
5	墙裙、勒脚上口直线度	2	拉 5m 线，不足 5m 拉通线，用钢直尺检查
6	接缝高低差	0.5	用钢直尺和塞尺检查
7	接缝宽度	1	用钢直尺检查

3）质量关键要求

A. 清理预做饰面石材的结构表面，施工前认真按照图纸尺寸，核对结构施工的实际情况，同时进行吊直、套方、找规矩，弹出垂直线水平线，控制点要符合要求，并根据设计图纸和实际需要弹出安装石材的位置线和分块线。

B. 施工安装石材时，严格配合比计量，掌握适宜的砂浆稠度，分次灌浆，防止造成石板外移或板面错动，以致出现接缝不平、高低差过大。

C. 冬期施工时，应做好防冻保温措施，以确保砂浆不受冻，其室外温度不得低于5℃，但寒冷天气不得施工，防止空鼓、脱落和裂缝。

（4）成品保护

1）要及时清擦干净残留在门窗框、玻璃和金属饰面板上的污物，宜粘贴保护膜，预防污染、锈蚀。

2）认真贯彻合理施工顺序，其他工种的活应做在前面，防止损坏、污染石材饰面板。

3）拆改架子和上料时，严禁碰撞石材饰面板。

4）饰面完活后，易破损部分的棱角处要钉护角保护，其他工种操作时不得划伤和碰坏石材。

5）在刷罩面剂未干燥前，严禁下渣土和翻架子脚手板等。

6）已完工的石材饰面应做好成品保护。

（5）安全环保措施

1）操作前检查脚手架和跳板是否搭设牢固，高度是否满足操作要求，合格后才能上架操作，凡不符合安全之处应及时修整。

2）禁止穿硬底鞋、拖鞋、高跟鞋在架子上工作，架子上人不得集中在一起，工具要搁置稳定，以防止坠落伤人。

3）在两层脚手架上操作时，应尽量避免在同一垂直线上工作，必须同时作业时，下层操作人员必须戴安全帽，并应设置防护措施。

4）脚手架严禁搭设在门窗、散热器、水暖等管道上；禁止搭设飞跳板；严禁从高处往下乱投东西。

5）夜间临时用的移动照明灯，必须用安全电压。机械操作人员须培训持证上岗，现场一切机械设备，非机械操作人员一律禁止乱动。

6）材料必须符合环保要求，无污染。

7）雨后、春暖解冻时应及时检查外架子，防止沉陷出现险情。

8）外架必须满搭安全网，各层设围栏。出入口应搭设人行通道。

（6）质量记录

1）大理石、磨光花岗石等材料的出厂合格证、检测报告。

2）水泥的凝结时间、安定性能和抗压强度的复验收记录。

3）工程质量验评资料。

4）预埋件（或后置埋件）、连接结点、防水层等隐蔽工程项目的验收记录。

5）采用粘贴法施工的粘结强度检验记录。

4. 墙面干挂石材施工

墙面干挂石材施工工艺流程如下：

结构尺寸的检验→清理结构表面→结构上弹出垂直线→大角挂两竖直钢丝→临时固定上层墙板→钻孔插入膨胀螺栓→镶不锈钢固定件→镶顶层墙板→挂水平位置线→支底层板托架→放置底层板用其定位→调节与临时固定→嵌板缝密封胶→饰面板刷二层罩面剂→灌 M20 水泥砂浆→设排水管→结构钻孔并插固定螺栓→镶不锈钢固定件→用胶粘剂灌下层墙板上孔→插入连接钢针→将胶粘剂灌入上层墙板的下孔内（图 1-74、图 1-75）。

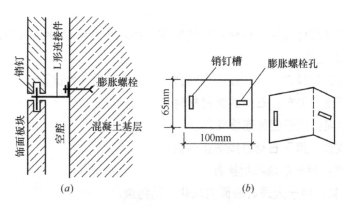

图 1-74　用膨胀螺栓固定板材
（a）板材的固定；（b）L形连接件

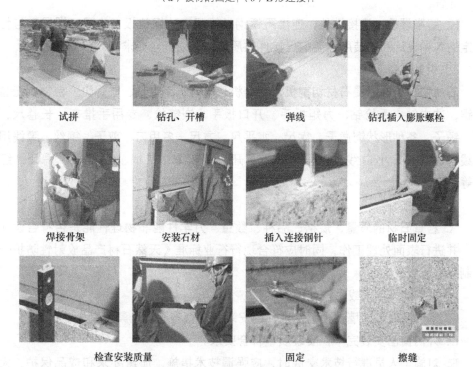

图 1-75　干挂大理石施工过程

(1) 施工准备

1) 技术准备

编制室内外墙面干挂石材饰面板装饰工程施工方案,并对工人进行书面技术及安全交底。

2) 材料准备

A. 石材:根据设计要求,确定石材的品种、颜色、花纹和尺寸规格,并严格控制、检查其抗折、抗拉及抗压强度,吸水率、耐冻融循环等性能。花岗石板材的弯曲强度应经法定检测机构检测确定。

B. 合成树脂胶粘剂:用于粘贴石材背面的柔性背衬材料,要求具有防水和耐老化性能。

C. 用于干挂石材挂件与石材间粘结固定,用双组分环氧型胶粘剂,按固化速度分为快固型和普通型。

D. 中性硅酮耐候密封胶,应进行粘合力的试验和相容性试验。

E. 玻璃纤维网格布:石材的背衬材料。

F. 防水胶泥:用于密封连接件。

G. 防污胶条:用于石材边缘防止污染。

H. 嵌缝膏:用于嵌填石材接缝。

I. 罩面涂料:用于大理石表面防风化、防污染。

J. 不锈钢紧固件、连接件应按同一种类构件的5%进行抽样检查,且每种构件不少于5件。

K. 膨胀螺栓、连接铁件、连接不锈钢针等配套的钢垫板、垫圈、螺母及与骨架固定的各种设计和安装所需要的连接件的质量,必须符合要求。

3) 机具准备

石材切割机、手提石材切割机、角磨机、电锤、手电钻、电焊机、台钻、无齿切割锯、冲击钻、手枪钻、力矩扳手、开口扳手、嵌缝枪、专用手推车、长卷尺、盒尺、锤子、各种形状钢凿子、靠尺、水平尺、方尺、多用刀、剪子、钢丝、弹线用的粉线包、墨斗、小白线、笤帚、铁锹、开刀、灰槽、灰桶、工具袋、手套、红铅笔等。

4) 作业条件

A. 检查石材的质量、规格、品种、数量、力学性能和物理性能是否符合设计要求,并进行表面处理工作,同时应符合现行行业标准《天然石材产品放射性防护分类控制标准》。

B. 搭设双排架子或吊篮处理。

C. 水电及设备、墙上预留预埋件已安装完。垂直运输机具均事先准备好。

D. 外门窗已安装完毕,安装质量符合要求。

E. 对施工人员进行技术交底时,应强调技术措施、质量要求和成品保护,大面积施工前应先做样板,经质检部门鉴定合格后,方可组织班组施工。

F. 安装系统隐蔽项目已经验收。

（2）施工工艺

1）操作工艺

A. 工地收货：收货要设专人负责管理，要认真检查材料的规格、型号是否正确，与料单是否相符，发现石材颜色明显不一致的，要单独码放，以便退还给厂家，如有裂纹、缺棱掉角的，要修理后再用，严重的不得使用。还要注意石材堆放地要夯实，垫 10cm×10cm 通长方木，让其高出地面 8cm 以上，方木上最好钉上橡胶条，让石材按 75°立放斜靠在专用的钢架上，每块石材之间要用塑料薄膜隔开靠紧码放，防止粘在一起和倾斜（图 1-76）。

图 1-76　石材检查

B. 石材表面处理：石材表面充分干燥（含水率应小于 8％）后，用石材护理剂进行石材六面体防护处理，此工序必须在无污染的环境下进行，将石材平放于木方上，用羊毛刷蘸上防护剂，均匀涂刷于石材表面，涂刷必须到位，第一遍涂刷完间隔 24h 后用同样的方法涂刷第二遍石材防护剂，间隔 48h 后方可使用。

C. 石材准备：首先用比色法对石材的颜色进行挑选分类；安装在同一面的石材颜色应一致，并根据设计尺寸和图纸要求，将专用模具固定在台钻上，进行石材打孔，为保证位置准确垂直，要钉一个定型石材托架，使石板放在托架上，要打孔的小面与钻头垂直，使孔成型后准确无误，孔深为 22～23mm，孔径为 7～8mm，钻头为 5～6mm（图 1-77）。随后在石材背面刷不饱和树脂胶，主要采用一布二胶的做法，

图 1-77　石材钻孔、开槽

布为无碱、无捻 24 目的玻璃丝布，石板在刷头遍胶前，先把编号写在石板上，并将石板上的浮灰及杂污清除干净，如铁锈、铁沫子，用钢丝刷、粗刷子将其除掉再刷胶，胶要随用随配，防止固化后造成浪费。要注意边角地方一定要刷好。特别是打孔部位是个薄弱区域，必须刷到。布要铺满，刷完头遍胶，在铺贴玻璃纤维网格布时要从一边用刷子赶平，铺平后再刷二遍胶，刷子沾胶不要过多，防止流到石材小面给嵌缝带来困难，出现质量问题。

D. 基层准备：清理预做饰面石材的结构表面，同时进行吊直、套方、找规矩，弹出垂直线、水平线，并根据设计图纸和实际需要弹出安装石材的位置线和分块线。

E. 挂线：按设计图纸要求，石材安装前要事先用经纬仪打出大角两个面的竖向控制线，最好弹在离大角 20cm 的位置上，以便随时检查垂直挂线的准确性，保证顺利安装。竖向挂线宜用 $\phi 0.1 \sim \phi 0.2$ 的钢丝为好，下边沉铁随高度而定，一般 40m 以下高度沉铁重量为 $8 \sim 10$kg，上端挂在专用的挂线角钢架上，角钢架用膨胀螺栓固定在建筑大角的顶端，一定要挂在牢固、准确、不易碰动的地方，并要注意保护和经常检查。并在控制线的上、下作出标记（图 1-78）。

图 1-78 弹线

F. 支底层饰面板托架：把预先加工好的支托按上平线支在将要安装的底层石板上面。支托要支承牢固，相互之间要连接好，也可和架子接在一起，支架安好后，顺支托方向铺通长的 50mm 厚木板，木板上口要在同一水平面上，以保证石材上下面处在同一水平面上。

G. 在围护结构上打孔、下膨胀螺栓：在结构表面弹好水平线，按设计图纸及石材钻孔位置，准确地弹在围护结构墙上并做好标记，然后按点打孔，打孔可使用冲击钻，上 $\phi 12.5$ 的冲击钻头，打孔时先用尖錾子在预先弹好的点上凿一个点，然后用钻打孔，孔深在 $60 \sim 80$mm，若遇结构里的钢筋时，可以将孔位在水平方向移动或往上抬高，要连接铁件时利用可调余量调回。成孔要求与结构表面垂直，成孔后把孔内的灰粉用小勾勺掏出，安放膨胀螺栓，宜将本层所需的膨胀螺栓全部安装就位（图 1-79）。

H. 上连接铁件：用设计规定的不锈钢螺栓固定角钢和平钢板。调整平钢板的位置，使平钢板的小孔正好与石板的插入孔对正，固定平钢板，用力矩扳手拧紧（图 1-80～图 1-84）。

图 1-79　钻孔、下膨胀螺栓

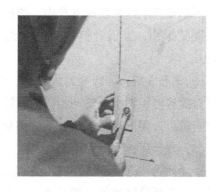

图 1-80　安装连接铁件之一

图 1-81　安装连接铁件之二

图 1-82　焊接骨架

图 1-83　焊缝防锈

图 1-84　骨架安装

I. 底层石材安装：把侧面的连接铁件安好，便可把底层面板靠角上的一块就位。方法是用夹具暂时固定，先将石材侧孔抹胶，调整铁件，插固定钢针，调整面板固定。依次按顺序安装底层面板，待底层面板全部就位后，检查一下各板水平是否在一条线上，如有高低不平的要进行调整；低的可用木楔垫平；高的可轻轻适当退出点木楔，退出到面板上口在一条水平线上为止；先调整好面板的水平与垂直度，再检查板缝，板缝宽应按设计要求，板缝均匀，将板缝嵌紧被衬条，嵌缝高度要高于 25cm。其后用 1∶2.5 白水泥配制的砂浆，灌于底层面板内 20cm 高，砂浆表面上设排水管。

J. 石板上孔抹胶及插连接钢针：把 1∶1.5 的白水泥环氧树脂倒入固化剂、促进剂，用小棒将配好的胶抹入孔中，再把长 40mm 的 φ4 连接钢针通过平板上的小孔插入直至面板孔，上钢针前检查其有无伤痕，长度是否满足要求，钢针安装要保证垂直。

K. 调整固定：面板暂时固定后，调整水平度，如板面上口不平，可在板底的一端下口的连接平钢板上垫一相应的双股铜丝垫，若铜丝粗，可用小锤砸扁，若高，可把另一端下口用以上方法垫一下。调整垂直度，并调整面板上口的不锈钢连接件的距墙空隙，直至面板垂直。

L. 顶部面板安装：顶部最后一层面板除了一般石材安装要求外，安装调整后，在结构与石板缝隙里吊一通长 20mm 厚木条，木条上表面距石板上口 250mm，吊点可设在连接铁件上，可采用钢丝吊木条，木条吊好后，即在石板与墙面之间的空隙里塞放聚苯板，聚苯板条要略宽于空隙，以便填塞严实，防止灌浆时漏浆，造成蜂窝、孔洞等，灌浆至石板口下 20mm 作为压顶盖板之用。

M. 贴防污条、嵌缝：沿面板边缘贴防污条，应选用 4cm 左右的纸带型不干胶带，边沿要贴齐、贴严，在大理石板间缝隙处嵌弹性泡沫填充（棒）条，填充（棒）条嵌好后离装修面 5mm，最后在填充（棒）条外用嵌缝枪把中性硅胶打入缝内，打胶时用力要均，走枪要稳而慢。如胶面不太平顺，可用不锈钢小勺刮平，小勺要随用随擦干净，嵌底层石板缝时，要注意不要堵塞流水管。根据石板颜色可在胶中加适量矿物质颜料。

N. 清理大理石、花岗石表面，刷罩面剂：把大理石、花岗石表面的防污条掀掉，用棉丝将石板擦净，若有胶或其他粘结牢固的杂物，可用开刀轻轻铲除，用棉丝蘸丙酮擦至干净。在刷罩面剂之前，应掌握和了解天气趋势，阴雨天和 4 级以上风天不得施工，防止污染漆膜；冬、雨季可在避风条件好的室内操作，刷在板块面上。罩面剂按配合比在刷前半小时对好，注意区别底漆和面漆，最好分阶段操作。配制罩面剂要搅匀，防止成膜时不均，涂刷要用 3 英寸羊毛刷，沾漆不宜过多，防止流挂，尽量少回刷，以免有刷痕，要求无气泡、不漏刷，刷得平整要有光泽。

O. 亦可参考金属饰面板安装工艺中的固定骨架的方法，来进行大理石、花岗石饰面板等干挂工艺的结构连接法的施工，尤其是室内干挂饰面板安装工艺。

2）技术关键要求

A. 对施工人员进行技术交底时，应强调技术措施、质量要求和成品保护。

B. 弹线必须准确，经复验后方可进行下道工序。固定的角钢和平钢板应安装牢固，并应符合设计要求，石材应用护理剂进行石材六面体防护处理。

（3）质量标准

参见大理石、磨光花岗石饰面施工相关内容。

质量关键要求

1）清理预做饰面石材的结构表面，施工前认真按照图纸尺寸，核对结构施工的实际情况，同时进行吊直、套方、找规矩，弹出垂直线、水平线，控制点要符合要求，并根据设计图纸和实际需要弹出安装石材的位置线和分块线。

2）与主体结构连接的预埋件应在结构施工时按设计要求埋设。预埋件应牢固，位置准确。应根据设计图纸进行复查。当设计无明确要求时，预埋件标高差不应大于10mm，位置差不应大于20mm。

3）面层与基底应安装牢固；粘贴用料、干挂配件必须符合设计要求和国家现行有关标准的规定。

4）石材表面平整、洁净；拼花正确、纹理清晰通顺，颜色均匀一致；非整板部位安排适宜，阴阳角处的板压向正确。

5）缝格均匀，板缝通顺，接缝填嵌密实，宽窄一致，无错台错位。

（4）成品保护

1）要及时清擦干净残留在门窗框、玻璃和金属饰面板上的污物，如密封胶、手印、尘土、水等杂物，宜粘贴保护膜，预防污染、锈蚀。

2）认真贯彻合理施工顺序，少数工种的活应做在前面，防止损坏、污染外挂石材饰面板。

3）拆改架子和上料时，严禁碰撞干挂石材饰面板。

4）外饰面完活后，易破损部分的棱角处要钉护角保护，其他工种操作时不得划伤面漆和碰坏石材。

5）在室外刷罩面剂未干燥前，严禁下渣土和翻架子脚手板等。

6）已完工的外挂石材应设专人看管，遇有损害成品的行为，应立即制止，并严肃处理。

（5）安全环保措施

1）进入施工现场必须戴好安全帽，系好风紧扣。

2）高空作业必须佩戴安全带，上架子作业前必须检查脚手板搭放是否安全可靠，确认无误后方可上架进行作业。

3）施工现场临时用电线路必须按用电规范布设，严禁乱接乱拉，远距离电缆线不得随地乱拉，必须架空固定。

4）小型电动工具，必须安装漏电保护装置，使用时应经试运转合格后方可操作。

5）电器设备应有接地、接零保护，现场维护电工应持证上岗，非维护电工不得乱接电源。

6）电源、电压须与电动机具的铭牌电压相符，电动机具移动应先断电后移动，下班或使用完毕必须拉闸断电。

7）施工时必须按施工现场安全技术交底施工。

8）施工现场严禁扬尘作业，清理打扫时必须洒少量水湿润后方可打扫，并注意对成品的保护，废料及垃圾必须及时清理干净，装袋运至指定堆放地点，堆放垃圾处必须进行围挡。

9）切割石材的临时用水，必须有完善的污水排放措施。

10）对施工中噪声大的机具，尽量安排在白天及夜晚10点前操作，严禁噪声扰民。

（6）质量记录

1）大理石、花岗石、紧固件、连接件等出厂合格证。国家有关环保检测报告。

2）本分项工程质量验评表。

3）三性试验报告单等。

4）设计图、计算书、设计更改文件等。

5）石材的冻融性试验记录。

6）后置埋件的拉拔试验记录。

7）埋件、固定件、支承件等安装记录及隐蔽工程验收记录。

附：墙面石材粘贴施工（图1-85）

操作题

根据图1-85墙面石材粘贴施工图示内容查阅编写墙面石材粘贴施工技术交底书。

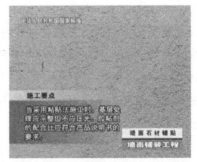

基层处理

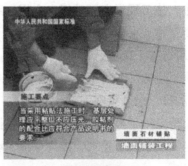

基层刷胶　　　　　　　　　石材背面刷胶

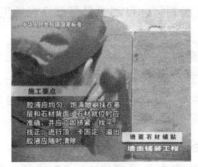

石材就位粘贴　　　　　　　找平校正顶卡固定

图1-85　墙面石材粘贴施工

1.2.2 墙体涂料装饰施工

学习目标

通过本项目学习和实训，主要掌握：

（1）根据实际工程合理进行墙体涂料装饰工程施工准备。

（2）墙体涂料装饰工程施工工艺。

（3）正确使用检测工具对墙体涂料装饰工程施工质量进行检查验收。

（4）进行安全、文明施工。

涂料是一种用于改变物体表面性能的液态物质，涂布于物体表面后，在一定条件下可形成与基层牢固结合的连续、完整固体膜层的材料。涂料种类繁多、用途非常广泛。

建筑涂料是涂料工业的重要组成部分，其品种繁多，主要包括内、外墙涂料，地面涂料、顶棚涂料、门窗涂料、防火涂料、保温涂料以及其他功能性的涂料等。

1.2.2.1 外墙涂料施工

外墙涂料具有美观、轻质、环保、隔热、色彩丰富、生产应用能耗低等多种优越性，是未来建筑外墙装饰的发展方向。在欧美发达国家，建筑外墙装饰拒绝采用面砖、幕墙、石材，80%的高层建筑使用建筑涂料，外墙涂料的应用比例占外墙面积的2/3以上。

外墙涂料色彩丰富、质感可变、施工简便，省工省料，工期短，自身质量轻，维修更新方便，其外观给人以清新、典雅、明快、富丽之感，很能获得建筑艺术的理想效果。外墙装饰工程直接暴露在大自然中，受到风、雨的侵袭，故要求建筑涂料具有耐水、保色、耐污染、耐老化及良好的附着力。如果雨期施工，还要求干燥速度快；在严寒的北方，还要求具有耐冻融性能好、成膜温度低的特点。以往我国涂料质量水平偏低，使用2～3年后就会出现失光、褪色、剥落、起皮、粉化等老化现象，严重影响了外墙装饰效果。新开发的外墙涂料要求耐久性使用寿命在10年以上，超高建筑要求外装饰材料使用寿命15～20年。

一般的外墙建筑涂料涂装包括：

（1）底涂

底涂封闭墙面碱性，提高面涂附着力，对面涂性能及表面效果有较大影响。如不使用底涂，涂膜附着力会有所削弱，墙面碱性对面涂性能的影响更大，尤其使用白水泥腻子的底面，可能造成涂膜粉化、泛黄、渗碱等问题，破坏面涂性能，影响涂膜的使用寿命。

（2）中涂

中涂主要作用是提高附着力和遮盖力，提供立体花纹，增加丰满度，并相应减少面涂用量。

（3）面涂

面涂是体系中最后涂层，具装饰功能，抗拒环境侵害。

外墙涂料施工工艺流程如下：

基层清理→修补腻子→第一遍满刮腻子→第二遍满刮腻子→弹分色线→刷第一道涂料→刷第二道涂料→刷第三道涂料。

1. 施工准备

（1）材料准备

1）外墙涂料

可以分为如下几种：外墙高光乳胶漆、外墙自洁乳胶漆、外墙浮雕涂料、外墙仿石涂料、溶剂型外墙涂料、外墙氟碳树脂涂料、外墙弹性防水乳胶漆、外墙薄抹灰涂料、外墙橘皮花纹涂料、外墙罩光涂料等。

其中，溶剂型外墙涂料的优点：生产简易，施工方便，涂膜光泽高；缺点：要求墙面特别平整，否则易暴露不平整的缺陷；有溶剂污染；适用范围：工业厂房。乳液型外墙涂料的优点：品种多，无污染，施工方便；缺点：光泽差，耐沾污性能较差，是通用型外墙涂料。复层外墙涂料的优点：喷瓷型外观，高光泽，有防水性，立体图案；缺点：施工较复杂，价格较高；适用范围：建筑等级较高的外墙。砂壁状外墙涂料的优点：仿石型外观；缺点：耐沾污性差，施工干燥期长；适用范围：仿石型外墙。氟碳树脂涂料、水性氟碳涂料与一般的涂料产品相比具有更好的耐久性、耐酸性、耐化学腐蚀性、耐热性、耐寒性、自熄性、不粘性、自润滑性、抗辐射性等优良特性，享有"涂料王"的盛誉。

外墙涂料根据装饰效果的质感还可分为以下四类：

浮雕涂料：浮雕涂料涂饰后，其花纹呈现凹凸状，并富有立体感、质感。

彩砂涂料：彩砂涂料是以石英砂、瓷粒、云母粉为主要原材料的。其涂饰后的效果是色泽新颖、晶莹绚丽。

厚质涂料：厚质涂料可喷、可滚、可拉毛，其涂料施工后，亦能作出不同质感的花纹。

薄质涂料：薄质涂料涂饰施工后，其效果质感细腻，用料较省，亦可用于内墙涂饰。

选择涂料时应注意：

外墙涂料种类繁多，各厂家产品各有千秋，选择时注意以下几方面：

①按建筑装饰部位来决定。在人流量较大场所，所选用的涂料应具备良好的耐老化性、耐污染性、耐水性、保色性和较强的附着性。在一般房产和人流较少的场所，选用的涂料应具有一般的防火、防霉、防沾污、易刷洗的性能。

②按建筑物的地理位置和气候特点选择。炎热多雨的南方所用涂料要有好的耐水性，还应有好的防霉性，否则霉菌很快繁殖会使涂料失去装饰效果。可首先选用当地生产的防潮、防霉涂料。严寒的北方对涂料的耐冻融性和低温施工性能有着较高的要求。雨期施工应选择干燥迅速并具有较好耐水性的涂料。

③按装修标准选择涂料。一般装修可选用中档产品，或施工工艺较简单的普通涂料。对于高级装修可以选用高档涂料，并采用三道成活的施工工艺，使面层涂膜具有较好的耐水性、耐沾污性和耐维修性，从而达到较好的装饰效果。

④选择外墙涂料时还应注意使用寿命、涂刷面积、耐洗刷次数等指标。

外墙涂料的质量必须符合相关规范的要求。

2)填充料：大白粉、滑石粉、石膏粉、光油、清油、地板黄、红土子、黑烟子、立德粉、羧甲基纤维素、聚醋酸乙烯乳液等。

3)稀释剂：汽油、煤油、松香水、酒精、醇酸稀料等与油漆性能相应配套的稀料。

4)各色颜料：应耐碱、耐光。

5)质量要求应符合相关规范要求。

（2）机具准备

1)脚手架：脚手架必须离被喷涂墙面30~40cm，靠墙不要有横杆，墙体不能有脚手眼。宜用吊篮、架桥等。

2)空压机：功率5kW以上，气量充足，压力0.5~1.0MPa，带三根气管，能满足三人以上同时施工，能自动控制压力。

3)喷枪：上壶喷枪，容量500mL，口径1.3mm以上，容量不能太大，操作不便，口径小，则施工速度慢，不宜大面积施工。

4)各种口径喷嘴为4mm、5mm、6mm、8mm等，口径越小则喷涂越平整均匀，口径大则花点越大，凹凸感越强。

5)无气喷枪一套。

6)橡胶管：氧气管，直径8mm。

7)毛刷、滚筒、铲刀若干。

8)遮挡用工具：塑料布、纤维板、图钉、胶带。

（3）作业条件

1)抹灰和混凝土基层的质量要求应符合相关验收规范的要求。

2)不论抹灰层还是混凝土表面层，不得沾有污物，不得有裂缝或起壳。

3)墙面起壳、裂缝、脚手支撑点应补平修正，按要求清除墙面一切残浆、垃圾、油污。

4)大面积墙面宜做分格处理，分格条应用质硬挺拔的材料制成。

5)外墙抹灰面层两侧应做挡水端，檐口、窗过梁底必须做滴水线，女儿墙顶部、阳台板顶部抹灰面泛水应向内侧倾斜。

6)大多数的外墙涂料，对施工保养条件都要求较高。施工保养温度高于5℃，环境湿度低于85%，以保证成膜良好。低温将引起外墙涂料膜粉化开裂等问题，环境湿度大使涂料膜长时间不干，并最终导致成膜不良。外墙施工必须考虑天气因素，在涂刷前12h不能下雨，保证基层干燥；涂刷后，24h不能下雨，避免涂料膜被雨水冲坏。

2.施工工艺

外墙涂装顺序要先上后下，从屋顶、檐槽、柱顶、横梁和椽子到墙壁、门窗和底板。其中每一部分也须自上而下依次涂刷。在涂刷每一部位时，中途不能停顿，如果不得不停下来,也要选择房子结构上原有的连接部位,如墙面与窗框衔接处。这样就能避免难看的接缝。在涂刷檐板时要分下述两步,先刷檐板的底部,然后刷向阳部位,同时刷几块檐板时,移动梯子,顺着墙依次进行,涂刷过程中动作要快,并不时地在已干和未干的接合部位来回刷几下,以避免留下层叠或接缝。

(1) 基层清理

将墙面上的灰渣等杂物清理干净,用扫帚将墙面浮土扫净。

外墙建筑涂料必须涂装在良好的基层上,基层应清洁干燥和牢固。

水泥墙面保养至少 1 个月(冬季 7 周)以上,湿度低于 6%,木材表面湿度低于 10%;墙面无渗水、无裂缝等结构问题。牢固:没有粉化松脱物,旧墙面没有松动的漆皮。清洁:没有油脂、霉、藻和其他粘附物。墙面出现尘土、粉末、霉菌等问题时可用高压水冲洗,墙面出现油脂时使用中性洗涤剂清洗;墙面出现灰浆时用铲、刮刀等除去。

基层一般需批刮腻子找平处理。腻子宜薄批而不宜厚刷。对腻子的要求除了易批易打磨外,还应具备较好的强度、粘结持久性及耐水性。

1) 白灰或砂浆墙面如表面已经压实平整,可不刮腻子,但要用 0~2 号砂纸打磨,磨光时注意不得破坏原基层。如不平整仍需批刮腻子找平处理。

2) 混凝土墙面,因存有水气泡孔,必须批刮腻子。腻子配合比为滑石粉:羧甲基纤维素:乳胶=100:5:12(重量比);老粉:纤维素:乳胶=80:5:10(重量比);老粉:纤维素:乳胶=80:6:10(重量比)。用配好的腻子在墙面批刮二遍,第一遍应注意把水气泡孔、砂眼、塌陷不平的地方刮平,第二遍腻子要注意找平大面,然后用 0~2 号砂纸打磨。

3) 旧墙面油污之处,应铲除或用洗涤剂刷洗干净。对旧墙面应清除浮灰,铲除起砂翘皮等部位。对清理好的墙面,用腻子批刮两遍,以使整个墙面平整光洁。第一遍可用稠腻子嵌缝洞,第二遍可用 108 胶水溶液加滑石粉调成稀腻子找平大面,然后用 0~2 号砂纸打磨,该砂纸可夹在手提式电动打磨机上进行打磨操作。

(2) 修补腻子

用石膏腻子将墙面磕碰处、麻面、缝隙等处找补好,干燥后用砂纸将凸出处磨掉。

(3) 第一遍满刮腻子

满刮一遍腻子,干燥后用砂纸将墙面的腻子残渣、斑迹磨平磨光,然后将墙面清扫干净。普通腻子配合比为滑石粉(或大白粉):乳液:2%羧甲基纤维素水溶液=5:1:3.5(重量比)。耐水性腻子配合比为聚醋乙烯乳液:水泥:水=1:5:1。

(4) 第二遍满刮腻子(高级涂料)

腻子配合比与操作方法与第一遍腻子相同。干燥后个别地方再复补腻子,个别大孔洞可复补石膏腻子,干燥后用砂纸打磨平整、清扫干净。

(5) 弹分色线

如墙面有分色线应在涂刷油漆前弹线,先刷浅色涂料后刷深色涂料。

(6) 刷第一道涂料

可刷底涂,它是一种遮盖力强的涂料,以盖底、不流淌,不显刷痕为宜。刷每面墙的顺序应从上到下，从左到右，不应乱刷以免漏刷或涂刷过厚，不匀。

涂料常见的施工方法有以下几种（图1-86）：

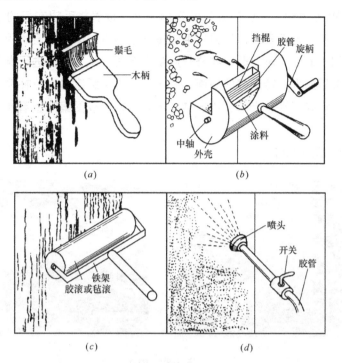

图1-86 涂料施工方法
(a)刷涂；(b)弹涂；(c)滚涂；(d)喷涂

1）刷涂（图1-87）

刷涂是以人工使用一些特制的毛刷进行涂饰施工的一种方法。其具有工具简单、操作简易、施工条件要求低、适用性广等优点，除少数流平性差或干燥太快的涂料不宜采用刷涂外，大部分薄质涂料和厚质涂料均可采用。但刷涂生产效率低、涂膜质量不易控制，不宜用于面积很大的表面。刷涂的顺序是先左后右，先上后下，先难后易，先边后面。一般是二道成活，高中级装饰可增加1~2道刷涂。刷涂的质量要求是薄厚均匀，颜色一致，无漏刷、流淌和刷纹，涂层丰富。

2）滚涂（图1-88）

图1-87 刷涂

图1-88 滚涂

滚涂是利用软毛辊（羊毛或人造毛）、花样辊进行施工。该种方法具有设备简单、操作方便、工效高、涂饰效果好等优点。滚涂的顺序基本与刷涂相同，先将蘸有涂料的毛辊按倒W形滚动，把涂料大致滚在墙面上，接着将毛辊在墙的上下左右平稳来回滚动，使涂料均匀滚开，最后再用毛辊按一定的方向滚动一遍。阴角及上、下口一般需事先用刷子刷涂。滚花时，花样辊应从左至右、从下向上进行操作。不够一个辊长的应留在最后处理，待滚好的墙面花纹干后，再用纸遮盖进行补滚。滚涂的质量要求是涂膜薄厚均匀、平整光滑、不流挂、不漏底；花纹图案完整清晰、匀称一致、颜色协调。

3）喷涂（图1-89）

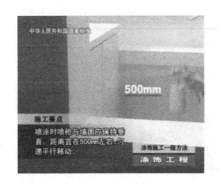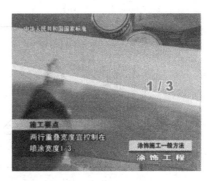

图1-89　喷涂

喷涂是利用喷枪（或喷斗）将涂料喷于基层上的机械施涂方法。其特点是外观质量好，工效高，适于大面积施工，可通过调整涂料的黏度、喷嘴口径大小及喷涂压力获得平壁状、颗粒状或凹凸花纹状的涂层。喷涂的压力一般控制在0.3~0.8MPa，喷涂时出料口应与被喷涂面保持垂直，喷枪移动速度均匀一致，喷枪嘴与被喷涂面的距离应控制在400~600mm。喷涂行走路线可视施工条件，按横向、竖向或S形往返进行。喷涂时应先喷涂门、窗口等附近，后喷大面，一般二道成活，但喷涂复层涂料的主涂料时应一道成活。喷涂面的搭接宽度应控制在喷涂宽的1/3左右。喷涂的质量要求为厚度均匀，平整光滑，不出现露底、皱纹、流挂、针孔、气泡和失光现象。

4）弹涂

弹涂是借助专用的电动或手动的弹涂器，将各种颜色的涂料弹到饰面基层上，形成直径2~8mm，大小近似，颜色不同，互相交错的圆粒状色点或深浅色点相间的彩色涂层。需要压平或扎花的，可待色点两成干后轧压，然后罩面处理。弹涂饰面层粘结能力强，可用于各种基层，获得牢固、美观、立体感强的涂饰面层。弹涂首先要进行封底处理，可采用丙烯酸无光涂料刷涂，面干后弹涂色点浆。色点浆采用外墙厚质涂料，也可用外墙涂料和颜料现场调制。弹色点可进行1~3道，特别是第二、三道色点直接关系到饰面的立体质感效果，色点的重叠度以不超过60%为宜。弹涂器内的涂料量不宜超过料斗容积的1/3。弹涂方向为自上而下呈圆环状进行，不得出现接搓现象。弹涂器与墙面的距离一般为 250~350mm，主要视料斗内涂料的多少而定，距离随涂料的减少而渐近，使色点大小保持均匀一致。

第一遍涂料干燥后，个别缺陷或漏抹腻子处要复补腻子，干燥后磨砂纸，把小疙瘩、腻子渣、斑迹磨平、磨光，然后清扫干净。

（7）第二道涂料

用中涂涂刷，涂刷方法同第一道涂料，干燥后用较细砂纸把墙面打磨光滑，清扫干净。同时用潮湿擦布将墙面擦抹一遍。

（8）刷第三道涂料

用面涂涂刷，保证漆膜饱满，薄厚均匀一致，不流不坠。

施工完毕后，工具需即刻清洗，否则涂料干结后，会损坏工具；剩余涂料保持清洁，密闭封存。

3. 质量标准

（1）一般规定

1）涂饰工程验收时应检查下列文件和记录：

①涂饰工程的施工图、设计说明及其他设计文件。

②材料的产品合格证书、性能检测报告和进场验收记录。

③施工记录。

2）各分项工程的检验批应按下列规定划分：

①室外涂饰工程每一栋楼的同类涂料涂饰的墙面每 500~1000m^2 应划分为一个检验批，不足 500m^2 也应划分为一个检验批。

②室内涂饰工程同类涂料涂饰墙面每 50 间（大面积房间和走廊按涂饰面积 30m^2 为一间）应划分为一个检验批，不足 50 间也应划分为一个检验批。

3）检查数量应符合下列规定：

①室外涂饰工程每 100m^2 应至少检查一处，每处不得小于 10m^2。

②室内涂饰工程每个检验批应至少抽查 10%，并不得少于 3 间；不足 3 间时应全数检查。

4）涂饰工程的基层处理应符合下列要求：

①新建筑物的混凝土或抹灰层基层在涂饰涂料前应涂刷抗碱封闭底漆。

②旧墙面在涂饰涂料前应清除疏松的旧装修层，并涂刷界面剂。

③混凝土或抹灰基层涂刷溶剂型涂料时，含水率不得大于 8%；涂刷乳液型涂料时，含水率不得大于 10%。木材基层的含水率不得大于 12%。

④基层腻子应平整、坚实、牢固，无粉化、起皮和裂缝；内墙腻子的粘结强度应符合《建筑室内用腻子》（JG/T 3049）的规定。

⑤厨房、卫生间墙面必须使用耐水腻子。

5）水性涂料涂饰工程施工的环境温度应在 5~35℃ 之间。

6）涂饰工程应在涂层养护期满后进行质量验收。

（2）水性涂料涂饰工程

适用于乳液型涂料、无机涂料、水溶性涂料等水性涂料涂饰工程的质量验收。

1）主控项目

①水性涂料涂饰工程所用涂料的品种、型号和性能应符合设计要求。

检验方法：检查产品合格证书、性能检测报告和进场验收记录。

②水性涂料涂饰工程的颜色、图案应符合设计要求。

检验方法：观察。

③水性涂料涂饰工程应涂饰均匀、粘结牢固，不得漏涂、透底、起皮和掉粉。

检验方法：观察；手摸检查。

④水性涂料涂饰工程的基层处理应符合一般规定中第4）条的要求。

检验方法：观察；手摸检查；检查施工记录。

2）一般项目

①薄涂料的涂饰质量和检验方法应符合表1-13的规定。

薄涂料的涂饰质量和检验方法　　　　　　表1-13

项次	项 目	普通涂饰	高级涂饰	检验方法
1	颜色	均匀一致	均匀一致	观察
2	泛碱、咬色	允许少量轻微	不允许	
3	流坠、疙瘩	允许少量轻微	不允许	
4	砂眼、刷纹	允许少量轻微砂眼、刷纹通顺	无砂眼，无刷纹	
5	装饰线、分色线直线度允许偏差（mm）	2	1	拉5m线，不足5m拉通线，用钢直尺检查

②厚涂料的涂饰质量和检验方法应符合表1-14的规定。

厚涂料的涂饰质量和检验方法　　　　　　表1-14

项次	项 目	普通涂饰	高级涂饰	检验方法
1	颜色	均匀一致	均匀一致	观察
2	泛碱、咬色	允许少量轻微	不允许	
3	点状分布	—	疏密均匀	

③复合涂料的涂饰质量和检验方法应符合表1-15的规定。

复合涂料的涂饰质量和检验方法　　　　　　表1-15

项次	项 目	质量要求	检验方法
1	颜色	均匀一致	观察
2	泛碱、咬色	不允许	
3	喷点疏密程度	均匀，不允许连片	

④涂层与其他装修材料和设备衔接处应吻合，界面应清晰。

检验方法：观察。

（3）溶剂型涂料涂饰工程

适用于丙烯酸酯涂料、聚氨酯丙烯酸涂料、有机硅丙烯酸涂料等溶剂型涂料涂饰工程的质量验收。

1）主控项目

①溶剂型涂料涂饰工程所选用涂料的品种、型号和性能应符合设计要求。

检验方法：检查产品合格证书、性能检测报告和进场验收记录。

②溶剂型涂料涂饰工程的颜色、光泽、图案应符合设计要求。

检验方法：观察。

③溶剂型涂料涂饰工程应涂饰均匀、粘结牢固，不得漏涂、透底、起皮和反锈。

检验方法：观察；手摸检查。

④溶剂型涂料涂饰工程的基层处理应符合一般规定第4）条的要求。

检验方法：观察；手摸检查；检查施工记录。

2）一般项目

①色漆的涂饰质量和检验方法应符合表1-16的规定。

色漆的涂饰质量和检验方法　　　　表1-16

项次	项　目	普通涂饰	高级涂饰	检验方法
1	颜色	均匀一致	均匀一致	观察
2	光泽、光滑	光泽基本均匀，光滑无挡手感	光泽均匀一致光滑	观察、手摸检查
3	刷纹	刷纹通顺	无刷纹	观察
4	裹棱、流坠、皱皮	明显处不允许	不允许	观察
5	装饰线、分色线直线度允许偏差（mm）	2	1	拉5m线，不足5m拉通线，用钢尺检查

注：无光色漆不检查光泽。

②清漆的涂饰质量和检验方法应符合表1-17的规定。

清漆的涂饰质量和检验方法　　　　表1-17

项次	项　目	普通涂饰	高级涂饰	检验方法
1	颜色	基本一致	均匀一致	观察
2	木纹	棕眼刮平、木纹清楚	棕眼刮平、木纹清楚	观察

续表

项次	项　目	普通涂饰	高级涂饰	检验方法
3	光泽、光滑	光泽基本均匀，光滑无挡手感	光泽均匀一致，光滑	观察、手摸检查
4	刷纹	无刷纹	无刷纹	观察
5	裹棱、流坠、皱皮	明显处不允许	不允许	观察

③涂层与其他装修材料和设备衔接处应吻合，界面应清晰。

检验方法：观察。

4. 成品保护

（1）涂刷墙面涂料时，不要污染和损坏地面、踢脚、阳台、窗台、门窗及玻璃等已完的工程。

（2）最后一道涂料涂刷完，空气要流通，以防涂料膜干燥后表面无光或光泽不足。

（3）涂刷时远离明火，明火不要靠近墙面，以免弄脏墙面。

（4）涂料未干前，周围环境干净，不应打扫地面等，防止灰尘沾污墙面涂料。

5. 安全环保措施

（1）油漆施工前，应检查脚手架、马凳等是否牢固。

（2）涂料施工前应集中工人进行安全教育，并进行书面交底。

（3）施工现场严禁设油漆材料仓库，场外的涂料仓库应有足够的消防设施。

（4）施工现场应有严禁烟火安全标语，现场应设专职安全员监督保证施工现场无明火。

（5）每天收工后应尽量不剩油漆材料，不准乱倒，应收集后集中处理。废弃物（如废油桶、油刷、棉纱等）按环保要求分类消纳。

（6）现场清扫设专人洒水，不得有扬尘污染。打磨粉尘用潮布擦净。

（7）施工现场周边应根据噪声敏感区域的不同，选择低噪声设备或其他措施，同时应按国家有关规定控制施工作业时间。

（8）涂刷作业时操作工人应佩戴相应的劳动保护设施如：防毒面具、口罩、手套等。以免危害工人的肺、皮肤等。

（9）严禁在民用建筑工程室内用有机溶剂清洗施工用具。

（10）涂料使用后，应及时封闭存放，废料应及时清出室内，施工时室内应保持良好通风，但不宜是过堂风。

6. 质量记录

（1）材料应有合格证、环保检测报告。

（2）工程验收应有质量验评资料。

7. 施工质量通病的防治

（1）涂料流坠

产生原因是涂料太稀，涂刷过厚干燥太慢，施工环境温度过高，墙面不平整或有油、水等污物。防治方法是选用挥发性适当的稀释剂，墙面应清理干净表面没有油污，环境温度适当，涂刷均匀一致。

（2）透底

产生原因是刷涂料前没有把涂料调合均匀，稀释剂加入太多破坏了原涂料稠度；底子涂料稀或色重。防治方法是严格控制涂料稠度，不要随意在涂料中加稀释剂，打底涂料色要浅于面层涂料色。

（3）涂料面失光

产生原因是墙面不平整漏刮腻子或漏磨砂纸，涂料质量不好或加入稀释剂过多，施工环境温度过低或温度过高等。防治方法是加强基层表面处理，腻子不漏刮，全面磨砂纸，选用优良品种的涂料，施工时不随意加入稀释剂，涂刷时必须前一道工序干燥后再涂刷下一道工序的涂料，施工环境要合适。

（4）出现接头

产生原因是涂料干燥太快，或操作工人不足。防治方法是涂料如果干燥太快可稍加甘油。施工时操作工人要配足，施工面不宜铺得过大；人与人的距离不宜过宽。

1.2.2.2 内墙涂料施工

内墙乳胶漆施工工艺流程

基层处理→修补腻子→刮腻子→施涂第一遍乳胶漆→施涂第二遍乳胶漆→施涂第三遍乳胶漆（图1-90）。

1. 施工准备

（1）内墙涂料

1）常用的乳液型涂料

①醋酸乙烯乳液涂料：是以聚醋酸乙烯为主要成膜物。因其耐水、耐碱、耐候性较差，故只适用于内墙，且不适用于厨房及卫生间。

②乙烯乳液涂料：以乙烯—醋酸乙烯和无机化合物反应而成的聚合物乳液为主要成膜物。具有耐水、耐碱、耐洗、粘结力强等特点，故也可用于外墙。

③苯丙—环氧乳液涂料：是以苯丙乳液和环氧乳液为主要成膜物。具有良好的耐水性能外，还有防湿、耐温的特点，尤其适用于厨房、卫生间。

2）水溶性涂料

主要有聚乙烯醇水玻璃内墙涂料和聚乙烯醇缩甲醛胶内墙涂料。均具有粘结力强、耐热、施工方便、价格低廉等特点。前者涂膜表面较光滑；但耐水洗性较差，且易产生脱粉现象，后者耐水性较好，但施工温度要在10℃以上，且易粉化。

3）腻子

为使基层平面平整光滑，在涂刷涂料前应用腻子将基层表面上的凹坑、钉眼、缝隙等嵌实填平，待其结硬后用砂纸打磨光滑。腻子一般用填料和少量的胶粘剂配制而

基层处理

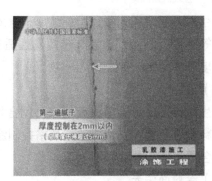
批第一遍腻子

砂纸磨光

批第二遍腻子

砂纸磨光

刷封固底漆

刷第一遍漆

补腻子

图1-90 内墙涂料施工过程（一）

砂纸磨光　　　　　　　　　　　刷第二遍漆

图 1-90　内墙涂料施工过程（二）

成，填料常用大白粉（碳酸钙）、石膏粉、滑石粉（硅酸镁）、重晶石粉（硫酸钡）等，胶粘剂常用动物血料、合成树脂溶液、乳液和水等。

4）溶剂

有松节油、石油溶剂、煤焦溶剂、酯类和酮类溶剂等，它是涂料在制造、贮存和施工中不可缺少的材料。如用稀释溶剂型涂料时，要清除木制品表面的松脂。

（2）机具准备

1）基层处理手工工具主要包括锤子、刮刀、锉刀、铲刀和钢丝刷等。

2）基层处理小型机具

圆盘打磨机，主要用于打磨细木制品表面，也可用于除锈，换上羊绒抛光布轮也可抛光等。

旋转钢丝刷，主要用于疏松翘起的漆膜和金属面上的铁锈和混凝土表面的松散物。

皮带打磨机，利用带状砂纸在大面积的木材表面做打磨工作。

3）常用的涂刷手工工具

常用的有各种漆刷、排笔、刮刀和棉毛球等，还有用于滚涂的长毛绒辊、橡胶辊和压花辊、硬质塑料辊等。

4）常用的涂施机具

喷枪，主要用于喷漆，有吸入式、压入式和自流式多种品种；有喷斗，用于各种厚质、厚浆和含粗骨料的建筑涂料；高压无空气喷涂机和手提式涂料搅拌器等。

一般还应备有高凳、脚手板、半截大桶、小油桶、铜丝罗、笤帚、擦布、棉丝等。

2. 施工工艺

（1）基层处理

抹灰墙面基层：起皮、松动及鼓包等清除凿掉，将残留在基层表面上灰尘、污垢、溅沫和砂浆流痕等杂物清除扫净；石膏板基层：粘贴穿孔纸带，补钉眼（图 1-91）。

（2）修补腻子

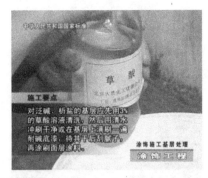

混凝土及水泥砂浆抹灰基层

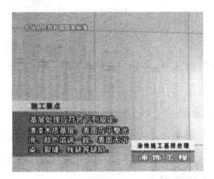

纸面石膏板基层　　　　　　　　　清漆木质基层

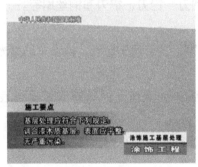
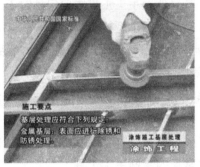

调合漆木质基层　　　　　　　　　金属基层

图 1-91　基层处理

用水石膏将墙面等基层上磕碰的坑凹、缝隙等处分遍找平，干燥后用 1 号砂纸将凸出处磨平，并将浮尘等扫净。

（3）刮腻子

刮腻子的遍数可由基层或墙面的平整度来决定，一般情况为三遍，腻子的配合比为重量比，有两种，一是适用于室内的腻子，其配合比为聚醋酸乙烯乳液（即白乳胶）：滑石粉或大白粉：2％羧甲基纤维素溶液＝1∶5∶3.5；二是适用于外墙、厨房、厕所、浴室的腻子，其配合比为聚醋酸乙烯乳液：水泥：水＝1∶5∶1；现在常用的是成品腻子。

具体操作方法：

第一遍用胶皮刮板横向满刮，一刮板紧接着一刮板，接头不得留槎，每刮一刮板最后收头时，要注意收得要干净利落。干燥后用 1 号砂纸磨，将浮腻子及斑迹磨平磨光，再将墙面清扫干净。

第二遍用胶皮刮板竖向满刮，所用材料和方法同第一遍腻子，干燥后用 1 号砂纸磨平并清扫干净。

第三遍用胶皮刮板找补腻子，用钢片刮板满刮腻子，半墙面等基层刮平刮光，干燥后用细砂纸磨平磨光，注意不要漏磨或将腻子磨穿。

（4）施涂第一遍乳液薄涂料

施涂顺序是先刷顶板后刷墙面，刷墙面时应先上后下。先将墙面清扫干净，再用布将墙面粉尘擦净。乳液薄涂料一般用排笔涂刷，使用新排笔时，注意将活动的排笔毛择掉。乳液薄涂料使用前应搅拌均匀，适当加水稀释，防止头遍涂料施涂不开。干燥后复补腻子，待复补腻子干燥后用砂纸磨光，并清扫干净。

（5）施涂第二遍乳液薄涂料

操作要求同第一遍，使用前要充分搅拌，如不很稠，不宜加水或尽量少加水，以防露底。漆膜干燥后，用细砂纸将墙面小疙瘩和排笔毛打磨掉，磨光滑后清扫干净。

（6）施涂第三遍乳液薄涂料

操作要求同第二遍乳液薄涂料。由于乳胶漆膜干燥较快，应连续迅速操作，涂刷时从一头开始，逐渐涂刷向另一头，要注意上下顺刷互相衔接，后一排笔紧接前一排笔，避免出现干燥后再处理接头。

3. 质量标准

4. 成品保护

5. 安全环保措施

6. 质量文件

3～6 部分内容参见外墙涂料施工。

1.2.3 墙体裱糊工程施工

学习目标

通过本项目学习和实训，主要掌握：

（1）根据实际工程合理进行墙体裱糊工程施工准备。

（2）墙体裱糊工程施工工艺。

（3）正确使用检测工具对墙体裱糊工程施工质量进行检查验收。

（4）进行安全、文明施工。

裱糊类装饰主要是指墙、柱面的各种壁纸、墙布、墙毡裱糊饰面。室内装饰工程中壁纸的使用较为广泛，较常见的品种有纸基壁纸、布基塑料壁纸、纺织物壁纸、天然材料面壁纸、金属面壁纸、玻璃纤维墙布、无纺墙布、墙毡和锦缎等材料。在装饰工程中，塑料壁纸既可裱糊在木基面上，又可裱糊在石膏板和水泥基层上。

墙体裱糊工程施工工艺流程如下。

基层处理→吊直、套方、找规矩、弹线→计算用料、裁纸→刷胶→裱糊→修整。

1. 施工准备

（1）技术准备

施工前应仔细熟悉施工图纸，掌握当地的天气情况，依据施工技术交底和安全交底，做好各方面的准备。

（2）材料准备

1）壁纸

在装饰工程中，壁纸的品种、花色、色泽等已由设计方规定，样板的式样由甲方认定。在施工前应检查壁纸的色泽是否一致，因为壁纸产品的每个批次不同，其色泽往往也有差别，如果不检查色泽就会在墙面上产生壁纸的色差，从而破坏装饰效果。为保证裱糊质量，各种壁纸、墙布的质量应符合设计要求和相应的国家标准。

裱糊面材由设计方规定，并以样板的方式由甲方认定，并一次备足同批的面材，以免不同批次的材料产生色差，影响同一空间的装饰效果。

2）石膏粉、大白粉、滑石粉、聚醋酸乙烯乳液、羧甲基纤维素或各种型号的壁纸胶粘剂等。

3）胶粘剂、嵌缝腻子、玻璃网格布等，应根据设计和基层的实际需要提前备齐。其质量要满足设计和质量标准的规定，并满足建筑物的防火要求，避免在高温下因胶粘剂失去粘结力使壁纸脱落而引起火灾。

（3）机具准备

裁纸工作台、滚轮、壁纸刀、油工刮板、毛刷、钢板尺、塑料水桶、塑料脸盆、油工刮板、拌腻子槽、小辊、毛刷、排笔、擦布或棉丝、粉线包、小白线、钉子、锤子、红铅笔、笤帚、工具袋、毛巾、铁制水平尺、托线板、线坠、盒尺等。

（4）作业条件

1）新建筑物的混凝土或抹灰基层墙面在刮腻子前应涂刷抗碱封闭底漆。

2）旧墙面在裱糊前应清除疏松的旧装修层，并刷涂界面剂。

3）基层按设计要求木砖或木筋已埋设，水泥砂浆找平层已抹完，经干燥后含水率不大于8％，木材基层含水率不大于12％。

4）水电及设备、顶墙上预留预埋件已完，门窗油漆已完成。

5）房间地面工程已完，经检查符合设计要求。

6）房间的木护墙和细木装修底板已完，经检查符合设计要求。

7）大面积装修前，应做样板间，经监理单位鉴定合格后，可组织施工。

2. 施工工艺

（1）操作工艺

1）基层处理（图1-92）

根据基层不同材质，采用不同的处理方法。

①混凝土及抹灰基层处理

裱糊壁纸的基层是混凝土面、抹灰面（如水泥砂浆、水泥混合砂浆、石灰砂浆等），要满刮腻子一遍、砂纸打磨。但有的混凝土面、抹灰面有气孔、麻点、凸凹不

表面平整，颜色均匀

刷防潮底漆

图 1-92　基层清理

平时，为了保证质量，应增加满刮腻子和砂纸打磨遍数。刮腻子时，将混凝土或抹灰面清扫干净，使用胶皮刮板满刮一遍。刮时要有规律，要一板接一板，两板中间顺一板。既要刮严，又不得有明显接槎和凸痕。做到凸处薄刮，凹处厚刮，大面积找平。待腻子干固后，砂纸打磨并扫净。需要增加满刮腻子遍数的基层表面，应先将表面裂缝及凹面部分刮平，然后砂纸打磨、扫净，再满刮一遍后砂纸打磨，处理好的底层应该平整光滑，阴阳角线通畅、顺直，无裂痕、崩角，无砂眼麻点。

②木质基层处理

木质基层要求接缝不显接槎，接缝、钉眼应用腻子补平并满刮油性腻子一遍（第一遍），用砂纸磨平。木夹板的不平整主要是钉接造成的，在钉接处木夹板往往下凹，非钉接处向外凸。所以第一遍满刮腻子主要是找平大面。第二遍可用石膏腻子找平，腻子的厚度应减薄，可在该腻子五六成干时，用塑料刮板有规律地压光，最后用干净的抹布轻轻将表面灰粒擦净。

对要贴金属壁纸的木基面处理，第二遍刮腻子时应采用石膏粉调配猪血料的腻子，其配合比为 10∶3（重量比）。金属壁纸对基面的平整度要求很高，稍有不平处或粉尘，都会在金属壁纸裱贴后明显地看出。所以金属壁纸的木基面处理，应与木家具打底方法基本相同，批抹腻子的遍数要求在三遍以上。批抹最后一遍腻子并打磨平后，用软布擦净。

③石膏板基层处理

纸面石膏板比较平整，批抹腻子主要是在对缝处和螺钉孔位处。对缝批抹腻子后，还需用棉纸带贴缝，以防止对缝处的开裂。在纸面石膏板上，应用腻子满刮一遍，找平大面，在刮第二遍腻子时进行修整。

④不同基层对接处的处理

不同基层材料的相接处，如石膏板与木夹板、水泥或抹灰基面与木夹板、水泥基面与石膏板之间的对缝，应用棉纸带或穿孔纸带粘贴封口，以防止裱糊后的壁纸面层被拉裂撕开。

⑤涂刷防潮底漆和底胶

为了防止壁纸受潮脱胶，一般对要裱糊塑料壁纸、壁布、纸基塑料壁纸、金属壁纸的墙面，涂刷防潮底漆。防潮底漆用酚醛清漆与汽油或松节油来调配，其配合比为清漆：汽油（或松节油）＝1：3。该底漆可涂刷，也可喷刷，漆液不宜厚，且要均匀一致。涂刷底胶是为了增加粘结力，防止处理好的基层受潮弄污。底胶一般用108胶配少许羧甲基纤维素加水调成，其配合比为108胶：水：羧甲基纤维素＝10：10：0.2。底胶可涂刷，也可喷刷。在涂刷防潮底漆和底胶时，室内应无灰尘，且防止灰尘和杂物混入该底漆或底胶中。底胶一般是一遍成活，但不能漏刷、漏喷。

若面层贴波音软片，基层处理最后要做到硬、干、光。要在做完通常基层处理后，还需增加打磨和刷二遍清漆。

⑥基层处理中的底灰腻子有乳胶腻子与油性腻子之分；其配合比（重量比）如下：

乳胶腻子：

白乳胶（聚醋酸乙烯乳液）：滑石粉：甲醛纤维素＝1：10：2.5。

白乳胶：石膏粉：甲醛纤维素＝1：6：0.6。

油性腻子：

石膏粉：熟桐油：清漆（酚醛）＝10：1：2

复粉：熟桐油：松节油＝10：2：1

2）吊直、套方、找规矩、弹线

①顶棚：首先应将顶子的对称中心线通过吊直、套方、找规矩的办法弹出中心线，以便从中间向两边对称控制。墙顶交接处的处理原则是：凡有挂镜线的按挂镜线弹线，没有挂镜线则按设计要求弹线。

②墙面：首先应将房间四角的阴阳角通过吊垂直、套方、找规矩，并确定从哪个阴角开始按照壁纸的尺寸进行分块弹线控制（习惯做法是进门左阴角处开始铺贴第一张），有挂镜线的按挂镜线弹线，没有挂镜线的按设计要求弹线控制。

③具体操作方法如下：

按壁纸的标准宽度找规矩，每个墙面的第一条纸都要弹线找垂直，第一条线距墙阴角约15cm处，作为裱糊时的准线。

在第一条壁纸位置的墙顶处敲进一枚墙钉，将粉锤线系上，粉锤下吊到踢脚上缘处，锤线静止不动后，一手紧握锤头，按锤线的位置用铅笔在墙面画一短线，再松开铅锤头查看垂线是否与铅笔短线重合。如果重合，就用一只手将垂线按在铅笔短线上，另一只手把垂线往外拉，放手后使其弹回，便可得到墙面的基准垂线。弹出的基准垂线越细越好。

每个墙面的第一条垂线，应该定在距墙角距离约15cm处。墙面上有门窗口的应增加门窗两边的垂直线。

3）计算用料、裁纸

按基层实际尺寸进行测量计算所需用量，并在每边增加2～3cm作为裁纸量。

裁剪在工作台上进行。对有图案的材料，无论顶棚还是墙面均应从粘贴的第一张开始对花，墙面从上部开始。边裁边编顺序号，以便按顺序粘贴，如图1-93所示。

对于对花墙纸，为减少浪费，应事先计算，如一间房需要5卷纸，则用5卷纸同

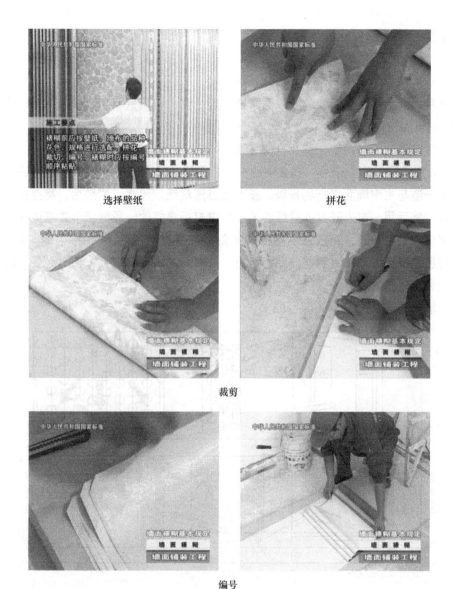

图 1-93 壁纸处理

时展开裁剪,可大大减少壁纸的浪费。

4) 刷胶

由于现在的壁纸一般质量较好,所以不必进行润水,在进行施工前将 2~3 块壁纸进行刷胶,使壁纸起到湿润、软化的作用,塑料纸基背面和墙面都应涂刷胶粘剂,刷胶应厚薄均匀,从刷胶到最后上墙的时间一般控制在 5~7min。

刷胶时,基层表面刷胶的宽度要比壁纸宽约 3cm。刷胶要全面、均匀、不裹边、不起堆,以防溢出,弄脏壁纸。但也不能刷得过少,甚至刷不到位,以免壁纸粘结不牢。一般抹灰墙面用胶量为 $0.15kg/m^2$ 左右,纸面为 $0.12kg/m^2$ 左右。壁纸背面刷胶后,应是胶面与胶面反复对叠,以避免胶干得太快,也便于上墙,并使裱糊的墙面整洁平整。

金属壁纸的胶液应是专用的壁纸粉胶。刷胶时,准备一卷未开封的发泡壁纸或长度大于壁纸宽的圆筒,一边在裁剪好的金属壁纸背面刷胶,一边将刷过胶的部分向上卷在发泡壁纸卷上。

5）裱贴

①吊顶裱贴

在吊顶面上裱贴壁纸，第一段通常要贴近主窗，与墙壁平行。长度过短时（小于2m），则可跟窗户成直角贴。

在裱贴第一段前，须先弹出一条直线。其方法为，在距吊顶面两端的主窗墙角10mm处用铅笔做两个记号，在其中的一个记号处敲一枚钉子，按照前述方法在吊顶上弹出一道与主窗墙面平行的粉线。按上述方法裁纸、浸水、刷胶后，将整条壁纸反复折叠。然后用一卷未开封的壁纸卷或长刷撑起折叠好的一段壁纸，并将边缘靠齐弹线，用排笔抚平一段，再展开下摺的端头部分，并将边缘靠齐弹线，用排笔抚平一段，再展开弹线敷平，直到整段贴好为止。剪齐两端多余的部分，如有必要，应沿着墙顶线和墙角修剪整齐。

②墙面裱贴（图1-94、图1-95）

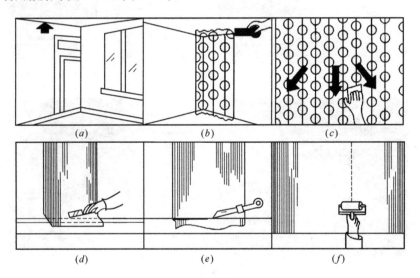

图1-94　墙面裱糊操作工序

(a)对准墙面上端；(b)剪去底部和顶部多余部分；(c)向外赶气泡；
(d)用刀背压实；(e)割去余量；(f)拼接压实

裱贴壁纸时，首先要垂直，后对花纹拼缝，再用刮板用力抹压平整。原则是先垂直面后水平面，先细部后大面。贴垂直面时先上后下，贴水平面时先高后低。裱贴时剪刀和长刷可放在围裙袋中或手边。先将上过胶的壁纸下半截向上折一半，握住顶端的两角，在四脚梯或凳上站稳后，展开上半截，凑近墙壁，使边缘靠着垂线成一直线，轻轻压平，由中间向外用刷子将上半截抚平，在壁纸顶端做出记号，然后用剪刀修齐或用壁纸刀将多余的壁纸割去。再按上法同样处理下半截，修齐踢脚板与墙壁间的角落。用海绵擦掉沾在踢脚板上的胶糊。壁纸贴平后，3～5h内，在其微干状态时，用小滚轮（中间微起拱）均匀用力滚压接缝处，这样做比传统的有机玻璃片抹刮能有效地减少对壁纸的损坏。

整幅裱糊

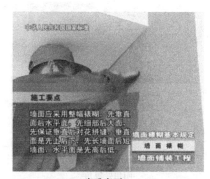
先垂直面

后水平面

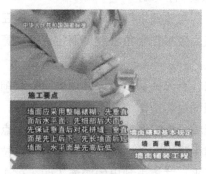
先细部后大面

先保证垂直

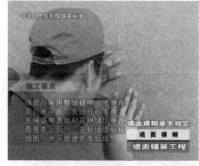
后对花拼缝

先长墙面

图 1-95 墙体裱糊顺序（一）

后短墙面

错误做法—先短后长

阴角处接缝搭接

阳角处包角

图 1-95　墙体裱糊顺序（二）

裱贴壁纸时，注意在阳角处不能拼缝，阴角边壁纸搭缝时，应先裱糊压在里面的转角壁纸，再粘贴非转角的正常壁纸。搭接面应根据阴角垂直度而定，搭接宽度一般不小于 2～3cm，并且要保持垂直无毛边。

裱糊前，应尽可能卸下墙上电灯等开关，首先要切断电源，用火柴棒或细木棒插入螺丝孔内，以便在裱糊时识别，以及在裱糊后切割留位。不易拆下的配件，不能在壁纸上剪口再裱上去。操作时，将壁纸轻轻糊于电灯开关上面，并找到中心点，从中心开始切割十字，一直切到墙体边。然后用手按出开关体的轮廓位置，慢慢拉起多余的壁纸，剪去不需的部分，再用橡胶刮子刮平，并擦去刮出的胶液（图 1-96）。

除了常规的直式裱贴外，还有斜式裱贴，若设计要求斜式裱贴，则在裱贴前的找规矩中增加找斜贴基准线这一工序。具体做法是：先在一面墙两个墙角间的中心墙顶

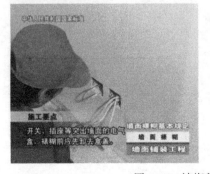

图 1-96　裱糊前卸去电器盒盖

处标明一点，由这点往下在墙上弹上一条垂直的粉笔灰线。从这条线的底部，沿着墙底，测出与墙高相等的距离。由这一点再和墙顶中心点连接，弹出另一条粉笔灰线。这条线就是一条确实的斜线。斜式裱贴壁纸比较浪费材料。在估计数量时，应预先考虑到这一点。

当墙面的墙纸完成 40m² 左右或自裱贴施工开始 40~60min 后，需安排一人用滚轮，从第一张墙纸开始滚压或抹压，直至将已完成的墙纸面滚压一遍。工序的原理和作用是，因墙纸胶液的特性为开始润滑性好，易于墙纸的对缝裱贴，当胶液内水分被墙体和墙纸逐步吸收后但还没干时，胶性逐渐增大，时间约为 40~60min，这时的胶液黏性最大，对墙纸面进行滚压，可使墙纸与基面更好贴合，使对缝处的缝口更加密合。

部分特殊裱贴面材，因其材料特征，在裱贴时有部分特殊的工艺要求，具体如下：（图 1-97～图 1-102）

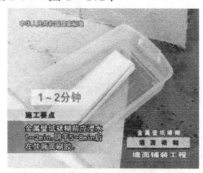
用水浸泡壁纸

浸泡后阴干

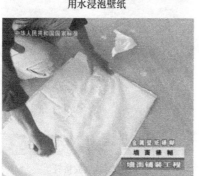
壁纸背面刷胶粘剂

壁纸向上卷在发泡壁纸卷上

墙面裱糊

图 1-97 金属壁纸裱糊

用水浸泡壁纸

墙体表面涂刷胶粘剂

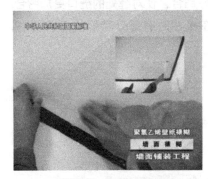
顶棚裱糊—顶棚刷胶粘剂

顶棚裱糊—壁纸背面刷胶粘剂

图 1-98　聚氯乙烯塑料壁纸裱糊

壁纸背面刷胶粘剂

墙体表面涂刷胶粘剂

图 1-99　复合壁纸裱糊

纺织纤维壁纸

不宜浸泡，用湿布清洁背面

图 1-100　纺织纤维壁纸裱糊

用水浸泡

顶棚裱糊—顶棚刷胶粘剂

图 1-101　带背胶的壁纸裱糊

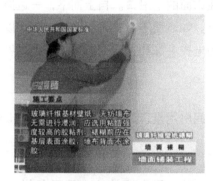
基层表面涂胶粘剂

对花

图 1-102　玻璃纤维基材壁纸裱糊

A. 金属壁纸的裱贴

金属壁纸的收缩量很少，在裱贴时可采用对缝裱，也可用搭缝裱。

金属壁纸对缝时，都有对花纹拼缝的要求。裱贴时，先从顶面开始对花纹拼缝，操作需要两个人同时配合，一个负责对花纹拼缝，另一个人负责手托金属壁纸卷，逐渐放展。一边对缝一边用橡胶刮板刮平金属壁纸，刮时由纸的中部往两边压刮。使胶液向两边滑动而粘贴均匀，刮平时用力要均匀适中，刮板面要放平。不可用刮板的尖端来刮金属壁纸，以防刮伤纸面。若两幅间有小缝，则应用刮板在刚粘的这幅壁纸面上，向先粘好的壁纸这边刮，直到无缝为止。裱贴操作的其他要求与普通壁纸相同（图 1-97）。

B. 锦缎的裱贴

由于锦缎柔软光滑，极易变形，难以直接裱糊在木质基层面上。裱糊时，应先在锦缎背后上浆，并裱糊一层宣纸，使锦缎挺括，以便于裁剪和裱贴上墙。

上浆用的浆液是由面粉、防虫涂料和水配合成，其配合比为（重量比）5∶40∶20，调配成稀薄的浆液。上浆时，把锦缎正面平铺在大而干的桌面上或平滑的大木夹板上，并在两边压紧锦缎，用排刷沾上浆液从中间开始向两边刷，使浆液均匀地涂刷在锦缎背面，浆液不要过多，以打湿背面为准。

在另张大平面桌子（桌面一定要光滑）上平铺一张幅宽大于锦缎幅宽的宣纸，并用水将宣纸打湿，使纸平贴在桌面上。用水量要适当，以刚好打湿为好。

把上好浆液的锦缎从桌面上抬起来，将有浆液的一面向下，把锦缎粘贴在打湿的宣纸上，并用塑料刮片从锦缎的中间开始向四边刮压，以便使锦缎与宣纸粘贴均匀。待打湿的宣纸干后，便可从桌面取下，这时，锦缎与宣纸就贴合在一起了。

锦缎裱贴前要根据其幅宽和花纹认真裁剪，并将每个裁剪完的开片编号，裱贴时，对号进行。裱贴的方法同金属壁纸。

C. 波音软片的裱贴

波音软片是一种自粘性饰面材料，因此，当基面做到硬、干、光后，不必刷胶。裱贴时，只要将波音软片的自粘底纸层撕开一条口。在墙壁面的裱贴中，首先对好垂直线，然后将撕开一条口的波音软片粘贴在饰面的上沿口。自上而下，一边撕开底纸层，一面用木块或有机玻璃夹片贴在基面上。如表面不平，可用吹风加热，以干净布在加热的表面处摩擦，可恢复平整。也可用电熨斗加热，但要调到中低档温度。

（2）技术关键要求

1）裁纸

对花墙纸，为减少浪费，事先应计算一间房用量，如需用5卷纸，则用5卷纸同时展开裁剪，可大大减少壁纸的浪费。

2）壁纸滚压

壁纸贴平后，3～5h内，在其微干状态时，用小滚轮（中间微起拱）均匀用力滚压接缝处，这样做比传统的有机玻璃片抹刮能有效地减少对壁纸的损坏。

（3）施工应注意事项

1）墙布、锦缎裱糊时，在斜视壁面上有污斑时，应将两布对缝时挤出的胶液及时擦干净，已干的胶液用温水擦洗干净。

2）为了保证对花端正，颜色一致，无空鼓、气泡，无死褶，裱糊时应控制好墙布面的花与花之间的空隙（应相同）；裁花布或锦缎时，应做到部位一致，随时注意壁布颜色、图案、花型，确有差别时应予以分类，分别安排在另一墙面或房间；颜色差别大或有死褶时，不得使用。墙布糊完后出现个别翘角、翘边现象，可用乳液胶涂抹滚压粘牢，个别鼓泡应用针管排气后注入胶液，再用辊压实。

3）上下不亏布、横平竖直。如有挂镜线，应以挂镜线为准，无挂镜线以弹线为准。当裱糊到一个阴角时要断布，因为用一张布糊在两个墙面上容易出现阴角处墙布空鼓或皱褶，断布后从阴角另一侧开始仍按上述首张布开始糊的办法施工。

4）裱糊前必须做好样板间，找出易出现问题的原因，确定试拼措施，以保证花型图案对称。

5）周边缝宽窄不一致。在拼装预制镶嵌过程中，由于安装不详、捻边时松紧不一或在套割底板时弧度不均等造成边缝宽窄不一致，应及时进行修整和加强检查验收工作。

6）裱糊前一定要重视对基层的清理工作。因为基层表面有积灰、积尘、腻子包、小砂粒、胶浆疙瘩等,会造成表面不平,斜视有疙瘩。

7)裱糊时,应重视边框、贴脸、装饰木线、边线的制作工作。制作要精细,套割要认真细致,拼装时钉子和涂胶要适宜,木材含水率不得大于8%,以保证装修质量和效果。

3. 质量标准

(1)一般规定

1)裱糊工程验收时应检查下列文件和记录:

①裱糊工程的施工图、设计说明及其他设计文件。

②饰面材料的样板及确认文件。

③材料的产品合格证书、性能检测报告、进场验收记录和复验报告。

④施工记录。

2)各分项工程的检验批应按下列规定划分:

同一品种的裱糊工程每50间(大面积房间和走廊按施工面积 $30m^2$ 为一间)应划分为一个检验批,不足50间也应划分为一个检验批。

3)检查数量应符合下列规定:

裱糊工程每个检验批应至少抽查10%,并不得少于3间,不足3间时应全数检查。

4)裱糊前,基层处理质量应达到下列要求:

①新建筑物的混凝土或抹灰基层墙面在刮腻子前应涂刷抗碱封闭底漆。

②旧墙面在裱糊前应清除疏松的旧装修层,并涂刷界面剂。

③混凝土或抹灰基层含水率不得大于8%;木材基层的含水率不得大于12%。

④基层腻子应平整、坚实、牢固,无粉化、起皮和裂缝;腻子的粘结强度应符合《建筑室内用腻子》(JG/T 3049)的规定。

⑤基层表面平整度、立面垂直度及阴阳角方正应达到高级抹灰的要求。

⑥基层表面颜色应一致。

⑦裱糊前应用封闭底胶涂刷基层。

(2)主控项目

1)壁纸、墙布的种类、规格、图案、颜色和燃烧性能等级必须符合设计要求及国家现行标准的有关规定。

检验方法:观察;检查产品合格证书、进场验收记录和性能检测报告。

2)裱糊工程基层处理质量应符合一般规定第4)条的要求。

检验方法:观察;手摸检查;检查施工记录。

3)裱糊后各幅拼接应横平竖直,拼接处花纹、图案应吻合,不离缝,不搭接,不显拼缝。

检验方法:观察;拼缝检查距离墙面1.5m处正视。

4)壁纸、墙布应粘贴牢固,不得有漏贴、补贴、脱层、空鼓和翘边。

检验方法:观察;手摸检查。

（3）一般项目

1）裱糊后的壁纸、墙布表面应平整，色泽一致，不得有波纹起伏、气泡、裂缝、皱褶及斑污，斜视时应无胶痕。

检验方法：观察；手摸检查。

2）复合压花壁纸的压痕及发泡壁纸的发泡层应无损坏。

检验方法：观察。

3）壁纸、墙布与各种装饰线、设备线盒应交接严密。

检验方法：观察。

4）壁纸、墙布边缘应平直整齐，不得有纸毛、飞刺。

检验方法：观察。

5）壁纸、墙布阴角处搭接应顺光，阳角处应无接缝。

检验方法：观察。

4. 成品保护

（1）墙布、锦缎装修饰面已裱糊完的房间应及时清理干净，不准做临时料房或休息室，避免污染和损坏，应设专人负责管理，如及时锁门、定期通风换气、排气等。

（2）在整个墙面装饰工程裱糊施工过程中，严禁非操作人员随意触摸成品。

（3）暖通、电气、上、下水管工程裱糊施工过程中，操作者应注意保护墙面，严防污染和损坏成品。

（4）严禁在已裱糊完墙布、锦缎的房间内剔眼打洞。若纯属设计变更所致，也应采取可靠有效措施，施工时要仔细，小心保护，施工后要及时认真修补，以保证成品完整。

（5）二次补油漆、涂浆及地面磨石、花岗石清理时，要注意保护好成品，防止污染、碰撞与损坏墙面。

（6）墙面裱糊时，各道工序必须严格按照规程施工，操作时要做到干净利落，边缝要切割整齐到位，胶痕迹要擦干净。

（7）冬期在供暖条件下施工，要派专人负责看管，严防发生跑水、渗漏水等灾害性事故。

5. 安全环保措施

（1）操作前检查脚手架和跳板是否搭设牢固，高度是否满足操作要求，合格后才能上架操作，凡不符合安全之处应及时修整。

（2）禁止穿硬底鞋、拖鞋、高跟鞋在架子上工作，架子上人不得集中在一起，工具要搁置稳定，防止坠落伤人。

（3）在两层脚手架上操作时，应尽量避免在同一垂直线上工作。

（4）夜间临时用的移动照明灯，必须用安全电压。机械操作人员必须经培训持证上岗，现场一切机械设备，非操作人员一律禁止乱动。

（5）选择材料时，必须选择符合国家规定的材料。

6. 质量文件

（1）材料合格证、环保检测报告

（2）质量验评资料

1.2.4 墙体软包工程施工

学习目标

通过本项目学习和实训，主要掌握：

（1）根据实际工程合理进行墙体软包工程施工准备。

（2）墙体软包工程施工工艺。

（3）正确使用检测工具对墙体软包工程施工质量进行检查验收。

（4）进行安全、文明施工。

软包墙面、柱面装饰是现代新型高档装修之一，具有吸声、保温、质感舒适等特点，主要用于有吸声要求的会议厅、会议室、多功能厅、娱乐厅、消声室、住宅起居室及影剧院局部墙面等。

软包墙面可分为两大类：一类是无吸声层软包墙面，一类是有吸声层软包墙面。前者适用于吸声要求不高的房间，如会议室、娱乐厅、住宅起居室等；后者适用于吸声要求较高的房间，如会议室、多功能厅、消声室及影剧院局部墙面等。

墙体软包工程施工工艺流程如下：

基层或底板处理→吊直、套方、找规矩、弹线→计算用料、截面料→粘贴面料→安装贴脸或装饰边线、刷镶边油漆→修整软包墙面。

1. 施工准备

（1）技术准备

熟悉施工图纸，依据技术交底和安全交底做好施工准备。

（2）材料准备

1）软包墙面木框、龙骨、底板、面板等木材的树种、规格、等级、含水率和防腐处理必须符合设计图纸要求。

2）软包面料及内衬材料及边框的材质、颜色、图案、燃烧性能等级应符合设计要求及国家现行标准的有关规定，具有防火检测报告。普通布料需进行两次防火处理，并检测合格。

3）龙骨一般用白松烘干料，含水率不大于12%，厚度应根据设计要求，不得有腐朽、节疤、劈裂、扭曲等疵病，并预先经防腐处理。龙骨、衬板、边框应安装牢固，无翘曲，拼缝应平直。

4）外饰面用的压条分格框料和木贴脸等面料，一般采用工厂经烘干加工的半成品料，含水率不大于12%。选用优质五合板，如基层情况特殊或有特殊要求者，亦可选用九合板。

5）胶粘剂一般采用立时得粘贴，不同部位采用不同胶粘剂。

（3）机具准备

电动机、电焊机、手电钻、冲击电钻、专用夹具、刮刀、钢板尺、裁刀、刮板、毛刷、排笔、长卷尺、锤子等。

（4）作业条件

1）混凝土和墙面抹灰完成，基层已按设计要求埋入木砖或木筋，水泥砂浆找平层已抹完并刷冷底子油。

2）水电及设备，顶墙上预留预埋件已完成。

3）房间的吊顶分项工程基本完成，并符合设计要求。

4）房间里的地面分项工程基本完成，并符合设计要求。

5）对施工人员进行技术交底时，应强调技术措施和质量要求。

6）调整基层并进行检查，要求基层平整、牢固、垂直度、平整度均符合细木制作验收规范。

2. 施工工艺

（1）基层或底板处理（图1-103、图1-104）：在结构墙上预埋木砖抹水泥砂浆找平层。如果是直接铺贴，则应先将底板拼缝用油腻子嵌平密实，满刮腻子1～2遍，待腻子干燥后，用砂纸磨平，粘贴前基层表面满刷清油一道。

图1-103 防潮处理

（2）吊直、套方、找规矩、弹线：根据设计图纸要求，把该房间需要软包墙面的装饰尺寸、造型等通过吊直、套方、找规矩、弹线等工序，把实际尺寸与造型落实到墙面上。

（3）计算用料，套裁填充料和面料：首先根据设计图纸的要求，确定软包墙面的具体做法。

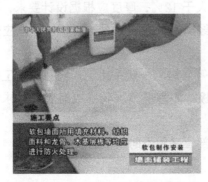 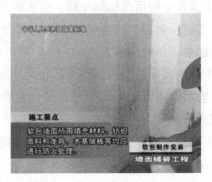

图1-104 防火处理

（4）粘贴面料：如采取直接铺贴法施工时，应待墙面细木装修基本完成时，边框油漆达到交活条件，方可粘贴面料（图1-105～图1-111）。

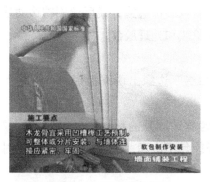
图1-105　木龙骨安装

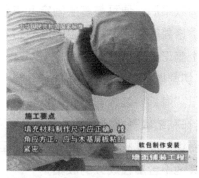
图1-106　填充材料处理

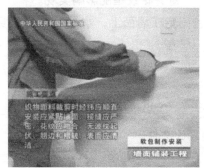
图1-107　织物面料裁剪

图1-108　织物面料接缝

图1-109　软包饰面与压条线节点处理

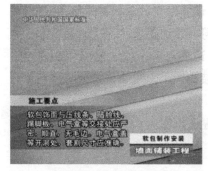
图1-110　软包饰面与踢脚线节点处理

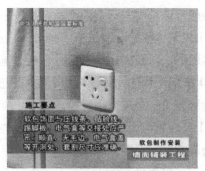
图1-111　软包饰面与电器盒盖等开洞处节点处理

（5）安装贴脸或装饰边线：根据设计选定和加工好的贴脸或装饰边线，按设计要求把油漆刷好（达到交活条件），便可进行装饰板安装工作。首先经过试拼，达到设计要求的效果后，便可与基层固定和安装贴脸或装饰边线，最后涂刷镶边油漆成活。

（6）修整软包墙面：除尘清理，钉粘保护膜和处理胶痕。

（7）施工注意事项

1）切割填塞料"海绵"时，为避免"海绵"边缘出现锯齿形，可用较大铲刀及锋利刀沿"海绵"边缘切下，以保整齐。

2）在粘结填塞料"海绵"时，避免用含腐蚀成分的粘结剂，以免腐蚀"海绵"，造成"海绵"厚度减少，底部发硬，以至于软包不饱满，所以粘结"海绵"时应采用中性或其他不含腐蚀成分的胶粘剂。

3）面料裁割及粘结时，应注意花纹走向，避免花纹错乱影响美观。

4）软包制作好后用粘结剂或直钉将软包固定在墙面上，水平度、垂直度达到规范要求，阴阳角应进行对角。

3. 质量要求

（1）一般规定

1）软包工程验收时应检查下列文件和记录：

①软包工程的施工图、设计说明及其他设计文件。

②饰面材料的样板及确认文件。

③材料的产品合格证书、性能检测报告、进场验收记录和复验报告。

④施工记录。

2）各分项工程的检验批应按下列规定划分：

同一品种的软包工程每 50 间（大面积房间和走廊按施工面积 $30m^2$ 为一间）应划分为一个检验批，不足 50 间也应划分为一个检验批。

3）检查数量应符合下列规定：

软包工程每个检验批应至少抽查 20%，并不得少于 6 间，不足 6 间时应全数检查。

（2）主控项目

1）软包面料、内衬材料及边框的材质、颜色、图案、燃烧性能等级和木材的含水率应符合设计要求及国家现行标准的有关规定。

检验方法：观察；检查产品合格证书、进场验收记录和性能检测报告。

2）软包工程的安装位置及构造做法应符合设计要求。

检验方法：观察；尺量检查；检查施工记录。

3）软包工程的龙骨、衬板、边框应安装牢固，无翘曲，拼缝应平直。

检验方法：观察；手扳检查。

4）单块软包面料不应有接缝，四周应绷压严密。

检验方法：观察；手摸检查。

（3）一般项目

1）软包工程表面应平整、洁净、无凹凸不平及皱褶；图案应清晰、无色差，整体应协调美观。

检验方法：观察。

2）软包边框应平整、顺直、接缝吻合。其表面涂饰质量应符合规范的有关规定。

检验方法：观察；手摸检查。

3）清漆涂饰木制边框的颜色、木纹应协调一致。

检验方法：观察。

4）软包工程安装的允许偏差和检验方法应符合表1-18的规定。

软包工程安装的允许偏差和检验方法　　　　　表1-18

项次	项 目	允许偏差（mm）	检验方法
1	垂直度	3	用1m垂直检测尺检查
2	边框宽度、高度	0；－2	用钢尺检查
3	对角线长度差	3	用钢尺检查
4	裁口、线条接缝高低差	1	用钢直尺和塞尺检查

4. 成品保护

（1）施工过程中对已完成的其他成品注意保护，避免损坏。

（2）施工结束后将面层清理干净，现场垃圾清理完毕，洒水清扫或用吸尘器清理干净，避免扫起灰尘，造成软包二次污染。

（3）软包相邻部位需做油漆或其他喷涂时，应用纸胶带或废报纸进行遮盖，避免污染。

5. 安全环保措施

（1）对软包面料及填塞料的阻燃性能严格把关，达不到防火要求的，不予使用。

（2）软包布附近尽量避免使用碘钨灯或其他高温照明设备，不得动用明火，避免损坏。

（3）控制电锯、切割机等施工机具产生的噪声、锯末粉尘的排放对周围环境的影响。

（4）控制甲醛等有害气体、油漆、稀料、胶、涂料的气味的排放对周围环境的影响。

（5）严禁随地丢弃废油漆刷、涂料滚筒。

6. 质量文件

参见1.2.3。

小结

本节基于墙体饰面工程施工工作过程的分析，以现场墙体饰面施工操作的工作过程为主线，分别对墙体饰面砖、墙体饰面板、墙体涂料、墙体裱糊、墙体软包施工过程中的技术准备、材料准备、机具准备、施工工艺流程、施工操作工艺、施工质量标准、成品保护、安全环保措施和质量文件进行了介绍。通过学习，你将能够根据实际工程选用墙体饰面装饰装修工程材料并进行材料准备、合理选择施工机具，编制施工机具需求计划，通过施工图、相关标准图集等资料制定施工方案。在施工现场进行安全、技术、质量管理控制，正确使用检测工具对墙体饰面装饰装修施工质量进行检查验收，进行安全、文明施工，最终成功完成墙体饰面装饰装修工程施工。

思考题

1. 饰面板安装的施工方法主要有哪些？
2. 饰面板安装前的施工准备工作主要包括哪些？
3. 简述内墙贴面砖的施工方法。
4. 试述陶瓷马赛克的镶贴方法。
5. 试述裱糊施工的主要操作工序及各种基层的处理方法。
6. 简述软包墙面的种类、施工工艺顺序及施工方法。
7. 请分析饰面板施工拼缝不严、板材透缝的原因和防治措施。
8. 请分析内墙面砖空鼓、脱落的原因和防治措施。
9. 请分析饰面板施工板材开裂的原因和防治措施。

操作题

请选择墙体饰面装饰装修成品进行工程质量检测，并填写检验批验收记录表。

项目实训

墙体贴面砖工作任务书

班级		姓名		学号	

工作名称	内墙贴瓷砖施工
工作对象	根据给出的工程图纸（部分），进行内墙面镶贴瓷砖工程施工。
生产/工作要求	学生根据学习内容，查阅相关资料，熟悉内墙贴面施工工艺、质量标准和安全环保措施；看懂上述施工图，做好施工准备工作，填写施工材料、机具清单，做好计划单；准备工作完成后，按照图纸要求进行内墙贴瓷砖施工，施工过程中注意劳动保护和环境保护。最后，进行检查评价，各小组陈述施工工艺、安全要求和质量要求。
任务要求	根据工程施工图，正确进行工程施工准备，合理选择施工机具和材料等，进行内墙面贴面工程施工，并符合内墙贴面砖施工工艺标准和建筑装饰装修工程质量验收规范的要求。
基本工作思路	查阅相关资料，掌握内墙贴瓷砖施工工艺和质量标准，制定工作计划和组织分工，按照工艺流程进行贴面施工，并按照验收规范要求过程控制施工质量，及时调整，最后进行工程质量检查验收。

1.3 轻质隔墙工程施工

学习目标

（1）根据实际工程合理进行轻质隔墙施工准备。
（2）掌握轻质隔墙构造做法。
（3）掌握轻质隔墙施工工艺。
（4）正确使用检测工具对轻质隔墙施工质量进行检查验收。
（5）进行安全、文明施工。

关键概念

龙骨；罩面板

隔墙是用来分隔建筑物内部空间的，要求自身质量轻，厚度薄，拆装灵活方便，具有一定的表面强度、刚度稳定性及防火、防潮、防腐蚀、隔声等能力。隔墙按其选用的材料和构造，可分为砌体隔墙、板材式隔墙、骨架式隔墙等。

隔断也是用来分隔建筑物内部空间的，但通常不做到顶，达到阻挡视线、美化环境、通风采光即可，还要求其能通风、采光。隔断包括活动隔断（可装拆、推拉和折叠）和固定隔断；按其外部形式又可分为空透式、移动式、屏风式、帷幕式和家具式等。

1.3.1 轻钢龙骨隔墙施工

轻钢龙骨纸面石膏板隔墙是以薄壁轻钢龙骨为支承骨架，在支承龙骨骨架上安装纸面石膏板而构成的。薄壁轻钢龙骨，系采用镀锌薄钢板或薄壁冷轧退火钢卷带为原料，经冷弯机滚轧冲压成的轻骨架支承材料（图 1-112）。

轻钢龙骨隔墙施工工艺流程如下：

弹线→安装天地龙骨→竖向龙骨分档→安装竖向龙骨→安装系统管线→安装横向卡挡龙骨→安装门洞口框→安装罩面板（一侧）→安装隔声棉→安装罩面板（另一侧）。

1. 施工准备

（1）技术准备

编制轻钢骨架人造板隔墙工程施工方案，并对工人进行书面技术及安全交底。

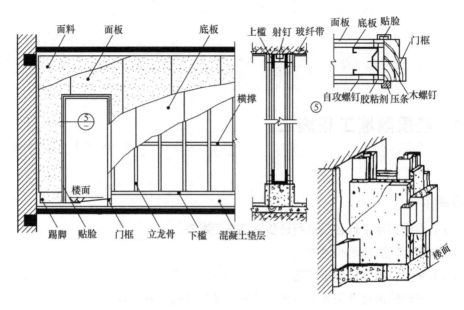

图 1-112 轻钢龙骨隔墙构造

（2）材料要求

1）各类龙骨、配件和罩面板材料以及胶粘剂的材质均应符合现行国家标准和行业标准的规定。当装饰材料进场检验，发现不符合设计要求及室内环保污染控制规范的有关规定时，严禁使用。

人造板必须有游离甲醛含量或游离甲醛释放量检测报告。如人造板面积大于 500m^2 时（民用建筑工程室内）应对不同产品分别进行复检。如使用水性胶粘剂必须有 TVOC 和甲醛检测报告。

①轻钢龙骨主件：沿顶龙骨、沿地龙骨、加强龙骨、竖向龙骨、横撑龙骨应符合设计要求和有关规定的标准。

②轻钢骨架配件：支撑卡、卡托、角托、连接件、固定件、护墙龙骨和压条等附件应符合设计要求。

③紧固材料：拉锚钉、膨胀螺栓、镀锌自攻螺丝、木螺丝和粘贴嵌缝材，应符合设计要求。

④罩面板应表面平整、边缘整齐，不应有污垢、裂纹、缺角、翘曲、起皮、色差、图案不完整的缺陷。胶合板、木质纤维板不应脱胶、变色和腐朽。

2）填充隔声材料：玻璃棉、岩棉等应符合设计要求选用。

3）通常隔墙使用的轻钢龙骨为 C 型隔墙龙骨，其中分为三个系列，经与轻质板材组合即可组成隔断墙体。C 型装配式龙骨系列：

①C50 系列可用于层高 3.5m 以下的隔墙；

②C75 系列可用于层高 3.5～6m 的隔墙；

③C100 系列可用于层高 6m 以上的隔墙；

④质量要求：见表 1-19～表 1-27。

(3) 机具准备

电圆锯、角磨机、电锤、电锯、手电钻、电焊机、砂轮切割机、拉铆枪、手锯、铝合金靠尺、水平尺、扳手、卷尺、线锤、托线板、胶钳、锤、螺丝刀、钢尺、钢水平尺等。

纸面石膏板规格尺寸允许偏差（mm）　　　表 1-19

项　目	长　度	宽　度	厚　度	
			9.5	≥12
尺寸偏差	0 −6	0 −5	±0.5	±0.6

注：板面应切成矩形，两对角线长度差不大于5mm。

纸面石膏板断裂荷载值　　　表 1-20

板材厚度（mm）	断裂荷载（N）	
	纵　向	横　向
9.5	360	140
12.0	500	180
15.0	650	220
18.0	800	270
21.0	950	320
25.0	1100	370

纸面石膏板单位面积重量值　　　表 1-21

板材厚度（mm）	单位面积重量（kg/m²）	板材厚度（mm）	单位面积重量（kg/m²）
9.5	9.5	18.0	18.0
12.0	12.0	21.0	21.0
15.0	15.0	25.0	25.0

人造板及其制品中甲醛释放试验方法及限量值　　　表 1-22

产品名称	试验方法	限量值	使用范围	限量标志
中密度纤维板、高密度纤维板、刨花板、定向刨花板等	穿孔萃取法	≤9mg/100g	可直接用于室内	E1
		≤30mg/100g	必须饰面处理后可允许用于室内	E2
胶合板、装饰单板贴面胶合板、细木工板等	干燥器法	≤1.5ml/L	可直接用于室内	E1
		≤5.0ml/L	必须饰面处理后可允许用于室内	E2
饰面人造板（包括浸渍纸层压地板、实木复合地板、竹地板、浸渍胶膜纸饰面人造板等）	气候箱法	≤0.12mg/m³	可直接用于室内	E1
	干燥器法	≤1.5mg/L		

注：1. 仲裁时采用气候箱法。
　　2. E1 为可直接用于室内的人造板，E2 为必须饰面处理后允许用于室内的人造板。

轻钢龙骨断面规格尺寸允许偏差（mm）　　　表 1-23

项　目			优等品	一等品	合格品
长度 L			+30 −10		
覆面龙骨断面尺寸	尺寸 A	≤30	±1.0		
		>30	±1.5		
	尺寸 B		±0.3	±0.4	±0.5

续表

项目			优等品	一等品	合格品
其他龙骨断面尺寸	尺寸A		±0.3	±0.4	±0.5
	尺寸B	≤30	±1.0		
		>30	±1.5		

轻钢龙骨侧面和地面的平直度（mm/1000mm）　　　表 1-24

类别	品种	检测部位	优等品	一等品	合格品
墙体	横龙骨和竖龙骨	侧面	0.5	0.7	1.0
		底面			
吊顶	贯通龙骨	侧面和底面	1.0	1.5	2.0
	承载龙骨和覆面龙骨	侧面和底面			

轻钢龙骨角度允许偏差　　　表 1-25

成形角的最短边尺寸（mm）	优等品	一等品	合格品
10～18	±1°15′	±1°30′	±2°00′
>18	±1°00′	±1°15′	±1°30′

轻钢龙骨外观、表面质量（g/m²）　　　表 1-26

缺陷种类	优等品	一等品	合格品
腐蚀、损坏黑斑、麻点	不允许	无较严重腐蚀、损坏黑斑、麻点。面积不大于 1cm² 的黑斑每米长度内不多于 5 处	
项目	优等品	一等品	合格品
双面镀锌量	120	100	80

硅钙板的质量要求　　　表 1-27

序号	项目		单位	标准要求
1	外观质量与规格尺寸	长度	mm	2440±5
		宽度	mm	1220±4
		厚度	mm	6±0.3
		厚度平均度	%	≤8
		平板边缘平直度	mm/m	≤2
		平板边缘垂直度	mm/m	≤3
		平板表面平整度	mm	≤1
		表面质量	—	平面应平整，不得有缺角、鼓泡和凹陷
2	物理力学	含水率	%	≤10
		密度	g/cm³	0.90<D≤1.20
		湿胀率	%	≤0.25

（4）作业条件

1）轻钢骨架隔墙工程施工前，应先安排外装，安装罩面板应待屋面、顶棚和墙体抹灰完成后进行。基底含水率已达到装饰要求，一般应小于 8%～12% 以下，并经有关单位、部门验收合格。办理完工种交接手续。如设计有地枕时，地枕应达到设计强度后方可在上面进行隔墙龙骨安装。

2）安装各种系统的管、线盒弹线及其他准备工作已到位。

2. 施工工艺

（1）操作工艺

1）弹线（图1-113）

在基体上弹出水平线和竖向垂直线，以控制隔墙龙骨安装的位置、龙骨的平直度和固定点。

2）隔墙龙骨的安装

①沿弹线位置固定沿顶和沿地龙骨，各自交接后的龙骨，应保持平直，如图1-114所示。固定点间距应不大于1000mm，龙骨的端部必须固定牢固。边框龙骨与基体之间，应按设计要求安装密封条。

②当选用支撑卡系列龙骨时，应先将支撑卡安装在竖向龙骨的开口上，卡距为400～600mm，距龙骨两端的为20～25mm，如图1-115所示。

③选用通贯系列龙骨时，高度低于3m的隔墙安装一道；3～5m时安装两道；5m以上时安装三道，如图1-116所示。

基层处理—龙骨与墙连接处处理

放地线

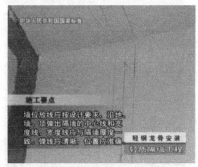

放墙线

放顶棚线

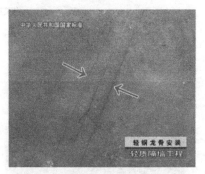

宽度线与隔墙厚度一致

图1-113 弹线

④门窗或特殊节点处,应使用附加龙骨,加强其安装应符合设计要求,如图 1-117、图 1-118 所示。

⑤隔墙的下端如用木踢脚板覆盖,隔墙的罩面板下端应离地面 20~30mm;如用大理石、水磨石踢脚时,罩面板下端应与踢脚板上口齐平,接缝要严密,如图 1-119、图 1-120 所示。

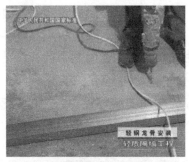
安装沿地龙骨—钻孔

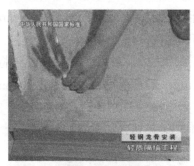
安装沿地龙骨—固定预埋件

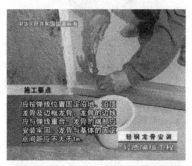
安装沿地龙骨,钉距不大于1m

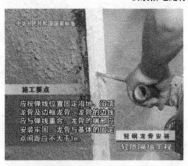

安装边框龙骨

安装竖向龙骨,间距不宜大于400mm

图 1-114 安装龙骨

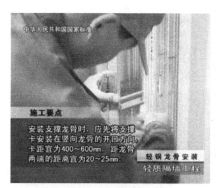

先安装支撑卡在龙骨的开口方向　　　　　支撑卡间距400~600mm

支撑卡距两端25mm　　　　　　　　　安装支撑龙骨

图1-115　安装支撑龙骨

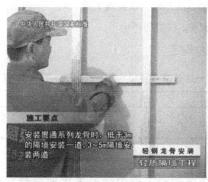
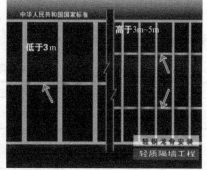

图1-116　安装贯通系列龙骨

图1-117　门窗附加龙骨

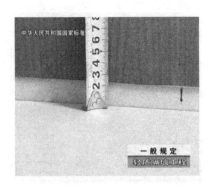

图 1-118　龙骨吊直　　　图 1-119　隔墙的下端如用木踢脚板覆盖，隔墙的罩面板下端应离地面 20～30mm

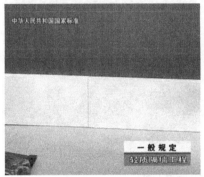

图 1-120　用大理石、水磨石踢脚时，罩面板下端应与踢脚板上口齐平，接缝要严密

⑥骨架安装的允许偏差，应符合表 1-28 规定。

隔墙骨架允许偏差　　　　表 1-28

项次	项目	允许偏差（mm）	检验方法
1	立面垂直	3	用 2m 托线板检查
2	表面平整	2	用 2m 直尺和楔形塞尺检查

3）石膏板安装

①安装石膏板前，应对预埋隔墙中的管道和附于墙内的设备采取局部加强措施，如图 1-121 所示。

图 1-121　安装墙内设备管线加强措施

②石膏板应竖向铺设，长边接缝应落在竖向龙骨上，横向接缝不再沿地沿顶龙骨上时，应加横撑龙骨固定，如图 1-122 所示。

③双面石膏罩面板安装，应与龙骨一侧的内外两层石膏板错缝排列接缝不应落在同一根龙骨上（图 1-123）；需要隔声、保温、防火的应根据设计要求在龙骨一侧安装好石膏罩面板后，进行隔声、保温、防火等材料的填充；一般采用玻璃丝棉或 30～100mm 岩棉板进行隔声、防火处理，

图 1-122 附加横撑龙骨固定石膏板

如图 1-124 所示；采用 50～100mm 苯板进行保温处理，再封闭另一侧的板。

④石膏板应采用自攻螺钉固定（图 1-125）。周边螺钉的间距不应大于 200mm，中间部分螺钉的间距不应大于 300mm，螺钉与板边缘的距离应为 10～15mm，图 1-126～图 1-128。

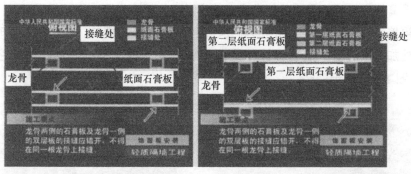

图 1-123 纸面石膏板接缝要求

图 1-124 填充隔声隔热材料

图 1-125 用自攻螺钉固定石膏板

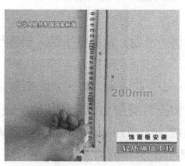

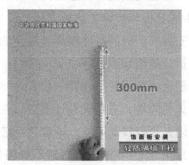

图 1-126 周边螺钉的间距不应大于 200mm　　图 1-127 板中心钉间距不应大于 300mm

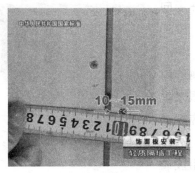
图 1-128　螺钉与板边缘的距离应为 10~15mm

图 1-129　钉头略埋入板内

⑤安装石膏板时,应从板的中部开始向板的四边固定。钉头略埋入板内,但不得损坏纸面;钉眼应用石膏腻子抹平,如图 1-129、图 1-130 所示。

⑥石膏板应按框格尺寸裁割准确;就位时应与框格靠紧,但不得强压。

⑦隔墙端部的石膏板与周围的墙或柱应留有 3mm 的槽口。施铺罩面板时,应先在槽口处加注嵌缝膏,然后铺板并挤压嵌缝膏使面板与邻近表层接触紧密,如图 1-131、图 1-132 所示。

图 1-130　钉眼防锈处理

图 1-131　石膏板与墙或柱边留 3mm 槽口

⑧在丁字形或十字形相接处,如为阴角应用腻子嵌满,贴上接缝带,如为阳角应做护角。

⑨石膏板的接缝,一般应为 3~6mm 缝,必须坡口与坡口相接。

4) 胶合板和纤维复合板安装

①安装胶合板的基体表面,应用油毡、釉质防潮时,应铺设平整,搭接严密,不得有皱折、裂缝和透孔等。

②胶合板如用钉子固定,钉距为 80~150mm,宜采用直钉固定。需要隔声、保温、防火的隔墙,应根据设计要求,在龙骨一侧安装好胶合板罩面板后,进行隔声、保温、防火等材料的填充;一般采用玻璃丝棉或 30~100mm 岩棉板进行隔声、防火处理;采用 50~100mm 苯板进行保温处理,再封闭另一侧的罩面板。

③胶合板如涂刷清油等涂料时,相邻板面的木纹和颜色应近似。

④墙面用胶合板、纤维板装饰时,阳角处宜做护角,如图 1-133 所示。

⑤胶合板、纤维板用木压条固定时,钉距不应大于 200mm,如图 1-134 所示。钉帽应打扁,如图 1-135 所示,并钉入木压条 0.5～1mm,钉眼用油性腻子抹平。

⑥用胶合板、纤维板作罩面时,应符合防火的有关规定(图 1-136),在湿度较大的房间,不得使用未经防水处理的胶合板和纤维板。

图 1-132 石膏板接缝按设计要求处理

5) 塑料板罩面安装

塑料板罩面安装方法,一般有粘结和钉结两种。

①粘结:聚氯乙烯塑料装饰板用胶粘剂粘结。

胶粘剂:聚氯乙烯胶粘剂或聚醋酸乙烯胶。

图 1-133 阳角做护角

图 1-134 木压条固定,钉距不大于 200mm

图 1-135 钉帽打扁

图 1-136 防火处理

操作方法:用刮板或毛刷同时在墙面和塑料板背面涂刷,不得有漏刷。涂胶后见胶液流动性显著消失,用手接触胶层感到黏性较大时,即可粘结。粘结后应采用临时固定措施,同时将挤压在板缝中多余的胶液刮除、将板面擦净。

②钉接:安装塑料贴面板复合板应预先钻孔,再用木螺丝加垫圈紧固。也可用金

属压条固定。木螺丝的钉距一般为 400～500mm，排列应一致整齐。

加金属压条时，应拉横竖通线拉直，并应先用钉子将塑料贴面复合板临时固定，然后加盖金属压条，用垫圈找平固定。

需要隔声、保温、防火的应根据设计要求在龙骨一侧安装好塑料贴面复合板，进行隔声、保温、防火等材料的填充；一般采用玻璃丝棉或 30～100mm 岩棉板进行隔声、防火处理；采用 50～100mm 苯板进行保温处理，再封闭另一侧的罩面板。

6）铝合金装饰条板安装

用铝合金条板装饰墙面时，可用螺钉直接固定在结构层上，也可用锚固件悬挂或嵌卡的方法，将板固定在轻钢龙骨上，或将板固定在墙筋上。

7）细部处理

墙面安装胶合板时，阳角处应做护角，以防板边角损坏，阳角的处理应采用刨光起线的木质压条，以增加装饰。

（2）技术关键要求

弹线必须准确，经复验后方可进行下道工序。固定沿顶和沿地龙骨，各自交接后的龙骨，应保持平整垂直，安装牢固。

3. 质量标准

骨架隔墙工程的检查数量应符合下列规定：

每个检验批应至少抽查 10%，并不得少于 3 间；不足 3 间时应全数检查。

（1）主控项目

1）骨架隔墙所用龙骨、配件、墙面板、填充材料及嵌缝材料的品种、规格、性能和木材的含水率应符合设计要求。有隔声、隔热、阻燃、防潮等特殊要求的工程，材料应有相应性能等级的检测报告。

检验方法：观察；检查产品合格证书、进场验收记录、性能检测报告和复验报告。

2）骨架隔墙工程边框龙骨必须与基体结构连接牢固，并应平整、垂直、位置正确。

检验方法：手扳检查；尺量检查；检查隐蔽工程验收记录。

3）骨架隔墙中龙骨间距和构造连接方法应符合设计要求。骨架内设备管线的安装、门窗洞口等部位加强龙骨应安装牢固、位置正确，填充材料的设置应符合设计要求。

检验方法：检查隐蔽工程验收记录。

4）骨架隔墙的墙面板应安装牢固，无脱层、翘曲、折裂及缺损。

检验方法：观察；手扳检查。

5）墙面板所用接缝材料的接缝方法应符合设计要求。

检验方法：观察。

（2）一般项目

1）骨架隔墙表面应平整光滑、色泽一致、洁净、无裂缝，接缝应均匀、顺直。

检验方法：观察；手摸检查。

2）骨架隔墙上的孔洞、槽、盒应位置正确、套割吻合、边缘整齐。

检验方法：观察。

3）骨架隔墙内的填充材料应干燥，填充应密实、均匀、无下坠。

检验方法：轻敲检查；检查隐蔽工程验收记录。

4）骨架隔墙安装的允许偏差和检验方法应符合表 1-29 的规定。

骨架隔墙安装的允许偏差和检验方法　　　　表 1-29

项次	项目	允许偏差（mm）		检验方法
		纸面石膏板	人造木板、水泥纤维板	
1	立面垂直度	3	4	用 2m 垂直检测尺检查
2	表面平整度	3	3	用 2m 靠尺和塞尺检查
3	阴阳角方正	3	3	用直角检测尺检查
4	接缝直线度	—	3	拉 5m 线，不足 5m 拉通线，用钢尺检查
5	压条直线度	—	3	拉 5m 线，不足 5m 拉通线，用钢尺检查
6	接缝高低差	1	1	用钢尺和塞尺检查

（3）质量关键要求

1）上下槛与主体结构连接牢固，上下槛不允许断开，保证隔墙的整体性。严禁隔墙墙上连接件采用射钉固定在砖墙上，应采用预埋件或膨胀螺栓进行连接。上下槛必须与主体结构连接牢固。

2）罩面板应经严格选材，表面应平整光洁。安装罩面板前应严格检查格栅的垂直度和平整度。

4．成品保护

（1）隔墙轻钢骨架及罩面板安装时，应注意保护隔墙内装好的各种管线；

（2）施工部位已安装的门窗，已施工完的地面、墙面、窗台等应注意保护、防止损坏。

（3）轻钢骨架材料，特别是罩面板材料，在进场、存放、使用过程中应妥善管理，使其不变形、不受潮、不损坏、不污染。

5．安全环保措施

（1）隔墙工程的脚手架搭设应符合建筑施工安全标准。

（2）脚手架上搭设跳板应用钢丝绑扎固定，不得有探头板。

（3）工人操作应戴安全帽，注意防火。

（4）施工现场必须工完场清。设专人洒水、打扫，不能扬尘污染环境。

（5）有噪声的电动工具应在规定的作业时间内施工，防止噪声污染、扰民。

（6）机电器具必须安装触电保护装置，发现问题立即修理。

（7）遵守操作规程，非操作人员决不准乱动机具，以防伤人。

(8)现场保护良好通风,但不宜是过堂风。

6. 质量记录

(1)应做好隐蔽工程记录,技术交底记录。

(2)轻钢龙骨、面板、胶等材料合格证,国家有关环保规范要求的检测报告。

(3)工程验收质量验评资料。

1.3.2 木龙骨板材隔墙施工

木龙骨板材隔墙施工工艺流程如下:

弹隔墙定位线→划龙骨分档线→安装大龙骨→安装小龙骨→防腐处理→安装罩面板→安装压条。

1. 施工准备

(1)技术准备

编制木龙骨板材隔墙工程施工方案,并对工人进行书面技术及安全交底。

(2)材料准备

1)罩面板应表面平整、边缘整齐,不应有污垢、裂纹、缺角、翘曲、起皮、色差、图案不完整的缺陷。胶合板、木质纤维板不应脱胶、变色和腐朽。

2)龙骨和罩面板材料的材质均应符合现行国家标准和行业标准的规定。

3)罩面板的安装宜使用镀锌的螺丝、钉子。接触砖石、混凝土的木龙骨和预埋的木砖应做防腐处理。所有木龙骨都应做好防火处理,如图1-137、图1-138所示。

图1-137　木龙骨防腐处理　　　　　图1-138　木龙骨防火处理

(3)机具准备

空气压缩机、电圆锯、手电钻、手提式电刨、射钉枪、曲线锯、小电锯、小台刨、电动气泵、冲击钻、铝合金靠尺、水平尺、粉线包、墨斗、小白线、卷尺、方尺、线锤、托线板、木刨、扫槽刨、线刨、锯、斧、锤、螺丝刀、摇钻、直钉枪等。

(4)作业条件

1)木龙骨板材隔墙工程所用的材料品种、规格、颜色以及隔断的构造、固定方法,均应符合设计要求,如图1-139、图1-140所示。

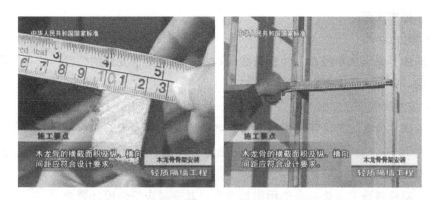

图 1-139　木龙骨横截面积及纵横向间距符合设计要求

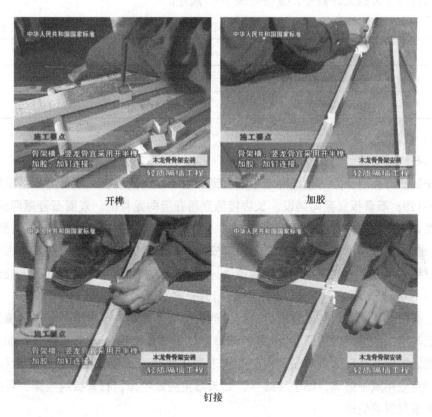

图 1-140　木龙骨连接

2）隔墙的龙骨和罩面板必须完好，不得有损坏、变形弯折、翘曲、边角缺损等现象；并要注意被碰撞和受潮。

3）电气配件的安装，应嵌装牢固，表面应与罩面板的底面齐平。

4）门窗框与隔墙相接处应符合设计要求。

5）隔墙的下端如用木踢脚板覆盖，隔墙的罩面板下端应离地面 20～30mm；如用大理石、水磨石踢脚时，罩面板下端应与踢脚板上口齐平，接缝要严密。

6）做好隐蔽工程和施工记录。

2. 施工工艺

(1) 操作工艺

1) 弹线

在基体上弹出水平线和竖向垂直线,以控制隔墙龙骨安装的位置、格栅的平直度和固定点。

2) 墙龙骨的安装

①沿弹线位置固定沿顶和沿地龙骨,各自交接后的龙骨,应保持平直。固定点间距应不大于1m,龙骨的端部必须固定,固定应牢固。边框龙骨与基体之间,应按设计要求安装密封条。

②门窗或特殊节点处,应使用附加龙骨,其安装应符合设计要求。

③骨架安装的允许偏差,应符合表1-30规定。

隔墙骨架允许偏差　　　　　　　　　　表1-30

项次	项　目	允许偏差(mm)	检验方法
1	立面垂直	2	用2m托线板检查
2	表面平整	2	用2m直尺和楔形塞尺检查

3) 罩面板安装

①石膏板安装

安装石膏板前,应对预埋隔墙中的管道和附于墙内的设备采取局部加强措施,参见图1-119;石膏板宜竖向铺设,长边接缝宜落在竖向龙骨上。双面石膏罩面板安装,应与龙骨一侧的内外两层石膏板错缝排列,接缝不应落在同一根龙骨上;需要隔声、保温、防火的应根据设计要求在龙骨一侧安装好石膏罩面板后,进行隔声、保温、防火等材料的填充;一般采用玻璃丝棉或30~100mm岩棉板进行隔声、防火处理;采用50~100mm苯板进行保温处理,再封闭另一侧的板。

石膏板应按框格尺寸裁割准确;就位时应与框格靠紧,但不得强压;隔墙端部的石膏板与周围的墙或柱应留有3mm的槽口。施铺罩面板时,应先在槽口处加注嵌缝膏,然后铺钉并挤压嵌缝膏使面板与邻近表层接触紧密;在丁字形或十字形相接处,如为阴角应用腻子嵌满,贴上接缝带,如为阳角应做护角;石膏板的接缝,可参照轻钢骨架板材隔墙处理。

②胶合板和纤维板(埃特板)、人造木板安装

安装胶合板、人造木板的基体表面,需用油毡、釉质防潮时,应铺设平整,搭接严密,不得有皱折、裂缝和透孔等。

胶合板、人造木板采用直钉固定,如用钉子固定,钉距为80~150mm,钉帽应打扁并钉入板面0.5~1mm;钉眼用油性腻子抹平。胶合板、人造木板如涂刷清油等涂料时,相邻板面的木纹和颜色应近似。需要隔声、保温、防火的应根据设计要求在龙骨安装好后,进行隔声、保温、防火等材料的填充;一般采用玻璃丝棉或30~100mm岩棉板进行隔声、防火处理;采用50~100mm苯板进行保温处理,再封闭罩面板。

墙面用胶合板、纤维板装饰时，阳角处宜做护角；硬质纤维板应用水浸透，自然阴干后安装。胶合板、纤维板用木压条固定时，钉距不应大于 200mm，钉帽应打扁，并钉入木压条 0.5～1mm，钉眼用油性腻子抹平。用胶合板、人造木板、纤维板作罩面时，应符合防火的有关规定，在湿度较大的房间，不得使用未经防水处理的胶合板和纤维板。

墙面安装胶合板时，阳角处应做护角，以防板边角损坏，并可增加装饰。

③塑料板安装：塑料板安装方法，一般有粘结和钉结两种。

粘结：聚氯乙烯塑料装饰板用胶粘剂粘结。

A. 胶粘剂

聚氯乙烯胶粘剂或聚醋酸乙烯胶。

B. 操作方法

用刮板或毛刷同时在墙面和塑料板背面涂刷，不得有漏刷。涂胶后见胶液流动性显著消失，用手接触胶层感到黏性较大时，即可粘结。粘结后应采用临时固定措施，同时将挤压在板缝中多余的胶液刮除、将板面擦净。

C. 钉接

安装塑料贴面板复合板应预先钻孔，再用木螺丝加垫圈紧固，也可用金属压条固定。木螺丝的钉距一般为 400～500mm，排列应一致整齐。

加金属压条时，应拉横竖通线拉直，并应先用钉子将塑料贴面复合板临时固定，然后加盖金属压条，用垫圈找平固定。

④ 铝合金装饰条板安装

用铝合金条板装饰墙面时，可用螺钉直接固定在结构层上，也可用锚固件悬挂或嵌卡的方法，将板固定在墙筋上。

（2）技术关键要求

弹线必须准确，经复验后方可进行下道工序。固定沿顶和沿地龙骨，各自交接后的龙骨，应保持平整垂直，安装牢固。靠墙立筋应与墙体连接牢固紧密。边框应与隔墙立筋连接牢固，确保整体刚度。按设计做好木龙骨防火、防腐处理。

3．质量标准

质量关键要求：

（1）沿顶和沿地龙骨与主体结构连接牢固，保证隔墙的整体性。

（2）罩面板应经严格选材，表面应平整光洁。安装罩面板前应严格检查龙骨的垂直度和平整度。

参见轻钢龙骨隔墙施工部分内容。

4．成品保护

（1）隔墙木骨架及罩面板安装时，应注意保护顶棚内装好的各种管线，木骨架的吊杆。

（2）施工部位已安装的门窗，已施工完的地面、墙面、窗台等应注意保护、防止损坏。

（3）条木骨架材料，特别是罩面板材料，在进场、存放、使用过程中应妥善管理，以便其不变形、不受潮、不损坏、不污染。

5. 安全环保措施

（1）隔墙工程的脚手架搭设应符合建筑施工安全标准。

（2）脚手架上搭设跳板应用钢丝绑扎固定，不得有探头板。

（3）工人操作应戴安全帽，注意防火。

（4）施工现场必须工完场清。设专人洒水、打扫，不能扬尘污染环境。

（5）有噪声的电动工具应在规定的作业时间内施工，防止噪声污染、扰民。

（6）机电器具必须安装触电保护器，发现问题立即修理。

（7）遵守操作规程，非操作人员决不准乱动机具，以防伤人。

（8）现场保护良好通风，但不宜是过堂风。

6. 质量记录

（1）材料应有合格证、环保检测报告。

（2）工程验收应有质量验评资料。

1.3.3 玻璃隔墙施工

玻璃隔墙施工工艺流程如下：

弹隔墙定位线→划龙骨分档线→安装电管线设施→安装大龙骨→安装小龙骨→防腐处理→安装玻璃→打玻璃胶→安装压条。

1. 施工准备

（1）技术准备

编制玻璃隔墙工程施工方案，并对工人进行书面技术及安全交底。

（2）材料准备

1）根据设计要求的各种玻璃、木龙骨（60mm×120mm）、玻璃胶、橡胶垫和各种压条。

2）紧固材料：膨胀螺栓、射钉、自攻螺丝、木螺丝和粘贴嵌缝料，应符合设计要求。

3）玻璃规格：厚度有8mm、10mm、12mm、15mm、18mm、22mm等，长宽根据工程设计要求确定。

4）质量要求应符合相关规范要求。

（3）机具准备

空气压缩机、电动气泵、冲击钻、手电钻、手提式电刨、射钉枪、曲线锯、小电锯、小台刨、铝合金靠尺、手工木锯、水平尺、粉线包、墨斗、小白线、开刀、卷尺、方尺、线锤、托线板、扫槽刨、线刨、锯、斧、刨、锤、螺丝刀、摇钻、钢卷尺、玻璃吸盘、胶枪等。

（4）作业条件

1）主体结构完成及交接验收，并清理现场。

2）砌墙时应根据顶棚标高在四周墙上预埋防腐木砖。

3）木龙骨必须进行防火处理，并应符合有关防火规范的规定。直接接触结构的木龙骨应预先刷防腐漆。

4）做隔墙房间需在地面的湿作业工程前将直接接触结构的木龙骨安装完毕，并做好防腐处理。

2. 施工工艺

（1）操作工艺

1）弹线

根据楼层设计标高水平线，顺墙高量至顶棚设计标高，沿墙弹隔墙垂直标高线及天地龙骨的水平线，并在天地龙骨的水平线上划好龙骨的分档位置线。

2）安装大龙骨

①天地龙骨安装：根据设计要求固定天地龙骨，如无设计要求时，可以用 $\phi 8\sim\phi 12$ 膨胀螺栓或 99～165mm 钉子固定，膨胀螺栓固定点间距 600～800mm。安装前做好防腐处理。

②沿墙边龙骨安装：根据设计要求固定边龙骨，如无设计要求时，可以用 $\phi 8\sim\phi 12$ 膨胀螺栓或 99～165mm 钉子与预埋木砖固定，固定点间距 800～1000mm。安装前做好防腐处理。

3）主龙骨安装

根据设计要求按分档线位置固定主龙骨，用 132mm 的铁钉固定，龙骨每端固定应不少于 3 颗钉子，必须安装牢固。

4）小龙骨安装

根据设计要求按分档线位置固定小龙骨，用扣榫或钉子固定，必须安装牢。安装小龙骨前，也可以根据安装玻璃的规格在小龙骨上安装玻璃槽。

5）安装玻璃

根据设计要求按玻璃的规格安装在小龙骨上；如用压条安装时先固定玻璃一侧的压条，并用橡胶垫垫在玻璃下方，再用压条将玻璃固定；如用玻璃胶直接固定玻璃，应将玻璃先安装在小龙骨的预留槽内，然后用玻璃胶封闭固定。

6）打玻璃胶

首先在玻璃上沿四周粘上纸胶带，根据设计要求将各种玻璃胶均匀地打在玻璃与小龙骨之间。待玻璃胶完全干后撕掉纸胶带。

7）安装压条

根据设计要求将各种规格材质的压条用直钉或玻璃胶固定小龙骨上。如设计无要求，可以根据需要选用 10mm×12mm 木压条、10mm×10mm 的铝压条或 10mm×20mm 不锈钢压条，如图 1-141 所示。

图 1-141　压条安装

(2）技术关键要求

弹线必须准确，经复验后方可进行下道工序。

3. 质量标准

玻璃隔墙工程的检查数量应符合下列规定：

每个检验批应至少抽查20%，并不得少于6间；不足6间时应全数检查。

（1）主控项目

1）玻璃隔墙工程所用材料的品种、规格、性能、图案和颜色应符合设计要求。玻璃板隔墙应使用安全玻璃。

检验方法：观察；检查产品合格证书、进场验收记录和性能检测报告。

2）玻璃砖隔墙的砌筑或玻璃板隔墙的安装方法应符合设计要求。

检验方法：观察。

3）玻璃砖隔墙砌筑中埋设的拉结筋必须与基体结构连接牢固，并应位置正确。

检验方法：手扳检查；尺量检查；检查隐蔽工程验收记录。

4）玻璃板隔墙的安装必须牢固。玻璃隔墙胶垫的安装应正确。

检验方法：观察；手推检查；检查施工记录。

（2）一般项目

1）玻璃隔墙表面应色泽一致、平整洁净、清晰美观。

检验方法：观察。

2）玻璃隔墙接缝应横平竖直，玻璃应无裂痕、缺损和划痕。

检验方法：观察。

3）玻璃板隔墙嵌缝及玻璃砖隔墙勾缝应密实平整、均匀顺直、深浅一致。

检验方法：观察。

4）玻璃隔墙安装的允许偏差和检验方法应符合表1-31的规定。

玻璃隔墙安装的允许偏差和检验方法 表1-31

项次	项 目	允许偏差（mm）		检验方法
		玻璃砖	玻璃板	
1	立面垂直度	3	2	用2m垂直检测尺检查
2	表面平整度	3	—	用2m靠尺和塞尺检查
3	阴阳角方正	—	2	用直角检测尺检查
4	接缝直线度	—	2	拉5m线，不足5m拉通线，用钢尺检查
5	接缝高低差	3	2	用钢尺和塞尺检查
6	接缝宽度	—	1	用钢尺检查

（3）质量关键要求

1）隔墙龙骨必须牢固、平整、垂直。

2）压条应平顺光滑，线条整齐，接缝密合。

4. 成品保护

（1）木龙骨及玻璃安装时，应注意保护顶棚、墙内装好的各种管线；木龙骨的天龙骨不准固定在通风管道及其他设备上。

（2）施工部位已安装的门窗，已施工完的地面、墙面、窗台等应注意保护、防止损坏。

（3）木骨架材料，特别是玻璃材料，在进场、存放、使用过程中应妥善管理，使其不变形、不受潮、不损坏、不污染。

（4）其他专业的材料不得置于已安装好的木龙骨架和玻璃上。

5. 安全环保措施

（1）隔墙工程的脚手架搭设应符合建筑施工安全标准。

（2）脚手架上搭设跳板应用钢丝绑扎固定，不得有探头板。

（3）工人操作应戴安全帽，注意防火。

（4）施工现场必须工完场清。设专人洒水、打扫，不能扬尘污染环境。

（5）有噪声的电动工具应在规定的作业时间内施工，防止噪声污染、扰民。

（6）机电器具必须安装触电保护装置。发现问题立即修理。

（7）遵守操作规程，非操作人员决不准乱动机具，以防伤人。

（8）现场保持良好通风。

6. 质量记录

（1）材料进场验收记录和复验报告、技术交底记录。

（2）工程验收应有质量验评资料。

小结

本节基于轻质隔墙工程施工工作过程的分析，以现场轻质隔墙施工操作的工作过程为主线，分别对轻钢龙骨隔墙、木龙骨板材隔墙、玻璃隔墙施工过程中的技术准备、材料准备、机具准备、施工工艺流程、施工操作工艺、施工质量标准、成品保护、安全环保措施和质量文件进行了介绍。通过学习，你将能够根据实际工程选用轻质隔墙工程材料并进行材料准备，合理选择施工机具、编制施工机具需求计划，通过施工图、相关标准图集等资料制定施工方案，在施工现场进行安全、技术、质量管理控制，正确使用检测工具对轻质隔墙施工质量进行检查验收，进行安全、文明施工，最终成功完成轻质隔墙工程施工。

附：板材隔墙安装要点图

放线

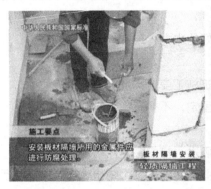 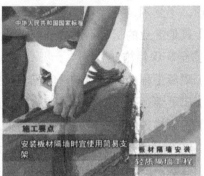

安装简易支架

拉线砌筑　　　　　　　　　　　　防火处理

管线盒开槽

板材隔墙安装要点

思考题

1. 简述轻钢龙骨隔墙的安装顺序及施工方法。
2. 简述木龙骨隔墙的安装顺序及施工方法。
3. 简述玻璃隔墙的安装顺序及施工方法。
4. 请分析轻钢龙骨隔墙板面开裂的原因和防治措施。
5. 请分析轻钢龙骨隔墙墙裙、踢脚板脱空的原因和防治措施。

操作题

请选择轻质隔墙成品进行工程质量检测，并填写检验批验收记录表。

项目实训

1. 请编写轻钢龙骨纸面石膏板隔墙技术交底书。
2. 根据附图中板材隔墙安装要点查阅并编写板材隔墙安装技术交底书。

1.4 门窗幕墙工程施工

学习目标

（1）根据实际工程合理进行门窗幕墙工程施工准备。
（2）门窗幕墙工程施工工艺。
（3）正确使用检测工具对门窗幕墙工程施工质量进行检查验收。
（4）进行安全、文明施工。

门、窗是建筑物重要的组成部分，它除了起到采光、通风、交通、保温、隔热、防盗等作用外，近年来建筑外窗也是建筑外观重要的造型手段。

幕墙是悬挂在建筑主体结构外侧的围护墙体。因其通常质轻，外观形如罩在建筑物外的一层薄的帷幕，故称建筑幕墙。幕墙用的材料可以是玻璃、石材、轻金属等，并因此称之为玻璃幕墙、石材幕墙、金属幕墙等。幕墙材料通常预制成符合模数的单元块体，以满足高度工业化的要求。

1.4.1 门窗工程施工

学习目标

（1）根据实际工程合理进行门窗工程施工准备。

(2）门窗工程施工工艺。

(3）正确使用检测工具对门窗工程施工质量进行检查验收。

(4）进行安全、文明施工。

国内在建筑上所用门窗材料主要有木、铝（合金）、塑钢、彩板这几个类型。从施工角度上又可分成两类：一类是门、窗在生产工厂中预拼成形，在施工现场仅需安装即可，如铝合金门窗、塑钢门窗大多属于此类；另一类是需要在现场进行加工制作的门窗，如木门窗多属此类。但木窗仅作为装饰之用如仿古建筑，作为建筑外窗已经被淘汰了。传统的木门窗卯榫结构也已经不用了。

1.4.1.1 木门窗制作与安装施工

木门窗制作与安装施工工艺流程如下：

放样→配料、截料→画线→打眼→开榫、拉肩→裁口与倒角→拼装→放线→防腐处理→木门窗框安装就位固定→门窗扇及门窗玻璃的安装→安装五金配件。

1. 施工准备

(1）技术准备

图纸已通过会审与自审，若存在问题，则问题已经解决；门窗洞口的位置、尺寸与施工图相符，按施工要求做好技术交底工作。

(2）材料准备

1）品种规格

①规格

1220mm×2440mm×3mm

1220mm×2440mm×5mm

1220mm×2440mm×9mm

1220mm×2440mm×12mm

1220mm×2440mm×18mm

②质量要求

对称层和同一层单板应是同一树种，同一厚度，并考虑成品结构的均匀性。

板均不许有脱胶鼓泡，一等品上允许有极轻微边角缺损，二等板的面板上不得留有胶纸带和明显的胶纸痕。公称厚度6mm以上的板，其翘曲度：一、二等品板不得超过1%，三等板不得超过2%。

2）木门窗的材料或框和扇的规格型号、木材类别、选材等级、含水率及制作质量均须符合设计要求，并且必须有出厂合格证。

3）防腐剂、油漆、木螺丝、合页、插销、挺钩、门锁等各种小五金必须符合设计要求。

(3）机具准备

水准仪、手电钻、电刨、电锯、电锤、锯刨、水平尺、木工斧、羊角锤、木工三角尺、吊线坠。

(4）作业条件

1）门窗框和扇进场后，及时组织油工将框靠墙靠地的一面涂刷防腐涂料。然后分类水平堆放平整，底层应搁置在垫木上，在仓库中垫木离地面高度不小于200mm，临时的敞棚垫木离地面高度应不小于400mm，每层间垫木板，使其能自然通风。木门窗严禁露天堆放。

2）安装前先检查门窗框和扇有无翘扭、弯曲、窜角、劈裂、榫槽间结合处松散等情况，如有则应进行修理。

3）预先安装的门窗框，应在楼、地面基层标高或墙砌到窗台标高时安装。后装的门窗框，应在主体工程验收合格、门窗洞口防腐木砖埋设齐备后进行。

4）门窗扇的安装应在饰面完成后进行。没有木门框的门扇，应在墙侧处安装预埋件。

2. 施工工艺

（1）操作工艺

1）放样

放样是根据施工图纸上设计好的木制品，按照足尺1∶1将木制品构造画出来，做成样板，样板采用松木制作，双面刨光，厚约25cm，宽等于门窗樘子的断面宽，长比门窗高度大200mm左右，经过仔细校核后才能使用，放样是配料和截料、画线的依据，在使用的过程中，注意保持其画线的清晰，不要使其弯曲或折断。

2）配料、截料

配料是在放样的基础上进行的，因此，要计算出各部件的尺寸和数量，列出配料单，按配料单进行配料。

配料时，对原材料要进行选择，有腐朽、斜裂节疤的木料，应尽量躲开不用；不干燥的木料不能使用。精打细算，长短搭配，先配长料，后配短料；先配框料，后配扇料。门窗樘料有顺弯时，其弯度一般不超过4mm，扭弯者一律不得使用。配料时，要合理的确定加工余量，各部件的毛料尺寸要比净料尺寸加大些，具体加大量可参考如下：

断面尺寸：单面刨光加大1~1.5mm，双面刨光加大2~3mm。机械加工时单面刨光加大3mm，双面刨光加大5mm。长度的加工余量见表1-32。

门窗构件长度加工余量　　　　　　　　　　表1-32

构　件　名　称	加　工　余　量
门樘立梃	按图纸规格放长7cm
门窗樘冒头	按图纸放长10cm，无走头时放长4cm
门窗樘中冒头、窗樘中竖梃	按图纸规格放长1cm
门窗扇梃	按图纸规格放长4cm
门窗扇冒头、玻璃棂子	按图纸规格放长1cm
门窗扇中冒头	在5根以上者，有一根可考虑做半榫
门芯板	按图纸冒头及扇梃内净距放长各2cm

配料时还要注意木材的缺陷，节疤应躲开眼和榫头的部位，防止凿劈或榫头断掉；起线部位也禁止有节疤。

在选配的木料上按毛料尺寸画出截断、锯开线，考虑到锯解木料的损耗，一般留出 2~3mm 的损耗量。锯时要注意锯线直、端面平。

3）刨料

刨料时，宜将纹理清晰的里材作为正面，对于樘子料任选一个窄面为正面，对于门、窗框的梃及冒头可不刨靠墙的一面；门、窗扇的上冒头和梃也可先刨三面，靠樘子的一面待安装时根据缝的大小再进行修刨。刨完后，应按同类型、同规格樘扇分别堆放，上、下对齐。每个正面相合，堆垛下面要垫实平整。

4）画线

画线是根据门窗的构造要求，在各根刨好的木料上划出榫头线、打眼线等。

画线前，先要弄清楚榫、眼的尺寸和形式，什么地方做榫，什么地方凿眼，弄清图纸要求和样板式样，尺寸、规格必须一致，并先做样品，经审查合格后再正式画线。

门窗樘无特殊要求时，可用平肩插。樘梃宽超过 80mm 时，要画双榫；门扇梃厚度超过 60mm 时，要画双榫，60mm 以下画单榫。冒头料宽度大于 180mm 者，一般画上下双榫。榫眼厚度一般为料厚的 $1/4$~$1/3$。半榫眼深度一般不大于料断面的 $1/4$，冒头拉肩应和榫吻合。

成批画线应在画线架上进行。把门窗料叠放在架子上，将螺钉拧紧固定，然后用丁字尺一次划下来，既准确又迅速，并标识出门窗料的正面背面。所有榫、眼注明是全眼还是半眼，透榫还是半榫。正面眼线划好后，要将眼线划到背面，并划好倒棱、裁口线，这样所有的线就画好了。要求线要画得清楚、准确、齐全。

5）打眼

打眼之前，应选择等于眼宽的凿刀，凿出的眼，顺木纹两侧要直，不得出错槎。先打全眼，后打半眼。全眼要先打背面，凿到一半时，翻转过来再打正面直到贯穿。眼的正面要留半条里线，反面不留线，但比正面略宽。这样装榫头时，可减少冲击，以免挤裂眼口四周。成批生产时，要经常核对，检查眼的位置尺寸，以免发生误差。

6）开榫、拉肩

开榫就是按榫头线纵向锯开。拉肩就是锯掉榫头两旁的肩头，通过开榫和拉肩操作就制成了榫头。

拉肩、开榫要留半个墨线。锯出的榫头要方正、平直、榫眼处完整无损，没有被拉肩操作面锯伤，半榫的长度应比半眼的深 2~3mm，锯成的榫要方正，不能伤榫眼。楔头倒棱以防装楔头时将眼背面顶裂。

7）裁口与倒棱

裁口即刨去框的一个方形角部分，供装玻璃用。用裁口刨子或用歪嘴子刨。快刨到要刨的部分时，用单线刨子刨，去掉木屑，刨到合格为止。裁好的口要求方正平直，不能有戗槎起毛、凹凸不平的现象。倒棱也称为倒八字，即沿框刨去一个三角形部分。倒棱要平直、板实，不能过线。裁口也可用电锯切割，需留 1mm 再用单线刨子刨到需求位置为止。

8）拼装

拼装前对部件应进行检查，要求部件方正、平直，线脚整齐分明，表面光滑，尺寸规格、式样符合设计要求，并用细刨将遗留墨线刨光。

门窗框的组装，是把一根边梃的眼里，再装上另一边的梃；用锤轻轻敲打拼合，敲打时要垫木块防止打坏榫头或留下敲打的痕迹。待整个拼好归方以后，再将所有榫头敲实，锯断露出的榫头。拼装先将楔头沾抹上胶再用锤轻轻敲打拼合。

门窗扇的组装方法与门窗框基本相同。但木扇有门心板，须先把门心板按尺寸裁好，一般门心板应比门扇边上量得的尺寸小 3～5mm，门心板的四边去棱，刨光。然后，先把一根门梃平放，将冒头逐个装入，门心板嵌入冒头与门梃的凹槽内，再将另一根门梃的眼对准榫装入，并用锤垫木块敲紧。

门窗框、扇组装好后，为使其成为一个结实的整体，必须在眼中加木楔，将榫在眼中挤紧。木楔长度为榫头的 2/3，宽度比眼宽窄 1/2 英分（1 英分＝3.175mm），如 4 英分眼，楔子宽为 3 1/2 英分。楔子头用扁铲顺木纹铲尖，加楔时应先检查门窗框、扇的方正，掌握其歪扭情况，以便在加楔时调整、纠正。

一般每个榫头内必须加两个楔子。加楔时，用凿子或斧子把榫头凿出一道缝，将楔子两面抹上胶插进缝内。敲打楔子要先轻后重，逐步撑入，不要用力太猛。当楔子已打不动，眼已扎紧饱满，就不要再敲，以免将木料撑裂。在加楔的过程中，对框、扇要随时用角尺或尺杆卡窜角找方正，并校正框、扇的不平处，加楔时注意纠正。

组装好的门窗、扇用细刨刨平，先刨光面。双扇门窗要配好对，对缝的裁口刨好。安装前，门窗框靠墙的一面，均要刷一道防腐剂，以增强防腐能力。

为了防止在运输过程中门窗框变形，在门框下端钉上拉杆，拉杆下皮正好是锯口。大的门窗框，在中贯档与梃间要钉八字撑杆，外面四个角也要钉八字撑杆。

门窗框组装、净面后，应按房间编号，按规格分别码放整齐，堆垛下面要垫木块。不准在露天堆放，要用油布盖好，以防止日晒雨淋。门窗框进场后应尽快刷一道底油防止风裂和污染（图 1-142、图 1-143）。

 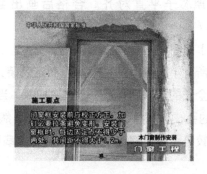

图 1-142　木门窗防腐处理　　　图 1-143　木门窗加拉条加固

9) 门窗框的后安装

①主体结构完工后，复查洞口标高、尺寸及木砖位置（图 1-144、图 1-145）。

图 1-144　每一侧不少于两个连接点　　图 1-145　防腐木砖间距不大于 1.2m

②将门窗框用木楔临时固定在门窗洞口内相应位置。

③用吊线坠校正框的正、侧面垂直度，用水平尺校正框冒头的水平度。

④用砸扁钉帽的钉子钉牢在木砖上。钉帽要进入木框内 1~2mm，每块木砖要钉两处。

⑤高档硬木门框应用钻打孔木螺丝拧固并拧进木框 5mm 用同等木补孔。

10) 门窗扇的安装

①量出樘口净尺寸，考虑留缝宽度。确定门窗扇的高、宽尺寸，先画出中间缝处的中线，再画出边线，并保证樘宽一致，四边画线。

②若门窗扇高、宽尺寸过大，则刨去多余部分。修刨时应先锯余头，再行修刨。门窗扇为双扇时，应先做打叠高低缝，并以开启方向的右扇压左扇。

③若门窗扇高、宽尺寸过小，可在下边或装合页一边用胶和钉子绑钉刨光的木条。钉帽砸扁，钉入木条内 1~2mm，然后锯掉余头刨平。

④平开扇的底边，中悬扇的上下边，上悬扇的下边，下悬扇的上边等与框接触且容易发生摩擦的边，应刨成 1mm 斜面。

⑤试装门窗扇时，应先用木楔塞在门窗扇的下边，然后再检查缝隙并注意窗棱和玻璃芯子平直对齐。合格后画出合页的位置线，剔槽装合页（图 1-146、图 1-147）。

11) 门窗小五金的安装

①所有小五金必须用木螺丝固定安装，严禁用钉子代替。使用木螺丝时，先用手锤钉入全长的 $1/3$，接着用螺丝刀拧入。当木门窗为硬木时，先钻孔径为木螺丝直径 0.9 倍的孔，孔深为木螺丝全长的 $2/3$，然后再拧入木螺丝。

②铰链距门窗扇上下两端的距离为扇高的 $1/10$，且避开上下冒头，安好后必须灵活。

③门锁距地面约高 0.9~1.05m，应错开中冒头和边梃的榫头。

④门窗拉手应位于门窗扇中线以下，窗拉手距地面 1.5~1.6m。

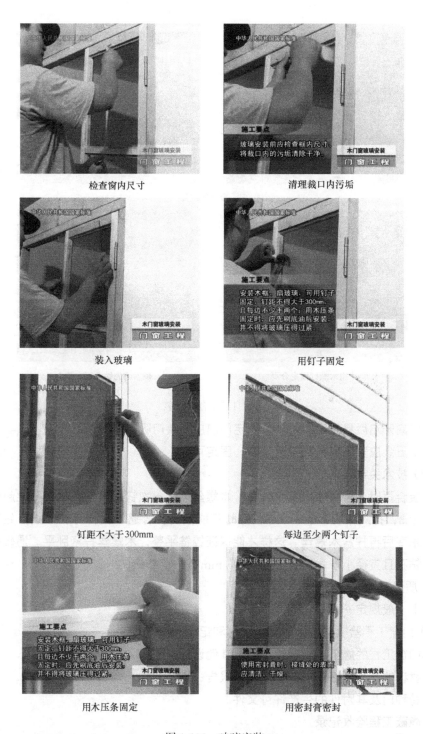

图 1-146 玻璃安装

⑤窗风钩应装在窗框下冒头与窗扇下冒头夹角处,使窗开启后成 90°角,并使上下各层窗扇开启后整齐划一。

⑥门插销位于门拉手下边。装窗插销时应先固定插销底板,再关窗打插销压痕,凿孔,打入插销。

合页的位置

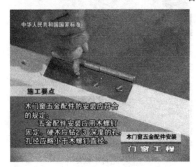

用木螺钉固定合页　　　　　　硬木应先钻孔再安装合页

图 1-147　合页安装

⑦门扇开启后易碰墙的门，为固定门扇应安装门吸。

⑧小五金应安装齐全，位置适宜，固定可靠。

（2）技术关键要求

安装合页时，合页槽应里平外卧，木螺丝严禁一次钉入，钉入深度不能超过螺丝长度的1/3，拧入深度不小于2/3，拧时不能倾斜。若遇木结，可在木结上钻孔，重新塞入木塞后再拧紧木螺丝。这样才能保证铰链平整，木螺丝拧紧卧平。遇较硬木材可预先钻孔且直径小于木螺纹直径的1.5mm左右。

3. 质量标准

（1）一般规定

1）门窗工程验收时应检查下列文件和记录：

①门窗工程的施工图、设计说明及其他设计文件。

②材料的产品合格证书、性能检测报告、进场验收记录和复验报告。

③特种门及其附件的生产许可文件。

④隐蔽工程验收记录。

⑤施工记录。

2）门窗工程应对下列材料及其性能指标进行复验：

①人造木板的甲醛含量。

②建筑外墙金属窗、塑料窗的抗风性能、空气渗透性能和雨水渗漏性能。

3）门窗工程应对下列隐蔽工程项目进行验收：

①预埋件和锚固件。

②隐蔽部位的防腐、填嵌处理。

4)各分项工程的检验批应按下列规定划分:

①同一品种、类型和规格的木门窗、金属门窗、塑料门窗及门窗玻璃每100樘应划分为一个检验批,不足100樘也应划分为一个检验批。

②同一品种、类型和规格的特种门每50樘应划分为一个检验批,不足50樘也应划分为一个检验批。

门窗品种通常是指门窗的制作材料,如实木门窗、铝合金门窗、塑料门窗等;门窗类型是指门窗的功能或开启方式,如平开窗、立转窗、自动门,推拉门等;门窗规格指门窗的尺寸。

5)检查数量应符合下列规定:

①木门窗、金属门窗、塑料门窗及门窗玻璃,每个检验批应至少抽查5%,并不得少于3樘,不足3樘时应全数检查;高层建筑的外窗,每个检验批应至少抽查10%,并不得少于6樘,不足6樘时应全数检查。

②特种门每个检验批应至少抽查50%,并不得少于10樘,不足10樘时应全数检查。

6)门窗安装前,应对门窗洞口尺寸进行检验。

7)金属门窗和塑料门窗安装应采用预留洞口的方法施工,不得采用边安装边砌口或先安装后砌口的方法施工。

8)木门窗与砖石砌体、混凝土或抹灰层接触处应进行防腐处理并应设置防潮层;埋入砌体或混凝土中的木砖应进行防腐处理。

9)当金属窗或塑料窗组合时,其拼樘料的尺寸、规格、壁厚应符合设计要求。

10)建筑外门窗的安装必须牢固。在砌体上安装门窗严禁用射钉固定。

11)特种门安装除应符合设计要求和《建筑装饰装修工程质量验收规范》规定外,还应符合有关专业标准和主管部门的规定。

(2)主控项目

1)木门窗的木材品种、材质等级、规格、尺寸、框扇的线型及人造木板的甲醛含量应符合设计要求。设计未规定材质等级时,所用木材的质量应符合《建筑装饰装修工程质量验收规范》附录A的规定。

检验方法:观察;检查材料进场验收记录和复验报告。

2)木门窗应采用烘干的木材,含水率应符合《建筑木门、木窗》(JG/T 122—2000)的规定。

检验方法:检查材料进场验收记录。

3)木门窗的防火、防腐、防虫处理应符合设计要求。

检验方法:观察;检查材料进场验收记录。

4)木门窗的结合处和安装配件处不得有木结或已填补的木结。木门窗如有允许限值以内的死结及直径较大的虫眼时,应用同一材质的木塞加胶填补。对于清漆制品，木塞的木纹和色泽应与制品一致。

检验方法：观察。

5）门窗框和厚度大于50mm的门窗扇应用双榫连接。榫槽应采用胶料严密嵌合，并应用胶楔加紧。

检验方法：观察；手扳检查。

6）胶合板门、纤维板门和模压门不得脱胶。胶合板不得刨透表层单板，不得有戗槎。制作胶合板门、纤维板门时，边框和横楞应在同一平面上，面层、边框及横楞应加压胶结。横楞和上、下冒头应各钻两个以上的透气孔，透气孔应通畅。

检验方法：观察。

7）木门窗的品种、类型、规格、开启方向、安装位置及连接方式应符合设计要求。

检验方法：观察；尺量检查；检查成品门的产品合格证书。

8）木门窗框的安装必须牢固。预埋木砖的防腐处理、木门窗框固定点的数量、位置及固定方法应符合设计要求。

检验方法：观察；手扳检查；检查隐蔽工程验收记录和施工记录。

9）木门窗扇必须安装牢固，并应开关灵活，关闭严密，无倒翘。

检验方法：观察；开启和关闭检查；手扳检查。

10）木门窗配件的型号、规格、数量应符合设计要求，安装应牢固，位置应正确，功能应满足使用要求。

检验方法：观察；开启和关闭检查；手扳检查。

（3）一般项目

1）木门窗表面应洁净，不得有刨痕、锤印。

检验方法：观察。

2）木门窗的割角、拼缝应严密平整。门窗框、扇裁口应顺直，刨面应平整。

检验方法：观察。

3）木门窗上的槽、孔应边缘整齐，无毛刺。

检验方法：观察。

4）木门窗与墙体间缝隙的填嵌材料应符合设计要求，填嵌应饱满。寒冷地区外门窗（或门窗框）与砌体间的空隙应填充保温材料。

检验方法：轻敲门窗框检查；检查隐蔽工程验收记录和施工记录。

5）木门窗批水、盖口条、压缝条、密封条安装应顺直，与门窗结合应牢固、严密。

检验方法：观察；手扳检查。

6）木门窗制作的允许偏差和检验方法应符合表1-33的规定。

木门窗制作的允许偏差和检验方法　　　　　　　表 1-33

项次	项目	构件名称	允许偏差（mm）普通	允许偏差（mm）高级	检验方法
1	翘曲	框	3	2	将框、扇平放在检查平台上，用塞尺检查
1	翘曲	扇	2	2	将框、扇平放在检查平台上，用塞尺检查
2	对角线长度差	框、扇	3	2	用钢尺检查，框量裁口里角，扇量外角
3	表面平整度	扇	2	2	用1m靠尺和塞尺检查
4	高度、宽度	框	0；−2	0；−1	用钢尺检查，框量裁口里角，扇量外角
4	高度、宽度	扇	+2；0	+1；0	用钢尺检查，框量裁口里角，扇量外角
5	裁口、线条结合处高低差	框、扇	1	0.5	用钢尺和塞尺检查
6	相邻棂子两端间距	扇	2	1	用钢尺检查

7）木门窗安装的留缝限值、允许偏差和检验方法应符合表 1-34 的规定。

木门窗安装的留缝限值、允许偏差和检验方法　　　　表 1-34

项次	项目		留缝限值（mm）普通	留缝限值（mm）高级	允许偏差（mm）普通	允许偏差（mm）高级	检验方法
1	门窗槽口对角线长度差		—	—	3	2	用钢尺检查
2	门窗框的下、侧面垂直度		—	—	2	1	用1m垂直检测尺检查
3	框与扇、扇与扇接缝高低差		—	—	2	1	用钢尺和塞尺检查
4	门窗扇对口缝		1～2.5	1.5～2	—	—	用塞尺检查
5	工业厂房双扇大门对口缝		2～5	—	—	—	用塞尺检查
6	门窗扇与上框间留缝		1～2	1～1.5	—	—	用塞尺检查
7	门窗扇与侧框间留缝		1～2.5	1～1.5	—	—	用塞尺检查
8	窗扇与下框间留缝		2～3	2～2.5	—	—	用塞尺检查
9	门扇与下框间留缝		3～5	3～4	—	—	用塞尺检查
10	双层门窗内外框间距		—	—	4	3	用钢尺检查
11	无下框时门扇与地面间留缝	外门	4～7	5～6	—	—	用塞尺检查
11	无下框时门扇与地面间留缝	内门	5～8	6～7	—	—	用塞尺检查
11	无下框时门扇与地面间留缝	卫生间门	8～12	8～10	—	—	用塞尺检查
11	无下框时门扇与地面间留缝	厂房大门	10～20	—	—	—	用塞尺检查

（4）质量关键要求

1）立框时掌握好抹灰层厚度，确保有贴脸的门窗框安装后与抹灰面平齐。

2）安装门窗框时必须事先量一下洞口尺寸，计算并调整缝隙宽度。避免门窗框与门窗洞之间的缝隙过大或过小。

3）木砖的埋置一定要满足数量和间距的要求，即 2m 高以内的门窗每边不少于 3 块木砖，木砖间距以 0.8～0.9m 为宜；2m 高以上的门窗框，每边木砖间距不大于 1m，以保证门窗框安装牢固。

4. 成品保护

（1）安装过程中，须采取防水防潮措施。在雨季或湿度大的地区应及时油漆门窗。

（2）调整修理门窗时不能硬撬，以免损坏门窗和小五金。

（3）安装工具应轻拿轻放，以免损坏成品。

（4）已装门窗框的洞口，不得再作运料通道，如必须用作运料通道时，必须做好保护措施。

5. 安全环保措施

（1）安装门窗用的梯子必须结实牢固，不应缺档，严禁两人同时站在一个梯子上作业。梯子不应放置过陡，梯子与地面夹角以 60°～70°为宜。

（2）严禁穿拖鞋、高跟鞋、带钉易滑鞋或光脚进入施工现场，进入现场必须戴安全帽。

（3）材料要堆放平稳。工具要随手放入工具袋内，上下传递物件工具时不得抛掷。

（4）电器工具应安装触电保护器，以确保安全。

（5）应经常检查锤把是否松动，手电钻等电器工具是否有漏电现象，一经发现立即修理，坚决不能勉强使用。

6. 质量记录

（1）有关安全和功能的检测项目。

（2）检查产品合格证书、性能检测报告、进场验收记录和复验报告、检查隐蔽工程验收记录。

1.4.1.2　铝合金门窗安装施工

铝合金门窗安装施工工艺流程如下：

画线定位→铝合金窗披水安装→防腐处理→铝合金门窗的安装就位→铝合金门窗框的固定→门窗框与墙体间隙的处理→门窗扇及门窗玻璃的安装→安装五金配件（图 1-148）。

1. 施工准备

（1）技术准备

施工图纸，依据施工技术交底和安全交底做好各方面的准备。

（2）材料准备

1）铝合金门窗的规格、型号应符合设计要求，五金配件配套齐全，并具有出厂合格证、材质检验报告书并加盖厂家印章。

2）防腐材料、填缝材料、密封材料、防锈漆、水泥、砂、连接板等应符合设计要求和有关标准的规定。

图 1-148 铝合金门窗安装过程

3）进场前应对铝合金门窗进行验收检查，不合格者不准进场。运到现场的铝合金门窗应分型号、规格堆放整齐，并存放于仓库内。搬运时轻拿轻放，严禁扔摔。

目前使用较广泛的铝合金门窗型材有：

46 系列地弹门型材；

90 系列推拉窗及同系列中空玻璃推拉窗型材；

73 系列推拉窗型材；

70 系列推拉窗型材；

55 系列推拉窗型材；

50 系列推拉窗和同系列平开窗及 38 系列平开窗型材。

（3）机具准备

电钻、电焊机、水准仪、电锤、活扳手、钳子、水平尺、线坠、螺丝刀。

（4）作业条件

1）主体结构经有关质量部门验收合格。工种之间已办好交接手续。

2）检查门窗洞口尺寸及标高是否符合设计要求。有预埋件的门窗口还应检查预埋件的数量、位置及埋设方法是否符合设计要求。

3）按图纸要求尺寸弹好门窗中线，并弹好室内+50cm水平线。

4）检查铝合金门窗，如有劈棱窜角和翘曲不平、偏差超标、表面损伤、变形及松动、外观色差较大者，应与有关人员协商解决，经处理，验收合格后才能安装。

2. 施工工艺

（1）画线定位

1）根据设计图纸中门窗的安装位置、尺寸和标高，依据门窗中线向两边量出门窗边线。若为多层或高层建筑时，以顶层门窗边线为准，用线坠或经纬仪将门窗边线下引，并在各层门窗口处画线标记，对个别不直的口边应剔凿处理。

2）门窗的水平位置应以楼层室内+50m的水平线为准向上反量出窗下皮标高，弹线找直。每一层必须保持窗下皮标高一致。

（2）铝合金窗披水安装

按施工图纸要求将披水固定在铝合金窗上，且要保证位置正确、安装牢固。

（3）防腐处理

1）门窗框四周外表面的防腐处理设计有要求时，按设计要求处理。如果设计没有要求时，可涂刷防腐涂料或粘贴塑料薄膜进行保护，以免水泥砂浆直接与铝合金门窗表面接触，产生电化学反应，腐蚀铝合金门窗。

2）安装铝合金门窗时，如果采用连接铁件固定，则连接铁件、固定件等安装用金属零件最好用不锈钢件。否则必须进行防腐处理，以免产生电化学反应，腐蚀铝合金门窗。

（4）铝合金门窗的安装就位

根据划好的门窗定位线，安装铝合金门窗框，并及时调整好门窗框的水平、垂直及对角线长度等符合质量标准，然后用木楔临时固定。

（5）铝合金门窗的固定

1）当墙体上预埋有铁件时，可直接把铝合金门窗的铁脚直接与墙体上的预埋铁件焊牢，焊接处需做防锈处理。

2）当墙体上没有预埋铁件时，可用金属膨胀螺栓或塑料膨胀螺栓将铝合金门窗的铁脚固定到墙上。

3）当墙体上没有预埋铁件时，也可用电钻在墙上打80mm深、直径为6mm的孔，用L型尺寸为80mm×50mm，直径为6mm的钢筋。在长的一端粘涂108胶水泥浆，然后打入孔中。待108胶水泥浆终凝后，再将铝合金门窗的铁脚与埋置的6mm钢筋焊牢。

（6）门窗框与墙体间缝隙的处理

1）铝合金门窗安装固定后，应先进行隐蔽工程验收，合格后及时按设计要求处理门窗框与墙体之间的缝隙。

2）如果设计没有要求时，可采用弹性保温材料或玻璃棉毡条分层填塞缝隙，外表面留5～8mm深槽口填嵌嵌缝油膏或密封胶。

（7）门窗扇及门窗玻璃的安装

1）门窗扇和门窗玻璃应在洞口墙体表面装饰完工验收后安装。

2）推拉门窗在门窗框安装固定后，将配好玻璃的门窗扇整体安入框内滑槽，调整好与扇的缝隙即可。

3）平开门窗在框与扇格架组装上墙、安装固定好后再安玻璃，即先调整好框与扇的缝隙，再将玻璃安入扇并调整好位置，最后镶嵌密封条及密封胶。

4）地弹簧门应在门框及地弹簧主机入地安装固定后再安门扇。先将玻璃嵌入门扇格架并一起入框就位，调整好框扇缝隙，最后填嵌门扇玻璃的密封条及密封胶。

（8）安装五金配件

五金配件与门窗连接用镀锌螺钉。安装的五金配件应结实牢固，使用灵活。

3．质量标准

（1）主控项目

1）铝合金门窗的品种、类型、规格、尺寸、性能、开启方向、安装位置、连接方式及铝合金门窗的型材壁厚应符合设计要求。铝合金门窗的防腐处理及填嵌、密封处理应符合设计要求。

检验方法：观察；尺量检查；检查产品合格证书、性能检测报告、进场验收记录和复验报告；检查隐蔽工程验收记录。

2）铝合金门窗框和副框的安装必须牢固。预埋件的数量、位置、埋设方式、与框的连接方式必须符合设计要求。

检验方法：手扳检查；检查隐蔽工程验收记录。

3）铝合金门窗扇必须安装牢固，并应开关灵活、关闭严密，无倒翘。推拉门窗必须有防脱落措施。

检验方法：观察；开启和关闭检查；手扳检查。

4）铝合金门窗配件的型号、规格、数量应符合设计要求，安装应牢固，位置应正确，功能应满足使用要求。

检验方法：观察；开启和关闭检查；手扳检查。

（2）一般项目

1）铝合金门窗表面应洁净、平整、光滑、色泽一致，无锈蚀。大面应无划痕、碰伤。漆膜或保护层应连续。

检验方法：观察。

2）铝合金门窗推拉门窗扇开关力应不大于100N。

检验方法：用弹簧秤检查。

3)铝合金门窗框与墙体之间的缝隙应填嵌饱满,并采用密封胶密封。密封胶表面应光滑、顺直、无裂纹。

检验方法:观察;轻敲门窗框检查;检查隐蔽工程验收记录。

4)铝合金门窗扇的橡胶密封条或毛毡密封条应安装完好,不得脱槽。

检验方法:观察;开启和关闭检查。

5)有排水孔的铝合金门窗,排水孔应畅通,位置和数量应符合设计要求。

检验方法:观察。

6)铝合金门窗安装的允许偏差和检验方法应符合表 1-35 的规定。

铝合金门窗安装的允许偏差和检验方法　　　　　表 1-35

项次	项 目		允许偏差 (mm)	检验方法
1	门窗槽口宽度、高度	≤1500mm	1.5	用钢尺检查
		>1500mm	2	
2	门窗槽口对角线长度差	≤2000mm	3	用钢尺检查
		>2000mm	4	
3	门窗框的正、侧面垂直度		2.5	用垂直检测尺检查
4	门窗横框的水平度		2	用 1m 水平尺和塞尺检查
5	门窗横框标高		5	用钢尺检查
6	门窗竖向偏离中心		5	用钢尺检查
7	双层门窗内外框间距		4	用钢尺检查
8	推拉门窗扇与框搭接量		1.5	用钢尺检查

4. 成品保护

(1)铝合金门窗装入洞口临时固定后,应检查四周边框和中间框架是否用规定的保护胶纸和塑料薄膜封贴包扎好,再进行门窗框与墙体之间缝隙的填嵌和洞口墙体表面装饰施工,以防止水泥砂浆、灰水、喷涂材料等污染损坏铝合金门窗表面。在室内外湿作业未完成前,不能破坏门窗表面的保护材料。

(2)应采取措施,防止焊接作业时电焊火花损坏周围的铝合金门窗型材、玻璃等材料。

(3)严禁在安装好的铝合金门窗上安放脚手架,悬挂重物。经常出入的门洞口,应及时保护好门框,严禁施工人员踩踏铝合金门窗,严禁施工人员碰擦铝合金门窗。

(4)交工前撕去保护胶纸时,要轻轻剥离,不得划破、剥花铝合金表面氧化膜。

5. 安全环保措施

(1)进入现场必须戴安全帽。严禁穿拖鞋、高跟鞋、带钉易滑鞋或光脚进入现场。

(2)安装用的梯子应牢固可靠,不应缺档,梯子放置不应过陡,其与地面夹角以 60°~70°为宜。

（3）材料要堆放平稳。工具要随手放入工具袋内。上下传递物件工具时，不得抛掷。

（4）机电器具应安装触电保护器，以确保施工人员安全。

（5）经常检查锤把是否松动，电焊机、电钻是否漏电。

6. 质量记录

（1）有关安全和功能的检测项目：建筑外墙铝合金窗的抗风压性能、空气渗透性能和雨水渗透性能。

（2）检查产品合格证书、性能检测报告、进场验收记录和复验报告、检查隐蔽工程验收记录。

1.4.1.3 塑料门窗安装施工

塑料门窗安装施工工艺流程如下：

清理→安装固定片→门窗框就位→门窗框固定→嵌缝密封→安装门窗扇→安装五金配件→清洗保洁。

1. 施工准备

（1）技术准备

1）安装门窗时的环境温度不宜低于5℃。

2）在环境温度为0℃的环境中存放门窗时，安装前在室温下放24h。

（2）材料准备

1）材料规格

塑料门窗按照施工的要求进行订做。

2）质量要求

①表面无色斑、无划伤。

②门窗及边框平直，无弯曲、变形。

3）塑料门窗的规格、型号应符合设计要求，五金配件配套齐全，并具有出厂合格证。

4）玻璃、嵌缝材料、防腐材料等应符合设计要求和有关标准的规定。

5）进场前应先对塑料门窗进行验收检查，不合格者不准进场。运到现场的塑料门窗应分型号、规格以不小于70°的角度立放于整洁的仓库内，需放置垫木。仓库内的环境温度应小于50℃；门窗与热源的距离不应小于1m，并不得与腐蚀物质接触。

6）搬运时应轻拿轻放，严禁抛摔，并保护好其保护膜。

（3）机具准备

手电钻、电锤、水准仪、锯、水平尺、螺丝刀、扳手、钳子、线坠。

（4）作业条件

1）主体结构已施工完毕，并经有关部门验收合格。或墙面已粉刷完毕，工种之间已办好交接手续。

2）当门窗采用预埋木砖与墙体连接时，墙体中应按设计要求埋置防腐木砖。对于加气混凝土墙，应预埋胶粘圆木。

3）同一类型的门窗及其相邻的上、下、左右洞口应横平竖直；对于高级装饰工程及放置过梁的洞口，应做洞口样板。洞口宽度和高度尺寸的允许偏差见表 1-36。

洞口宽度和高度尺寸允许偏差（mm） 表 1-36

	<2400	2400~4800	>4800
未粉刷墙面	±10	±15	±20
已粉刷墙面	±5	±10	±15

4）按图要求的尺寸弹好门窗中线，并弹好室内+50cm水平线。

5）组合窗的洞口，应在拼樘料的对应位置设预埋件或预留洞。

6）门窗安装应在洞口尺寸按第3）条的要求检验并合格，办好工种交接手续后，方可进行。门的安装应在地面工程施工前进行。

2. 施工工艺

（1）操作工艺

1）将不同型号、规格的塑料门窗搬到相应的洞口旁竖放。当有保护膜脱落时，应补贴保护膜，并在框上边下边分别划中线。

2）如果玻璃已安装在门窗上，应卸下玻璃，并做好标记。

3）在门窗的上框及边框上安装固定片，其安装应符合下列要求。

①检查门窗框上下边的位置及其内外朝向，并确认无误后，再安固定片。安装时应先采用直径为 $\phi 3.2mm$ 的钻头钻孔，然后将十字槽盘端头自攻螺丝 $M4\times 20$ 拧入，严禁直接锤击钉入。

②固定片的位置应距门窗角、中竖框、中横框 150~200mm，固定片之间的间距应不大于 600mm。不得将固定片直接装在中横框、中竖框的挡头上。

4）根据设计图纸及门窗扇的开启方向，确定门窗框的安装位置，并把门窗框装入洞口，并使其上下框中线与洞口中线对齐。安装时应采取防止门窗变形的措施。无下框平开门应使两边框的下脚低于地面标高线 30mm。带下框的平开门或推拉门应使下框低于地面标高线 10mm。然后将上框的一个固定片固定在墙体上，并应调整门框的水平度、垂直度和直角度，用木楔临时固定。当下框长度大于 0.9m 时，其中间也用木楔塞紧。然后调整垂直度、水平度及直角度。

5）当门窗与墙体固定时，应先固定上框，后固定边框。固定方法如图 1-149、图 1-150 所示。

①混凝土墙洞口采用塑料膨胀螺钉固定。

②砖墙洞口采用塑料膨胀螺钉或水泥钉固定，并固定在胶粘圆木上。

③加气混凝土洞口，采用木螺钉将固定片固定在胶粘圆木上。

④设有预埋铁件的洞口应采取焊接的方法固定，也可先在预埋件上按拧紧固件规格打基孔，然后用紧固件固定。

⑤设有防腐木砖的墙面，采用木螺钉把固定片固定在防腐木砖上。

⑥窗下框与墙体的固定可将固定片直接伸入墙体预留孔内，并用砂浆填实。

图 1-149　门窗框安装固定要求

图 1-150　利用型钢保证窗安装更加牢固

塑料门窗拼樘料内补加强型钢，其规格壁厚必须符合设计要求。

拼樘料与墙体连接时，其两端必须与洞口固定牢固。

⑦应将门窗框或两窗框与拼樘料卡接，并用紧固件双向扣紧，其间距不大于600mm；紧固件端头及拼樘料与窗框之间缝隙用嵌缝油膏密封处理。

⑧门窗框与洞口之间的伸缩缝内腔应采用闭孔泡沫塑料、发泡聚苯乙烯等弹性材料分层填塞。之后去掉临时固定用的木楔，其空隙用相同材料填塞（图 1-151）。

⑨门窗洞内外侧与门窗框之间缝隙的处理如下：

普通单玻璃窗、门：洞口内外侧与门窗框之间用水泥砂浆或麻刀白灰浆填实抹平；靠近铰链一侧，灰浆压住门窗框的厚度以不影响扇的开启为限，待水泥砂浆或麻刀灰浆硬化后，外侧用嵌缝膏进行密封处理。

保温、隔声门窗：洞口内侧与窗框之间用水泥砂浆或麻刀白灰浆填实抹平；当外

图 1-151 弹性材料填缝，密封胶封口

侧抹灰时，应用片材将抹灰层与门窗框临时隔开，其厚度为 5mm，抹灰层应超出门窗框，其厚度以不影响扇的开启为限。待外抹灰层硬化后，撤去片材，将嵌缝膏挤入抹灰层与门窗框缝隙内。

⑩门扇待水泥砂浆硬化后安装。

⑪门窗玻璃的安装应符合下列规定：

玻璃不得与玻璃槽直接接触，应在玻璃四边垫上不同厚度的玻璃垫块。边框上的垫块应用聚氯乙烯胶加以固定。

将玻璃装进框扇内，然后用玻璃压条将其固定。

安装双层玻璃时，玻璃夹层四周应嵌入隔条，其中隔条应保证密封、不变形、不脱落；玻璃槽及玻璃内表面应干燥、清洁。

镀膜玻璃应装在玻璃的最外层；单面镀膜层应朝向室内。

⑫门锁、把手、纱窗铰链及锁扣等五金配件应安装牢固，位置正确，开关灵活。安装完后应整理纱网，压实压条（图 1-152）。

图 1-152 五金配件安装应先打孔再用自攻钉拧入

（2）技术关键要求

1）安装时应先采用直径为 $\phi 3.2mm$ 的钻头钻孔，然后将十字槽盘端头自攻螺丝 $M4 \times 20$ 拧入，严禁直接锤击钉入。

2）固定片的位置应距门窗角、中竖框、中横框 150~200mm，固定片之间的间距应不大于 600mm。

3. 质量标准

（1）主控项目

1）塑料门窗的品种、类型、规格、尺寸、开启方向、安装位置、连接方式及填嵌密封处理应符合设计要求，内衬增强型钢的壁厚及设置应符合国家现行产品标准的质量要求。

检验方法：观察；尺量检查；检查产品合格证书、性能检测报告、进场验收记录和复验报告；检查隐蔽工程验收记录。

2）塑料门窗框、副框和扇的安装必须牢固。固定片或膨胀螺栓的数量与位置应正确，连接方式应符合设计要求。固定点应距窗角、中横框、中竖框150~200mm，固定点间距应不大于600mm。

检验方法：观察；手扳检查；检查隐蔽工程验收记录。

3）塑料门窗拼樘料内衬增加型钢的规格、壁厚必须符合设计要求，型钢应与型材内腔紧密吻合，其两端必须与洞口固定牢固。窗框必须与拼樘料连接紧密，固定点间距应不大于600mm。

检验方法：观察；手扳检查；尺量检查；检查进场验收记录。

4）塑料门窗扇应开关灵活、关闭严密，无倒翘。推拉门窗扇必须有防脱落措施。

检验方法：观察；开启和关闭检查；手扳检查。

5）塑料门窗配件的型号、规格、数量应符合设计要求，安装应牢固，位置应正确，功能应满足使用要求。

检验方法：观察；手扳检查；尺量检查。

6）塑料门窗框与墙体间缝隙应采用闭孔弹性材料填嵌饱满，表面应采用密封胶密封。密封胶应粘结牢固，表面应光滑、顺直、无裂纹。

检验方法：观察；检查隐蔽工程验收记录。

（2）一般项目

1）塑料门窗表面应洁净、平整、光滑，大面应无划痕、碰伤。

检验方法：观察。

2）塑料门窗扇的密封条不得脱槽。旋转窗间隙应基本均匀。

3）塑料门窗扇的开关力应符合下列规定：

①平开门窗扇平铰链的开关力应不大于80N；滑撑铰链的开关力应不大于80N，且不小于30N。

②推拉门窗扇的开关力应不大于100N。

检验方法：观察；用弹簧秤检查。

4）玻璃密封条与玻璃槽口的接缝应平整，不得卷边、脱槽。

检验方法：观察。

5）排水孔应畅通，位置和数量应符合设计要求。

检验方法：观察。

6）塑料门窗安装的允许偏差和检验方法应符合表1-37的规定。

塑料门窗安装的允许偏差和检验方法　　　　表1-37

项次	项目		允许偏差（mm）	检验方法
1	门窗槽口宽度、高度	≤1500mm	2	用钢尺检查
		>1500mm	3	
2	门窗槽口对角线长度差	≤2000mm	3	用钢尺检查
		>2000mm	5	

续表

项次	项目	允许偏差（mm）	检验方法
3	门窗框的正、侧面垂直度	3	用1m垂直检测尺检查
4	门窗横框的水平度	3	用1m水平尺和塞尺检查
5	门窗横框标高	5	用钢尺检查
6	门窗竖向偏离中心	5	用钢尺检查
7	双层门窗内外框间距	4	用钢尺检查
8	同樘平开门窗相邻扇高度差	2	用钢尺检查
9	平开门窗铰链部位配合间隙	+2；-1	用塞尺检查
10	推拉门窗扇与框搭接量	+1.5 -2.5	用钢尺检查
11	推拉门窗扇与竖框平等度	2	用1m水平尺和塞尺检查

（3）质量关键要求

1）塑料门窗安装时，必须按施工操作工艺进行。施工前一定要画线定位，使塑料门窗上下顺直，左右标高一致。

2）安装时要使塑料门窗垂直方正，对有劈棱掉角和窜角的门窗扇必须及时调整。

3）门窗框扇上若粘有水泥砂浆，应在其硬化前用湿布擦干净，不得用硬质材料铲刮窗框扇表面。

4）因塑料门窗材质较脆，所以安装时严禁直接锤击钉入，必须先钻孔，再用自攻螺钉拧入。

4. 成品保护

（1）门窗在安装过程中，应及时清除其表面的水泥砂浆。

（2）已安装门窗框、扇的洞口，不得再作运料通道。

（3）严禁在门窗框扇上支脚手架、悬挂重物；外脚手架不得压在门窗框、扇上并严禁蹬踩门窗或窗撑。

（4）应防止利器划伤门窗表面，并应防止电、气焊火花烧伤面层。

（5）立体交叉作业时，门窗严禁碰撞。

（6）禁止将废弃的塑料制品在施工现场丢弃、焚烧，以防止有毒有害气体伤害人体。

5. 安全环保措施

（1）材料应堆放整齐、平稳，并应注意防火。

（2）安装门窗、玻璃或擦玻璃时，严禁用手攀窗框、窗扇和窗撑；操作时应系好安全带，严禁把安全带挂在窗撑上。

（3）应经常检查电动工具有无漏电现象。电动工具应安装触电保护器。

（4）在高温及低温环境中不安装塑料门窗。

6. 质量记录

（1）有关安全和功能的检测项目：建筑外墙塑料窗的抗风压性能、空气渗透性能和雨水渗透性能。

（2）检查产品合格证书、性能检测报告、进场验收记录和复验报告、检查隐蔽工程验收记录。

1.4.1.4　全玻门安装施工

全玻门安装施工工艺流程：

固定部分安装：

裁割玻璃→固定底托→安装玻璃板→注胶封口。

活动玻璃门扇安装：

画线→确定门窗高度→固定门窗上下横档→门窗固定→安装拉手。

1. 施工准备

（1）技术准备

熟悉全玻门的安装工艺流程和施工图纸的内容，检查预埋件的安装是否齐全、准确，依据施工技术安全交底做好施工的各项准备。

（2）材料准备

玻璃：主要是指12mm以上厚度的玻璃，根据设计要求选好玻璃，并安放在安装位置附近。

不锈钢或其他有色金属型材的门框、限位槽及板，都应加工好，准备安装。

辅助材料：如木方、玻璃胶、地弹簧、木螺钉、自攻螺钉等根据设计要求准备。

（3）机具准备

电钻、气砂轮机、水准仪、玻璃吸盘、钳子、水平尺、线坠。

（4）作业条件

1）墙、地面的饰面已施工完毕，现场已清理干净，并经验收合格。

2）门框的不锈钢或其他饰面已经完成。门框顶部用来安装固定玻璃板的限位槽已预留好。

3）活动玻璃门扇安装前应先将地面上的地弹簧和门扇顶面横梁上的定位销安装固定完毕，安装时应吊垂线检查，做到准确无误，地弹簧转轴与定位销为同一中心线。

2. 施工工艺

（1）操作工艺

1）固定部分安装（图1-153）

①裁割玻璃：厚玻璃的安装尺寸，应从安装位置的底部、中部和顶部进行测量，选择最小尺寸为玻璃板宽度的切割尺寸。如果在上、中、下测得的尺寸一致，其玻璃宽度的裁割应比实测尺

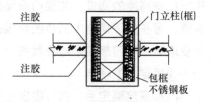

图1-153　玻璃门框柱与玻璃板安装的构造关系

寸小 3～5mm。玻璃板的高度方向裁割，应小于实测尺寸的 3～5mm。玻璃板裁割后，应将其四周做倒角处理，倒角宽度为 2mm，如若在现场自行倒角，应手握细砂轮块做缓慢细磨操作，防止崩边崩角。

②固定底托：不锈钢（或铜）饰面的木底托，可用木楔加钉的方法固定于地面，然后再用万能胶将不锈钢饰面板粘卡在木方上。如果是采用铝合金方管，可用铝角将其固定在框柱上，或用木螺钉固定于地面埋入的木楔上。

③安装玻璃板：用玻璃吸盘将玻璃板吸紧，然后进行玻璃就位。先把玻璃板上边插入门框底部的限位槽内，然后将其下边安放于木底托上的不锈钢包面对口缝内。

在底托上固定玻璃板的方法为：在底托木方上钉木条板，距玻璃板面 4mm 左右；然后在木板条上涂刷万能胶，将饰面不锈钢板片粘卡在木方上。

④注胶封口：玻璃门固定部分的玻璃板就位以后，即在顶部限位槽处和底部的底托固定处，以及玻璃板与框柱的对缝处等各缝隙处，均注胶密封。首先将玻璃胶开封后装入打胶枪内，即用胶枪的后压杆端头板顶住玻璃胶罐的底部；然后一只手托住胶枪身，另一只手握着注胶压柄不断松压循环地操作压柄，将玻璃胶注于需要封口的缝隙端。由需要注胶的缝隙端头开始，顺缝隙匀速移动，使玻璃胶在缝隙处形成一条均匀的直线。最后用塑料片刮去多余的玻璃胶，用刀片擦净胶迹。

门上固定部分的玻璃板需要对接时，其对接缝应有 3～5mm 的宽度，玻璃板边都要进行倒角处理。当玻璃块留缝定位并安装稳固后，即将玻璃胶注入其对接的缝隙，用塑料片在玻璃板对缝的两面把胶刮平，用刀片擦净胶料残迹。

2）活动玻璃门扇安装

全玻璃活动门扇的结构没有门扇框，门扇的启闭由地弹簧实现，地弹簧与门扇的上下金属横档进行铰接。

①画线

在玻璃门扇的上下金属横档内画线，按线固定转动销的销孔板和地弹簧的转动轴连接板。具体操作可参照地弹簧产品安装说明。

②确定门扇高度

玻璃门扇的高度尺寸，在裁割玻璃板时应注意包括插入上下横档的安装部分。一般情况下，玻璃高度尺寸应小于测量尺寸 5mm 左右，以便于安装时进行定位调节。

把上、下横档（多采用镜面不锈钢成型材料）分别装在厚玻璃门扇上下两端，并进行门扇高度的测量。如果门扇高度不足，即其上下边距门横框及地面的缝隙超过规定值，可在上下横档内加垫胶合板条进行调节。如果门扇高度超过安装尺寸，只能由专业玻璃工将门扇多余部分裁去。

③固定上下横档

门扇高度确定后，即可固定上下横档，在玻璃板与金属横档内的两侧空隙处，由两边同时插入小木条，轻敲稳实，然后在小木条、门扇玻璃及横档之间形成的缝隙中注入玻璃胶。

④门扇固定

进行门扇定位安装。先将门框横梁上的定位销本身的调节螺钉调出横梁平面 1~2mm，再将玻璃门扇竖起来，把门扇下横档内的转动销连接件的孔位对准地弹簧的转动销轴，并转动门扇将孔位套入销轴上。然后把门扇转动 90°使之与门框横梁成直角，把门扇上横档中的转动连接件的孔对准门框横梁上的定位销，将定位销插入孔内 15mm 左右（调动定位销上的调节螺钉）。

⑤安装拉手

全玻璃门扇上的拉手孔洞一般是事先订购时就加工好的，拉手连接部分插入孔洞时不能很紧，应有松动。安装前在拉手插入玻璃的部分涂少许玻璃胶；如若插入过松，可在插入部分裹上软质胶带。拉手组装时，其根部与玻璃贴紧后再拧紧固定螺钉。

（2）技术要点

1）门框横梁上的固定玻璃的限位槽应宽窄一致，纵向顺直。一般限位槽宽度大于玻璃厚度 2~4mm，槽深 10~20mm，以便安装玻璃板时顺利插入，在玻璃两边注入密封胶；把固定玻璃安装牢固。

2）在木底托上钉固定玻璃板的木条板时，应在距玻璃 4mm 的地方，以便饰面板能包住木板条的内侧，便于注入密封胶，确保外观大方，内在牢固。

3）活动门扇没有门扇框，门扇的开闭是由地弹簧和门框上的定位销实现的，地弹簧和定位销是与扇的上下横档铰接。因此地弹簧与定位销和门扇横档一定要铰接好，并确保地弹簧转轴与定位销中心线在同一条垂线上，以便玻璃扇开关自如。

4）玻璃门倒角时，应采取裁割玻璃时在加工厂内磨角与打孔。

3. 质量标准

（1）主控项目

1）特种门的质量和各项性能应符合设计要求。

检验方法：检查生产许可证、产品合格证书和性能检测报告。

2）特种门的品种、类型、规格、尺寸、开启方向、安装位置及防腐处理应符合设计要求。

检验方法：观察；尺量检查；检查进场验收记录和隐蔽工程验收记录。

3）带有机械装置、自动装置或智能化装置的特种门，其机械装置、自动装置或智能化装置的功能应符合设计要求和有关标准的规定。

检验方法：启动机械装置、自动装置或智能化装置，观察。

4）特种门的安装必须牢固。预埋件的数量、位置、埋设方式、与框的连接方式必须符合设计要求。

检验方法：观察；手扳检查；检查隐蔽工程验收记录。

5）特种门的配件应齐全，位置应正确，安装应牢固，功能应满足使用要求和特种门的各项性能要求。

检验方法：观察；手扳检查；检查产品合格证书、性能检测报告和进场验收记录。

（2）一般项目

1）特种门的表面装饰应符合设计要求。

检验方法：观察。

2）特种门的表面应洁净，无划痕、碰伤。

检验方法：观察。

3）推拉自动门安装的留缝限值、允许偏差和检验方法应符合表 1-38 的规定。

推拉自动门安装的留缝限值、允许偏差和检验方法　　表 1-38

项次	项目		留缝限值（mm）	允许偏差（mm）	检验方法
1	门槽口宽度、高度	≤1500mm	—	1.5	用钢尺检查
		>1500mm	—	2	
2	门槽口对角线长度差	≤2000mm	—	2	用钢尺检查
		>2000mm	—	2.5	
3	门框的正、侧面垂直度		—	1	用 1m 垂直检测尺检查
4	门构件装配间隙		—	0.3	用塞尺检查
5	门梁导轨水平度		—	1	用 1m 水平尺和塞尺检查
6	下导轨与门梁导轨平行度		—	1.5	用钢尺检查
7	门扇与侧框间留缝		1.2～1.8	—	用塞尺检查
8	门扇对口缝		1.2～1.8	—	用塞尺检查

4）推拉自动门的感应时间限值和检验方法应符合表 1-39 的规定。

推拉自动门的感应时间限值和检验方法　　表 1-39

项次	项目	感应时间限值（s）	检验方法
1	开门响应时间	≤0.5	用秒表检查
2	堵门保护延时	16～20	用秒表检查
3	门扇全开启后保持时间	13～17	用秒表检查

4. 成品保护

（1）玻璃门安装时，应轻拿轻放，严禁相互碰撞。避免扳手、钳子等工具碰坏玻璃门。

（2）安装好的玻璃门应避免硬物碰撞，避免硬物擦划，保持清洁不污染。

（3）玻璃门的材料进场后，应在室内竖直靠墙排放，并靠放稳当。

（4）安装好的玻璃门或其拉手上，严禁悬挂重物。

5. 安全环保措施

（1）进入现场必须戴安全帽。严禁穿拖鞋、高跟鞋、带钉易滑鞋或光脚进入现场。

（2）安装玻璃门用的梯子应牢固可靠，不应缺档，梯子放置不宜过陡，其与地面夹角以 60°～70°为宜。严禁两人同时站在一个梯子上作业。在高凳上作业的人要站在中间，不能站在端头，防止跌落。

（3）材料要堆放平稳、工具要随手放在工具袋内。上下传递工具物件时，严禁抛掷。

（4）要经常检查机电器具有无漏电现象，一经发现立即修理，决不能勉强使用。

（5）搬运及裁切玻璃、安装玻璃门时，应注意防止割破手指或身体其他部位。

6. 质量记录

对于特种门应检查生产许可证、产品合格证书和性能检测报告、进场验收记录和隐蔽工程验收记录。

1.4.1.5　防火、防盗门安装施工工艺标准

防火、防盗门安装施工工艺流程如下：

画线→立门框→安装门扇附件。

1. 施工准备

（1）技术准备

熟悉防火门、防盗门的施工图纸，了解安装要点，依据施工技术交底和安全交底做好施工准备。

（2）材料准备

防火门、防盗门的规格、型号应符合设计要求，经消防部门鉴定和批准的，五金配件配套齐全，并具有生产许可证、产品合格证和性能检测报告。

防腐材料、填缝材料、密封材料、水泥、砂、连接板等应符合设计要求和有关标准的规定。

防火门、防盗门码放前，要将存放处清理平整，垫好支撑物。如果门有编号，要根据编号码放好；码放时面板叠放高度不得超过 1.2m；门框重叠平放高度不得超过 1.5m；要有防晒、防风及防雨措施。

（3）机具准备

电钻、电焊机、水准仪、电锤、活扳手、钳子、水平尺、线坠。

（4）作业条件

1）主体结构经有关质量部门验收合格。工种之间已办好交接手续。

2）检查门窗洞口尺寸及标高、开启方向是否符合设计要求。有预埋件的门窗口还应检查预埋件的数量、位置及埋设方法是否符合设计要求。

2. 施工工艺

（1）画线

按设计要求尺寸、标高和方向，画出门框框口位置线。

（2）立门框

先拆掉门框下部的固定板，凡框内高度比门扇的高度大于 30mm 者，洞口两侧地面须设留凹槽。门框一般埋入±0.00 标高以下 20mm，须保证框口上下尺寸相同，允许误差小于 1.5mm，对角线允许误差小于 2mm。将门框用木楔临时固定在洞口内，经校正合格后，固定木楔，门框铁脚与预埋钢板焊牢。然后在框两上角墙上开洞，向框内灌注 M10 水泥素浆，待其凝固后方可装配门扇，冬期施工应注意防寒，水泥素

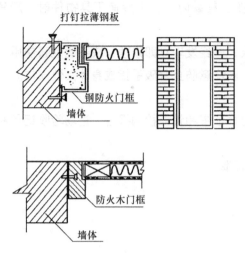

图 1-154 高度安装方式

浆浇筑后的养护期为 21d，如图 1-154 所示。

（3）安装门扇附件

门框周边缝隙，用 1∶2 的水泥砂浆或强度不低于 10MPa 的细石混凝土嵌缝牢固，应保证与墙体结成整体；经养护凝固后，再粉刷洞口及墙体。

粉刷完毕后，安装门扇、五金配件及有关防火、防盗装置。门扇关闭后，门缝应均匀平整，开启自由轻便，不得有过紧、过松和反弹现象。

3. 质量标准

参见全玻门安装施工。

4. 成品保护

（1）防火、防盗门装入洞口临时固定后，应检查四周边框和中间框架是否用规定的保护胶纸和塑料薄膜封贴包扎好，再进行门窗框与墙体之间缝隙的填嵌和洞口墙体表面装饰施工，以防止水泥砂浆、灰水、喷涂材料等污染损坏铝合金门窗表面。在室内外湿作业未完成前，不能破坏门窗表面的保护材料。

（2）应采取措施，防止焊接作业时电焊火花损坏周围材料。

5. 安全环保措施

（1）进入现场必须戴安全帽。严禁穿拖鞋、高跟鞋、带钉易滑鞋或光脚进入现场。

（2）材料要堆放平稳，工具要随手放在工具袋内。上下传递工具物件时，严禁抛掷。

（3）要经常检查机电器具有无漏电现象，一经发现立即修理，决不能勉强使用。

6. 质量记录

对于特种门应检查生产许可证、产品合格证书和性能检测报告、进场验收记录和隐蔽工程验收记录。

1.4.1.6 门窗玻璃安装施工

门窗玻璃安装施工工艺流程如下：

清理门窗框→量尺寸→下料→裁割→安装。

1. 施工准备

（1）技术准备

对于加工后进场的半成品玻璃，提前核实来料的尺寸留量，长宽各应缩小 1 个裁口宽的 1/4（一般每块的玻璃的上下余量为 3mm，宽窄余量为 4mm），边缘不得有斜曲或缺角等情况，并应有针对性地选择几樘进行试行安装，如有问题，应做再加工处理或更换。

(2)材料准备

1)品种规格

常见玻璃产品的厚度有 3mm、5mm、6mm、8mm、10mm、12mm 等，根据设计要求选用及订做。

2)质量要求：平板、吸热、反射、中空、夹层、夹丝、磨砂、钢化、压花玻璃的品种、规格、质量标准，要符合设计及规范要求。

3)腻子（油灰）

有自行配制的和在市场购买成品两种。从外观看，具有塑性、不泛油、不粘手等特征，且柔软，有拉力、支撑力，为灰白色的稠塑性固体膏状物，常温下 480h 内硬化。

4)其他材料

红丹、铅油、玻璃钉、钢丝卡子、油绳、橡皮垫、木压条、煤油等，应满足设计及规范要求。

(3)机具准备

工作台、玻璃刀、尺板、钢卷尺、木折尺、丝钳、扁铲、油灰刀、木柄小锤、玻璃吸。

(4)作业条件

1)门窗五金安装完，经检查合格，并在涂刷最后一道油漆前进行玻璃安装。

2)钢门窗在安装玻璃前，要求认真检查是否有扭曲变形等情况，应修整和挑选后，再进行玻璃安装。

3)玻璃安装前，应按照设计要求的尺寸及结合实测尺寸，预先集中裁制，并按不同规格和安装顺序码放在安全地方待用。

4)由市场直接购买到的成品油灰，或使用熟桐油等天然干性油自行配制的油灰，可直接使用；如用其他油料配制的油灰，必须经过检验合格后方可使用。

2.施工工艺

(1)操作工艺

1)门窗玻璃安装顺序，一般先安外门窗，后安内门窗，先西北后东南的顺序安装；如果因工期要求或劳动力允许，也可同时进行安装。

2)玻璃安装前应清理裁口。先在玻璃底面与裁口之间，沿裁口的全长均匀涂抹 1～3mm 厚的底油灰，接着把玻璃推铺平整、压实，然后收净底油灰。

3)木门窗玻璃推平、压实后，四边分别钉上钉子，钉子间距 150～200mm，每边不少于 2 个钉子，钉完后用手轻敲玻璃，响声坚实，说明玻璃安装平实；如果响声"啪啦啪啦"，说明油灰不严，要重新取下玻璃，铺实底油灰后，再推压挤平，然后用油灰填实，将灰边压平压光，并不能将玻璃压得过紧。

4)木门窗固定扇（死扇）玻璃安装，应先用扁铲将木压条撬出，同时退出压条上小钉，并将裁口处抹上底油灰，把玻璃推铺平整，然后嵌好四边木压条将钉子钉牢，底灰修好、刮净。

5）钢门窗安装玻璃，将玻璃装进框口内轻压以便玻璃与底油灰粘住，然后沿裁口玻璃边外侧装上钢丝卡，钢丝卡要卡住玻璃，框口每边至少有两个。经检查玻璃无松动时，再沿裁口全长抹油灰，油灰应抹成斜坡，表面抹光平。如框口玻璃采用压条固定时，则不抹底油灰，先将橡胶垫嵌入裁口内，装上玻璃，随即装压条用螺丝钉固定。

6）安装斜天窗的玻璃，如设计没有要求时，应采用夹丝玻璃，并应从顺留方向盖叠安装。盖叠安装搭接长度应视天窗的坡度而定，当坡度为1/4或大于1/4时，不小于30mm；坡度小于1/4，不小于50mm，盖叠处应用钢丝卡固定，并在缝隙中用密封膏嵌填密实；如果用平板或浮法玻璃时，要在玻璃下面加设一层镀锌铅丝网。

7）门窗安装彩色玻璃和压花玻璃，应按照明设计图案仔细裁割，拼缝必须吻合，不允许出现错位、松动和斜曲等缺陷。

8）安装窗中玻璃，按开启方向确定定位垫块宽度应大于玻璃的厚度，长度不宜小于25mm，并应按设计要求。

9）铝合金框扇安装玻璃，安装前，应清除铝合金框的槽口内所有灰渣、杂物等，畅通排水孔。在框口下边槽口放入橡胶垫块，以免玻璃直接与铝合金框接触。

安装玻璃时，使玻璃在框口内准确就位，玻璃安装在凹槽内，内外侧间隙应相等，间隙宽度一般在2~5mm。

采用橡胶条固定玻璃时，先用10mm长的橡胶块断续地将玻璃挤住，再在胶条上注入密封胶，密封胶要连续注满在周边内，注得均匀。

采用橡胶块固定玻璃时，先将橡胶压条嵌入玻璃两侧密封，然后将玻璃挤住，再在其上面注入密封胶。

采用橡胶压条固定玻璃时，先将橡胶压条嵌入玻璃两侧密封，容纳后将玻璃挤紧，上面不再注密封胶。橡胶压条长度不得短于所需嵌入长度，不得强行嵌入胶条。

10）玻璃安装后，应进行清理，将油灰、钉子、钢丝卡及木压条等随即清理干净，关好门窗。

11）冬期施工应在已经安装好玻璃的室内作业（即内门窗玻璃），温度应在正温度以上；存放玻璃库房与作业面的温度不能相差过大，玻璃如果从过冷或过热的环境中运入操作地点，应待玻璃温度与室内温度相近后再进行安装；如果条件允许，要先将预先裁割好的玻璃提前运入作业地点。外墙铝合金框扇玻璃不宜冬期安装。

（2）技术关键要求

1）安装玻璃时，使玻璃在框口内准确就位，玻璃安装在凹槽内，内外侧间隙应相等，间隙宽度一般在2~5mm。

2）存放玻璃库房与作业面的温度不能相差过大，玻璃如果从过冷或过热的环境中运入操作地点，应待玻璃温度与室内温度相近后再进行安装。

3. 质量标准

（1）主控项目

1）玻璃的品种、规格、尺寸、色彩、图案和涂膜朝向应符合设计要求。单块玻璃大于1.5m^2时应使用安全玻璃。

检验方法：观察；检查产品合格证书、性能检测报告和进场验收记录。

2）门窗玻璃裁割尺寸应正确。安装后的玻璃应牢固，不得有裂纹、损伤和松动。

检验方法：观察；轻敲检查。

3）玻璃的安装方法应符合设计要求。固定玻璃的钉子或钢丝卡的数量、规格应保证玻璃安装牢固。

检验方法：观察；检查施工记录。

4）镶钉木压条接触玻璃处，应与裁口边缘平齐。木压条应互相紧密连接，并与裁口边缘紧贴，割角应整齐。

检验方法：观察。

5）密封条与玻璃、玻璃槽口的接触应紧密、平整。密封胶与玻璃、玻璃槽口的边缘应粘结牢固、接缝平齐。

检验方法：观察。

6）带密封条的玻璃压条，其密封条必须与玻璃全部贴紧，压条与型材之间应无明显缝隙，压条接缝应不大于 0.5mm。

检验方法：观察；尺量检查。

（2）一般项目

1）玻璃表面应洁净，不得有腻子、密封胶、涂料等污渍。中空玻璃内外表面均应洁净，玻璃中空层内不得有灰尘和水蒸气。

检验方法：观察。

2）门窗玻璃不应直接接触型材。单面镀膜玻璃的镀膜层及磨砂玻璃的磨砂面应朝向室内。中空玻璃的单面镀膜玻璃应在最外层，镀膜层应朝向室内。

检验方法：观察。

3）腻子应填抹饱满、粘结牢固；腻子边缘与裁口应平齐。固定玻璃的卡子不应在腻子表面显露。

检验方法：观察。

（3）质量关键要求

1）底油灰铺垫不严：用手指敲弹玻璃时有响声。应在铺底灰及嵌钉固定时，认真操作仔细检查。

2）油灰棱角不整齐，油灰表面凹凸不平：操作时最后收刮油灰要稳，倒角部要刮出八字角，不可一次刮下。

3）表面观感差：操作者应认真操作，油灰的质量应有保证，温度要适宜，不干不软。

4）木压条、钢丝卡、橡皮垫等附件安装时应经过挑选，防止出现变形，影响玻璃美观；污染的斑痕要及时擦净，如钢丝卡露头过长，应事先剪断。

5）安装玻璃应避开风天，安装多少备多少，并将碎破的多余的玻璃及时清理或送回库里。

4. 成品保护

（1）已安装好的门窗玻璃，必须设专人负责看管维护，按时开关门窗，尤其在大风天气，更应该注意，以防玻璃的损坏。

（2）门窗玻璃安装完，应随手挂好风钩或插上插销，以防刮风损坏玻璃。

（3）对面积较大、造价昂贵的玻璃，宜在该项工程交工验收前安装，若提前安装，应采取保护措施，以防损伤玻璃。

（4）安装玻璃时，操作人员要加强对窗台及门窗口抹灰等项目的成品保护。

5. 安全环保措施

（1）高处安装玻璃时，检查架子是否牢固。严禁上下两层、垂直交叉作业。

（2）玻璃安装时，避免与太多工种交叉作业，以免在安装时，各种物体与玻璃碰撞，击碎玻璃。

（3）作业时，不得将废弃的玻璃乱仍，以免伤害到其他作业人员。

（4）安装玻璃应从上往下逐层安装。安装玻璃应用吸盘，作业下方严禁走人或停留。

（5）玻璃属易碎品，作业时容易伤害人体，适当时佩戴手套，并按工程量配备足够的玻璃吸盘；做好施工协调，以防交叉作业时伤害到其他作业人员。

1.4.2 幕墙工程施工

学习目标

（1）根据实际工程合理进行幕墙工程施工准备。

（2）幕墙工程施工工艺。

（3）正确使用检测工具对幕墙工程施工质量进行检查验收。

（4）进行安全、文明施工。

术语

（1）建筑幕墙

由金属构架与面板组成的、可相对于主体结构有微小位移的建筑外维护结构。

（2）玻璃幕墙

面板为玻璃的建筑幕墙。

（3）明框玻璃幕墙

金属框架构件显露在面板外表面的有框玻璃幕墙。

（4）半隐框玻璃幕墙

金属框架竖向或横向构件显露在面板外表面的有框玻璃幕墙。

（5）隐框玻璃幕墙

金属框架构件全部不显露在面板外表面的有框玻璃幕墙。

（6）全玻幕墙

由玻璃板和玻璃肋构成的玻璃幕墙。

（7）点支承玻璃幕墙

由玻璃面板、点支承装置与支承结构构成的玻璃幕墙。

（8）玻璃面板

玻璃幕墙中直接承受外部作用并将其传递给支承结构的玻璃板材。

（9）支承装置

玻璃面板与支承结构或主体结构之间的连接装置。它由连接件和爪件组成。

（10）支承结构

连接支承装置与主体结构和结构体系。

（11）组合幕墙

由玻璃、金属、石材等不同面板组成的建筑幕墙。

（12）斜建筑幕墙

与水平面成大于75°小于90°角的建筑幕墙。

（13）单元式建筑幕墙

将面板、横梁、立柱在工厂组装为幕墙单元，以幕墙单元形式在现场完成安装施工的有框幕墙。

（14）小单元建筑幕墙

由金属副框、各种单块板材，采用金属挂钩与立柱、横梁连接的可拆装的建筑幕墙。

（15）硅酮结构密封胶

玻璃幕墙中用于玻璃与金属构件、玻璃板与玻璃板、玻璃板与玻璃肋之间结构用的硅酮粘结材料，简称硅酮结构胶。

（16）硅酮建筑密封胶

幕墙嵌缝用的硅酮密封材料，又称耐候胶。

（17）双面胶带

控制结构胶的设计位置和截面尺寸用的双面涂胶的聚氨基甲酸乙酯和聚乙烯低发泡材料。

（18）双金属腐蚀

由不同的金属接或其他电子导体作为电极而形成的电偶腐蚀。

（19）相容性

粘结密封材料之间或与其他材料接触时，相互不产生有害物理、化学反应的性能。

幕墙工程验收一般规定：

（1）幕墙工程验收时应检查下列文件和记录：

1）幕墙工程的施工图、结构计算书、设计说明及其他设计文件。

2）建筑设计单位对幕墙工程设计的确认文件。

3）幕墙工程所用各种材料、五金配件、构件及组件的产品合格证书、性能检测报告、进场验收记录和复验报告。

4）幕墙工程所用硅酮结构胶的认定证书和抽查合格证明；进口硅酮结构胶的商检证；国家指定检测机构出具的硅酮结构胶相容性和剥离粘结性试验报告；石材用密封胶的耐污染性试验报告。

5）后置埋件的现场拉拔强度检测报告。

6）幕墙的抗风压性能、空气渗透性能、雨水渗漏性能及平面变形性能检测报告。

7）打胶、养护环境的温度、湿度记录；双组分硅酮结构胶的混匀性试验记录及拉断试验记录。

8）防雷装置测试记录。

9）隐蔽工程验收记录。

10）幕墙构件和组件的加工制作记录；幕墙安装施工记录。

（2）幕墙工程应对下列材料及其性能指标进行复验：

1）铝塑复合板的剥离强度。

2）石材的弯曲度；寒冷地区石材的耐冻融性；室内用花岗石的放射性。

3）玻璃幕墙用结构胶的邵氏硬度、标准条件拉伸粘结强度、相容性试验；石材用结构胶的粘结强度；石材用密封胶的污染性。

（3）幕墙工程应对下列隐蔽工程项目进行验收：

1）预埋件（或后置埋件）。

2）构件的连接结点。

3）变形缝及墙面转角处的构造结点。

4）幕墙防雷装置。

5）幕墙防火构造。

（4）各分项工程的检验批应按下列规定划分：

1）相同设计、材料、工艺和施工条件的幕墙工程每 500～1000m^2 应划分为一个检验批，不足 500m^2 也应划分为一个检验批。

2）同一单位工程的不连续的幕墙工程应单独划分检验批。

3）对于异型或有特殊要求的幕墙，检验批的划分应根据幕墙的结构、工艺特点及幕墙工程规模，由监理单位（或建设单位）和施工单位协商确定。

（5）检查数量应符合下列规定：

1）每个检验批每 100m^2 应至少抽查一处，每处不得小于 10m^2。

2）对于异型或有特殊要求的幕墙工程，应根据幕墙的结构和工艺特点，由监理单位（或建设单位）和施工单位协商确定。

（6）幕墙及其连接件应具有足够的承载力、刚度和相对于主体结构的位移能力。幕墙构架立柱的连接金属角码与其他连接件应采用螺栓连接，并应有防松动措施。

（7）隐框、半隐框幕墙所采用的结构粘结材料必须是中性硅酮结构密封胶，其性能必须符合《建筑用硅酮结构密封胶》（GB 16776—2005）的规定；硅酮结构密封胶必须在有效期内使用。

（8）立柱和横梁等主要受力构件，其截面受力部分的壁厚应经计算确定，且铝合金型材壁厚不应小于 3.0mm，钢型材壁厚不应小于 3.5mm。

（9）隐框、半隐框幕墙构件中板材与金属框之间硅酮结构密封胶的粘结宽度，应分别计算风荷载标准值和板材自重标准值作用下硅酮结构密封胶的粘结宽度，并取其较大值，且不得小于 7.0mm。

（10）硅酮结构密封胶应打注饱满，并应在温度 15～30℃、相对湿度 50％以上、洁净的室内进行；不得在现场墙上打注。

（11）幕墙的防火除应符合现行国家标准《建筑设计防火规范》（GB 50016—2006）和《高层民用建筑设计防火规范》（GB 50045）的有关规定外，还应符合下列规定：

1）应根据防火材料的耐火极限决定防火层的厚度和宽度，并应在楼板处形成防火带。

2）防火层应采取隔离措施。防火层的衬板应采用经防腐处理且厚度不小于1.5mm的钢板，不得采用铝板。

3）防火层的密封材料应采用防火密封胶。

4）防火层与玻璃不应直接接触，一块玻璃不应跨两个防火分区。

（12）主体结构与幕墙连接的各种预埋件，其数量、规格、位置和防腐处理必须符合设计要求。

（13）幕墙的金属框架与主体结构预埋件的连接、立柱与横梁的连接及幕墙面板的安装必须符合设计要求，安装必须牢固。

（14）单元幕墙连接处和吊挂处的铝合金型材的壁厚应通过计算确定，并不得小于5.0mm。

（15）幕墙的金属框架与主体结构应通过预埋件连接，预埋件应在主体结构混凝土施工时埋入，预埋件的位置应准确。当没有条件采用预埋件连接时，应采用其他可靠的连接措施，并应通过试验确定其承载力。

（16）主柱应采用螺栓与角码连接，螺栓直径应经过计算，并不应小于10mm。不同金属材料接触时应采用绝缘垫片分隔。

（17）幕墙的抗震缝、伸缩缝、沉降缝等部位的处理应保证缝的使用功能和饰面的完整性。

（18）幕墙工程的设计应满足维护和清洁的要求。

1.4.2.1 玻璃幕墙工程施工工艺标准

玻璃幕墙工程施工工艺流程如下：

复验基础尺寸安装预埋件→放线→检查放线精度→安装连接铁件→质量检查→安装龙骨→质量检查→安装防火材料→质量检查→安装玻璃块→质量检查→密封→清扫→全面综合检查→竣工交付。

1. 基本规定

（1）玻璃幕墙工程必须由具有资质的单位进行二次设计，并出具完整的施工设计文件。

（2）玻璃幕墙工程设计不得影响建筑物的结构安全和主要使用功能。当涉及主体结构改动或增加荷载时，必须由原设计结构单位或具备相应资质的设计单位查有关原始资料，对既有建筑结构的安全性进行检验、确认。

（3）玻璃幕墙工程所使用的结构粘结材料是硅酮结构密封胶，其性能必须符合《建筑用硅酮结构密封胶》（GB 16776—2005）的规定。硅酮结构密封胶必须在有效期内使用。

（4）玻璃幕墙的框架与主体结构预埋件的连接、立柱与横梁的连接及幕墙板的安装必须符合设计要求,安装必须牢固。

(5)玻璃幕墙工程应由施工单位编制单项施工组织设计。

(6)施工单位应遵守有关环境保护的法律、法规,并应采取有效措施控制施工现场的各种粉尘、废气、废弃物、噪声、振动等对周围环境造成的污染和危害。

(7)玻璃幕墙工程必须有隐蔽验收记录。

2. 施工准备

(1)技术准备

1)熟悉与审查施工图纸

①审查设计图纸是否完整、齐全。

②审查设计图纸与说明书在内容上是否一致,以及设计图纸与其各组成部分之间有无矛盾和错误。

③审查建筑图、结构图与幕墙设计施工图纸在几何尺寸、坐标、标高、说明等方面是否一致,技术要求是否正确。

④进行现场检查,确认土建施工质量是否满足幕墙施工的要求。

⑤审查幕墙工程的生产工艺流程和技术要求。

⑥复核幕墙各组件的强度、刚度和稳定性是否满足要求;审查设计图纸中的工程复杂、施工难度大和技术要求高的幕墙分项,明确现有施工技术水平和管理水平能否满足工期和质量要求,拟采取可行的技术措施加以保证。

⑦明确工期,分期分批施工或交付使用的顺序和时间;明确工程所用的主要材料,设备的数量、规格、来源和供货日期。

⑧明确建设、设计、土建和施工单位之间的协作、配合关系;明确建设单位可以提供的施工条件。

2)原始资料调查分析

①自然条件调查分析:气温、雨、雪、风和雷电及沙尘暴等情况;冬雨季的期限等情况。

②技术经济条件调查分析:当地可利用的地方材料状况;甲供材料状况;地方能源和交通运输状况;地方劳动力和技术水平状况;当地生活供应、教育和医疗卫生状况;当地消防、治安、环保状况等。

3)编制施工图预算和施工预算。

4)编制施工组织设计。

5)分别由设计单位对幕墙施工单位、幕墙施工单位技术人员对安装人员进行技术交底。

(2)材料准备

1)幕墙骨架

幕墙骨架是玻璃幕墙的支承体系,它承受玻璃传来的荷载,然后将荷载传给主体结构。建筑幕墙的骨架材料有铝合金挤出型材和金属板轧制型材两种。断面有工字形、槽形、方管形等(图1-155)。型材规格及断面尺寸是根据骨架所处位置、受力特点和大小决定的。

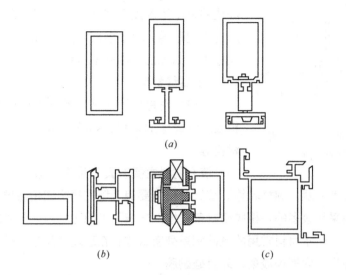

图 1-155 玻璃幕墙骨架断面形式
(a) 竖框; (b) 横框; (c) 转角竖框

2) 玻璃

玻璃幕墙饰面玻璃的选择，主要考虑玻璃的外观质量及强度等力学性能的要求。目前，用于玻璃幕墙的玻璃主要有浮法透明玻璃、热反射玻璃（镜面玻璃）、吸热玻璃、夹层玻璃、中空玻璃以及钢化玻璃、夹丝玻璃等。

浮法玻璃是根据玻璃的生产工艺命名的。玻璃液体流入锡槽内，在干净的锡面上自由摊平，逐渐降温退火加工而成。该种玻璃具有两面平整、光洁的特点，具有机械磨光玻璃的光学性能，比一般平板玻璃光学性能优良。

热反射玻璃是在普通玻璃（常用浮法玻璃）的表面覆盖了一层具有反射光线性能的金属氧化膜后形成的。从光亮的一侧向较暗的一侧观看时，热反射玻璃具有类似于镜子的映像功能，故又称镜面玻璃，在建筑装饰工程中应用很广泛。

吸热玻璃是由普通透明玻璃原料中加入金属氧化物后形成的。加入不同的金属氧化物，可以将玻璃染成不同的颜色，如古铜色、蓝灰色、蓝绿色等，因而又称染色玻璃。该玻璃可起到一定的吸热作用，同时也可以避免眩光和过度的紫外线辐射。

中空玻璃是中间具有干燥空气层的双层或三层玻璃。由于其特殊的选材与结构，中空玻璃的保温、隔热、隔声、防霜露等性能均较好，节能效果显著，因而应用也非常广泛（图 1-156）。

玻璃幕墙常用玻璃厚度为 3mm、4mm、5mm、6mm、10mm、12mm、15mm 等，中

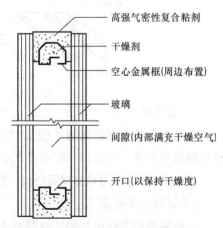

图 1-156 双层中空玻璃构造

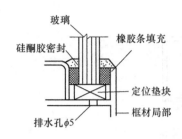

图 1-157 玻璃与金属框格的缝隙处理

空玻璃夹层厚度有 6mm、9mm、12mm、24mm，玻璃分块的大小随厚度及风压大小而定，国内自行研制生产的中空玻璃分块最小尺寸为 180mm×250mm，最大尺寸为 2500mm×3000mm 等。

3）封缝材料

封缝材料是用于处理玻璃幕墙玻璃与框格或框格相互之间缝隙的材料，如填充材料、密封材料和防水材料等。

填充材料主要有聚乙烯泡沫胶条、聚苯乙烯泡沫胶条等。形式有片状、圆柱状等。填充材料主要用于填充框格凹槽底部的间隙。

密封材料采用较多的是橡胶密封条，嵌入玻璃两侧的边框内，起密封、缓冲和固定压紧的作用。防水材料常用的是硅酮系列密封胶，在玻璃装配中，硅酮胶常与橡胶密封条配合使用。内嵌橡胶条，外封硅酮胶。

玻璃与金属框格的缝隙处理示意如图 1-157 所示。

4）连接固定件

连接固定件是指玻璃幕墙骨架之间以及骨架与主体结构构件（如楼板）之间的结合件。连接固定件多采用角钢垫板和螺栓，不用焊接连接，这是因为采用螺栓连接可以调节幕墙变形（图 1-158）。

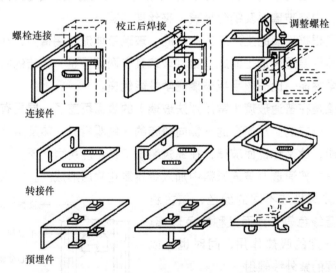

图 1-158 玻璃幕墙连接固定件

5）装饰件

装饰件主要包括后衬墙（板）、扣盖件以及窗台、楼地面、踢脚、顶棚等与幕墙相接触的构部件，起装饰、密封与防护的作用。

后衬墙（板）内可填充保温材料，提高整个玻璃幕墙的保温性能（图 1-159）。

6）材料的关键要求

①玻璃幕墙工程中使用的材料必须具备相应的出厂合格证、质保书和检验报告。

②玻璃幕墙工程中使用的铝合金型材,其壁厚、膜厚、硬度和表面质量必须达到设计及规范要求。

③玻璃幕墙工程中使用的钢材,其壁厚、长度、表面涂层厚度和表面质量必须达到设计及规范要求。

④玻璃幕墙工程中使用的玻璃,其品种型号、厚度、外观质量、边缘处理必须达到设计及规范要求。

⑤玻璃幕墙工程中使用的硅酮结构密封胶、硅酮耐候密封胶及密封材料,其相容性、粘结拉伸性能、固化程度必须达到设计及规范要求。

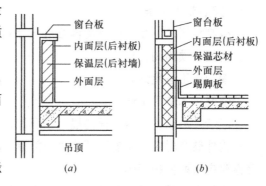

图1-159 玻璃幕墙的保温衬墙构造
(a)独立保温;(b)幕墙自身保温

(3)主要机具设备

双头切割机、单头切割机、冲床、铣床、钻床、锣样机、组角机、打胶机、玻璃磨边机、空压机、吊篮(图1-160)、卷扬机、电焊机、水准仪、经纬仪、胶枪、玻璃吸盘等。

吊篮在屋顶处构造

吊篮操作面

图1-160 吊篮

(4)作业条件

1)主体结构完工,并达到施工验收规范的要求,现场清理干净,幕墙安装应在二次装修之前进行。

2)可能对幕墙施工环境造成严重污染的分项工程应安排在幕墙施工前进行。

3)应有土建移交的控制线和基准线。

4)幕墙与主体结构连接的预埋件,应在主体结构施工时按设计要求埋设。

5)吊篮等垂直运输设备安设就位。

6)脚手架等操作平台搭设就位。

7)幕墙的构件和附件的材料品种、规格、色泽和性能应符合设计要求。

8)施工前应编制施工组织设计。

3. 施工工艺

(1)操作工艺

1）安装施工准备

①编制材料、制品、机具的详细进场计划。

②落实各项需用计划。

③编制施工进度计划。

④做好技术交底工作。

⑤搬运、吊装构件时不得碰撞、损坏和污染构件。

⑥构件储存时应依照安装顺序排列放置，放置架应有足够的承载力和刚度。在室外储存时应采取保护措施。

⑦构件安装前应检查制造合格证，不合格的构件不得安装。

2）预埋件安装（图1-161、图1-162）

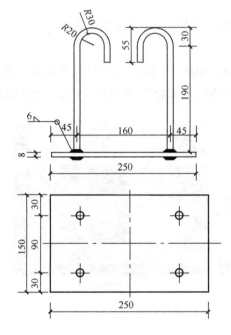
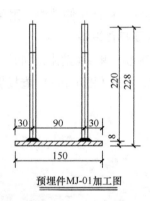

图1-161 预埋件加工图

①按照土建进度，从下向上逐层安装预埋件。

②按照幕墙的设计分格尺寸用经纬仪或其他测量仪器进行分格定位。

③检查定位无误后，按图纸要求埋设铁件。

④安装埋件时要采取措施防止浇筑混凝土时埋件位移，控制好埋件表面的水平或垂直，防止出现歪、斜、倾等。

⑤检查预埋件是否牢固、位置是否准确。预埋件的位置误差应按设计要求进行复查。当设计无明确要求时，预埋件的标高偏差不应大于10mm，预埋件的位置与设计位置偏差不应大于20mm。

3）施工测量放线（图1-163）

①复查由土建方移交的基准线。

②放标准线：在每一层将室内标高线移至外墙施工面，并进行检查；在放线前，

浇筑混凝土时预留预埋件

主体完工后补预埋件——打孔

主体完工后补预埋件——清孔

主体完工后补预埋件——安装膨胀螺栓

主体完工后补预埋件——安装预埋件

分层安装预埋件

图 1-162 预埋件安装

应首先对建筑物外形尺寸进行偏差测量,根据测量结果,确定基准线。

③以标准线为基准,按照图纸将分格线放在墙上,并做好标记。

④分格线放完后,应检查预埋件的位置是否与设计相符,否则应进行调整或预埋件补救处理。

⑤最后,用 $\phi 0.5 \sim \phi 1.0$mm 的钢丝在单幅幕墙的垂直、水平方向各拉两根,作为安装的控制线,水平钢丝应每层拉一根(宽度过宽,应每间隔 20m 设 1 支点,以防钢丝下垂),垂直钢丝应间隔 20m 拉一根。

⑥注意事项:

放线时,应结合土建的结构偏差,将偏差分解,应防止误差积累。

屋顶部位控制　　　　　　　　　　底部控制

图 1-163　放竖向控制线

放线时，应考虑好与其他装饰面的接口。

拉好的钢丝应在两端紧固点做好标记，以便钢丝断了，快速重拉。

应严格按照图纸放线；控制重点为基准线。

4）隐框、半隐框及明框玻璃幕墙安装

①过渡件的焊接

A. 经检查，埋件安装合格后，可进行过渡件的焊接施工。

B. 焊接时，过渡件的位置一定要与墨线对准。

C. 应先将同水平位置两侧的过渡件点焊，并进行检查。

D. 再将中间的各个过渡件点焊上，检查合格后，进行满焊或段焊。

E. 控制重点：水平位置及垂直度。

F. 焊接作业注意事项

a. 焊接作业顺序：

清理确认焊接位置→焊接→除掉焊渣→检查焊接质量→防锈处理。

b. 用规定的焊接设备、材料，操作人员必须持焊工证上岗。

c. 焊接现场的安全、防火工作。

d. 严格按照设计要求进行焊接，要求焊缝均匀，无假焊、虚焊、夹渣。

e. 防锈处理要及时，彻底。

②玻璃幕墙铝龙骨安装

A. 将加工完成的立柱按编号分层次搬运到各部位，临时堆放。堆放时应用木块垫好，防止碰伤表面（图 1-164）。

B. 将立柱从上至下或从下至上逐层上墙，安装就位（图 1-165）。

C. 根据水平钢丝，将每根立柱的水平标高位置调整好，稍紧连接件螺栓。

D. 再调整进出、左右位置，检查是否符合设计分格尺寸及进出位置，如有偏差

立柱形式

立柱连接结点

图 1-164 立柱

应及时调整,不能让偏差集中在某一个点上。经检查合格后,拧紧螺母。

E. 当调整完毕,整体检查合格后,将连接铁件与过渡件、螺母与垫片间均采用段焊、点焊焊接,及时消除焊渣,做好防锈处理。

F. 安装横龙骨时水平方向应拉线,并保证竖龙骨与横龙骨接口处的平整,连接不能有松动,横梁和立柱之间垫片或间隙符合设计要求(图 1-166)。

G. 注意事项

a. 立柱与连接铁件之间要垫胶垫。

b. 因立柱料比较重,应轻拿轻放,防止碰撞、划伤。

c. 挂料时,应将螺母拧紧,以防脱落而掉下去。

d. 调整完以后,要将避雷铜导线接好。

③防火材料安装

A. 龙骨安装完毕,可进行防火材料的安装。

B. 安装时应按图纸要求,先将防火镀锌钢板固定(用螺丝或射钉),要求牢固可靠,并注意板的接口。

C. 然后铺防火棉,安装时注意防火棉的厚度和均匀度,保证与龙骨料接口处的饱满,且不能挤压,以免影响面材。

D. 最后进行顶部封口处理即安装封口板。

E. 安装过程中要注意对玻璃、铝板、铝材等成品的保护,以及内装饰的保护。

④玻璃安装

A. 安装前应将铁件或钢架、立柱、避雷、保温、防锈全部检查一遍,合格后再将相应规格的面材搬入就位,然后自上而下进行安装。

B. 安装过程中用拉线控制相邻玻璃面的平整度和板缝的水平、垂直度,用木板模块控制缝的宽度。

C. 安装时,应先就位,临时固定,然后拉线调整。

D. 安装过程中,如缝宽有误差,应均分在每条胶缝中,防止误差积累在某一条缝中或某一块面材上。

5)点支承式玻璃幕墙的安装

根据控制线先安装两边立柱　　　　以两边立柱为基准拉水平线控制中间立柱位置

控制立柱间距　　　　焊接固定钢角码确定竖向位置

通过调节螺栓控制水平位置　　　　立柱接长

立柱顶连接结点　　　　立柱底连接结点

图 1-165　立柱安装

①钢结构的安装

A. 安装前，应根据甲方提供的基础验收资料复核各项数据，并标注在检测资料

安装连接片　　　　　　　　划线安装固定次龙骨

连接结点　　　　　　　　连接成品

图 1-166　横龙骨安装

上。预埋件、支座面和地脚螺栓的位置、标高的尺寸偏差应符合相关的技术规定及验收规范，钢柱脚下的支撑预埋件应符合设计要求，需填垫钢板时，每叠不得多于 3 块。

B. 钢结构的复核定位应使用轴线控制点和测量的标高基准点，保证幕墙主要竖向构件及主要横向构件的尺寸允许偏差符合有关规范及行业标准。

C. 构件安装时，对容易变形的构件应做强度和稳定性验算，必要时采取加固措施，安装后，构件应具有足够的强度和刚度。

D. 确定几何位置的主要构件，在松开吊挂设备后应做初步校正，构件的连接接头必须经过检查合格后，方可紧固和焊接。

E. 对焊缝要进行打磨，消除棱角和夹角，达到光滑过渡。钢结构表面应根据设计要求喷涂防锈、防火漆，或加以其他表面处理。

F. 对于拉杆及拉索结构体系，应保证支撑杆位置的准确，一般允许偏差在 ±1mm，紧固拉杆（索）或调整尺寸偏差时，宜采用先左后右，由上至下的顺序，逐步固定支撑杆位置，以单元控制的方法调整校核，消除尺寸偏差，避免误差积累。

G. 支承钢爪安装：支承钢爪安装时，要保证安装位置公差在 ±1mm 内，支承钢爪在玻璃重量作用下，支承钢系统会有位移，可用以下两种方法进行调整。

a. 如果位移量较小，可以通过驳接件自行适应，则要考虑支撑杆有一个适当的位移能力；

b. 如果位移量大，可在结构上加上等同于玻璃重量的预加载荷，待钢结构位移后再逐渐安装玻璃。无论在安装时，还是在偶然事故时，都要防止在玻璃重量下，支承钢爪安装点发生过大位移，所以支承钢爪必须能通过高抗张力螺栓、销钉、楔销固定。支承钢爪的支承点宜设置球铰，支承点的连接方式不应阻碍面板的弯曲变形。

②拉索及支撑杆的安装

A. 拉索和支撑杆的安装过程中要掌握好施工顺序，安装必须按"先上后下，先竖后横"的原则进行安装。

a. 竖向拉索的安装：根据图纸给定的拉索长度尺寸加 1~3mm 从顶部结构开始挂索呈自由状态，待全部竖向拉索安装结束后进行调整，调整顺序也是先上后下，按尺寸控制单元逐层将支撑杆调整到位。

b. 横向拉索的安装：待竖向拉索安装调整到位后连接横向拉索，横向拉索在安装前应先按图纸给定的长度尺寸加长 1~3mm 呈自由状态，先上后下逐层安装，待全部安装结束后调整到位。

B. 支撑杆的定位、调整：在支撑杆的安装过程中必须对杆件的安装定位几何尺寸进行校核，前后索长度尺寸严格按图纸尺寸调整，保证支撑连接杆与玻璃平面的垂直度。调整以按单元控制点为基准对每一个支撑杆的中心位置进行核准。确保每个支撑杆的前端与玻璃平面保持一致，整个平面度的误差应控制在每 3m 不大于 5mm。在支撑杆调整时要采用"定位头"来保证支撑杆与玻璃的距离和中心定位的准确。

C. 拉索的预应力设定与检测：用于固定支撑杆的横向和竖向拉索在安装和调整过程中必须提前设置合理的内应力值，才能保证在玻璃安装后受自重荷载的作用下结构变形在允许的范围内。

a. 竖向拉索内预拉值的设定主要考虑以下几个方面：一是玻璃与支承系统的自重；二是拉索螺纹和钢索转向的摩擦阻力；三是连接拉索、锁头、销头所允许承受拉力的范围；四是支承结构所允许承受的拉力范围。

b. 横向拉索预拉力值的设定主要考虑以下几个方面：一是校准竖向索偏拉所需的力；二是校准竖向支架偏差所需的力；三是螺纹的摩擦力和钢索转向的摩擦；四是拉索、锁头、耳板所允许承受的拉力；五是支承结构所允许承受的力。

c. 索的内力设置是采用扭力扳手通过螺纹产生力，用扭矩来控制拉杆内应力的大小。

d. 在安装调整拉索结束后用扭力扳手进行扭力设定和检测，通过对照扭力表的读数来校核扭矩值。

D. 配重检测：由于幕墙玻璃的自重荷载和所受力的其他荷载都是通过支撑杆传递到支承结构上的，为确保结构安装后在玻璃安装时拉杆系统的变形在允许范围内，必须对支撑杆进行配重检测。

a. 配重检测应按单元设置，配重的重量为玻璃在支撑杆上所产生的重力荷载乘系数 1~1.2，配重后结构的变形应小于 2mm。

b. 配重检测的记录。配重物的施加应逐级进行，每加一级要对支撑杆的变形量进行一次检测，一直到全部配重物施加在支撑杆上测量出其变形情况，并在配重物卸载后测量变形复位情况并详细记录。

③玻璃的安装

A. 安装前应检查校对钢结构的垂直度、标高、横梁的高度和水平度等是否符合设计要求，特别要注意安装孔位的复查。

B. 安装前必须用钢刷局部清洁钢槽表面及槽底泥土、灰尘等杂物，点支承玻璃底部 U 形槽应装入氯丁橡胶垫块，对应于玻璃支承面宽度边缘左右 1/4 处各放置垫块。

C. 安装前，应清洁玻璃及吸盘上的灰尘，根据玻璃重量及吸盘规格确定吸盘个数。

D. 安装前，应检查支承钢爪的安装位置是否准确，确保无误后，方可安装玻璃。

E. 现场安装玻璃时，应先将支承头与玻璃在安装平台上装配好，然后再与支承钢爪进行安装。为确保支承处的气密性和水密性，必须使用扭矩扳手。应根据支承系统的具体规格尺寸来确定扭矩大小，按标准安装玻璃时，应始终将玻璃悬挂在上部的两个支承头上。

F. 现场组装后，应调整上下左右的位置，保证玻璃水平偏差在允许范围内。

G. 玻璃全部调整好后，应进行整体里面平整度的检查，确认无误后，才能进行打胶密封。

6）吊挂式大玻璃幕墙的安装

①安装固定主支承器：根据设计要求和图纸位置用螺栓连接或焊接的方式将主支承器固定在预埋件上。检查各螺丝钉的位置及焊接口，涂刷防锈油漆。

②安装玻璃底槽

A. 安装固定角码。

B. 临时固定钢槽，根据水平和标高控制线调整好钢槽的水平高低精度。

C. 检查合格后进行焊接固定。

③安装玻璃吊夹：根据设计要求和图纸位置用螺栓将玻璃吊夹与预埋件或上部钢架连接。检查吊夹与玻璃底槽的中心位置是否对应，吊夹调整合格后方能进行玻璃安装。

④安装面玻璃：将相应规格的面玻璃搬入就位，调整玻璃的水平及垂直位置，定位校准后夹紧固定，并检查接触铜块与玻璃的摩擦粘牢度。

⑤安装肋玻璃：将相应规格的肋玻璃搬入就位，同样对其水平及垂直位置进行调整，并校准与面玻璃之间的间距，定位校准后夹紧固定。

⑥检查所有吊夹的紧固度、垂直度、粘牢度是否达到要求，否则进行调整。

⑦检查所有连接器的松紧度是否达到要求，否则进行调整。

7）密封

①密封部位的清扫和干燥，采用甲苯对密封面进行清扫，清扫时应特别注意不要让溶液散发到接缝以外的场所，清扫用纱布脏污后应常更换，以保证清扫效

果，最后用干燥清洁的纱布将溶剂蒸发后的痕迹拭去，保持密封面干燥。

②贴防护纸胶带：为防止密封材料使用时污染装饰面，同时为使密封胶缝与面材交界线平直，应贴好纸胶带，要注意纸胶带本身的平直。

③注胶：注胶应均匀、密实、饱满，同时注意施胶方法，避免浪费。

④胶缝修整：注胶后，应将胶缝用小铲沿注胶方向用力施压，将多余的胶刮掉，并将胶缝刮成设计形状，使胶缝光滑、流畅。

⑤清除纸胶带：胶缝修整好后，应及时去掉保护胶带，并注意撕下的胶带不要污染玻璃面或铝板面；及时清理粘在施工表面上的胶痕。

8）清扫

①清扫时先用浸泡过中性溶剂（5％水溶液）的湿纱布将污物等擦去，然后再用干纱布擦干净。

②清扫灰浆、胶带残留物时，可使用竹铲、合成树脂铲等仔细刮去。

③禁止使用金属清扫工具，更不得使用粘有砂子、金属屑的工具。

④禁止使用酸性或碱性洗剂。

9）竣工交付

①先自检，然后上报甲方竣工资料。

②在甲方组织下，验收、竣工交付。

③办理相关竣工手续。

以上工序完成后，此工序进入保修期，在保修期内，如有质量问题，则要满足用户要求，及时进行维修处理。

（2）玻璃幕墙安装施工注意事项

1）玻璃幕墙分格轴线的测量应与主体结构的测量配合，其误差应及时调整，不得积累。

2）对高层建筑的测量应在风力不大于4级情况下进行，每天应定时对玻璃幕墙的垂直及立柱位置进行校核。

3）应先将立柱与连接件连接，然后连接件再与主体预埋件连接，并进行调整和固定，立柱安装标高偏差不应大于3mm。轴线前后偏差不应大于2mm，左右偏差不应大于3mm。

4）相邻两根立柱安装标高偏差不应大于3mm，同层立柱的最大标高偏差不应大于5mm；相邻两根立柱的距离偏差不应大于2mm。

5）可将横梁两端的连接件及弹性橡胶垫安装在立柱的预定位置加以连接，并应安装牢固，其接缝应严密。也可采用端部留出1mm孔隙，注入密封胶。

6）相邻两根横梁水平标高偏差不应大于1mm。同层标高偏差：当一幅幕墙宽度不大于35m时，不应大于5mm；当一幅幕墙宽度不小于35m时，不应大于7mm。

7）同一层横梁安装应由下向上进行。当安装完一层高度时，应进行检查、调整、校正、固定，使其符合质量要求。

8）有热工要求的幕墙，保温部分从内向外安装，当采用内衬板时，四周应套装弹性橡胶密封条，内衬板与构件接缝应严密；内衬板就位后，应进行密封处理。

9）固定防火保温材料应锚钉牢固，防火保温层应平整，拼接处不应留缝隙。

10）冷凝水排出管及附件应与水平构件预留孔连接严密，与内衬板出水孔连接处应设橡胶密封条。

11）其他通气留槽孔及雨水排出口等应按设计施工，不得遗漏。

12）玻璃幕墙立柱安装就位、调整后应及时紧固。玻璃幕墙安装的临时螺栓等在构成件安装就位、调整、紧固后应及时拆除。

13）现场焊接或高强螺栓紧固的构件固定后，应及时进行防锈处理。玻璃幕墙中与铝合金接触的螺栓及金属配件应采用不锈钢或轻金属制品。

14）除不锈钢外，不同金属的接触面应采用垫片做隔离处理。

15）玻璃安装前应将表面尘土和污物擦拭干净。热反射玻璃安装应将镀膜面朝向室内，非镀膜面朝向室外。

16）玻璃与构件不准直接接触，玻璃四周与构件凹槽底应保持一定空隙，每块玻璃下部应设不少于两块弹性定位垫块；垫块的宽与槽口宽度相同，长度不应小于100mm；玻璃两边嵌入量及空隙应符合设计要求。

17）玻璃四周橡胶条应按规定型号选用，镶嵌应平整，橡胶条长度成预定的设计角度，并用胶粘剂粘牢固后嵌入槽内。

18）玻璃幕墙四周与主体之间的间隙，应采用防火的保温材料填塞，内外表面应采用密封胶连续封闭，接缝应严密不漏水。

19）玻璃幕墙的施工过程中应分层进行防水渗漏性能检查。

20）有框幕墙耐候硅酮密封胶的施工厚度应大于3.5mm；施工宽度不应小于施工厚度的两倍；较深的密封槽口底部应采用聚乙烯发泡材料填塞。

21）耐候硅酮密封胶在接缝内应形成相对两面粘结。

22）玻璃幕墙安装施工应对下列项目进行隐蔽验收：

①构件与主体结构的连接结点的安装。

②幕墙四周、幕墙内表面与主体结构之间间隙结点的安装。

③幕墙伸缩缝、沉降缝、防震缝及墙面转角结点的安装。

④幕墙防雷接地结点的安装。

⑤防火材料和隔烟层的安装。

⑥其他带有隐蔽性质的项目。

4. 质量标准

适用于建筑高度不大于150m、抗震设防裂度不大于8度的隐框玻璃幕墙、半隐框玻璃幕墙、明框玻璃幕墙、全玻璃幕墙及点支承玻璃幕墙工程的质量验收。

（1）主控项目

1）玻璃幕墙工程所使用的各种材料、构件和组件的质量，应符合设计要求及国家现行产品标准和工程技术规范的规定。

检验方法：检查材料、构件、组件的产品合格证书，进场验收记录、性能检测报告和材料的复验报告。

2）玻璃幕墙的造型和立面分格应符合设计要求。

检验方法：观察；尺量检查。

3）玻璃幕墙使用的玻璃应符合下列规定：

①幕墙应使用安全玻璃，玻璃的品种、规格、颜色、光学性能及安装方向应符合设计要求。

②幕墙玻璃的厚度不应小于 6mm。全玻璃幕墙肋玻璃的厚度不应小于 12mm。

③幕墙的中空玻璃应采用双道密封。明框幕墙的中空玻璃应采用聚硫密封胶及丁基密封胶；隐框和半隐框幕墙的中空玻璃应采用硅酮结构密封胶及丁基密封胶；镀膜面应在中空玻璃的第 2 或第 3 面上。

④幕墙的夹层玻璃应采用聚乙烯醇缩丁醛（PVB）胶片干法加工夹层玻璃。点支承玻璃幕墙夹层胶片（PVB）厚度不应小于 0.76mm。

⑤钢化玻璃表面不得有损伤；8mm 以下的钢化玻璃应进行引爆处理。

⑥所有幕墙玻璃均应进行边缘处理。

检验方法：观察；尺量检查；检查施工记录。

4）玻璃幕墙与主体结构连接的各种预埋件、连接件、紧固件必须安装牢固，其数量、规格、位置、连接方法和防腐处理应符合设计要求。

检验方法：观察；检查隐蔽工程验收记录和施工记录。

5）各种连接件、紧固件的螺栓应有防松动措施；焊接连接应符合设计要求和焊接规范的规定。

检验方法：观察；检查隐蔽工程验收记录和施工记录。

6）隐框或半隐框玻璃幕墙，每块玻璃下端应设置两个铝合金或不锈钢托条，其长度不应小于 100mm，厚度不应小于 2mm，托条外端应低于玻璃外表面 2mm。

检验方法：观察；检查施工记录。

7）明框玻璃幕墙的玻璃安装应符合下列规定：

①玻璃槽口与玻璃的配合尺寸应符合设计要求和技术标准的规定。

②玻璃与构件不得直接接触，玻璃四周与构件凹槽底部应保持一定的空隙，每块玻璃下部应至少放置两块宽度与槽口宽度相同、长度不小于 100mm 的弹性定位垫块；玻璃两边嵌入量及空隙应符合设计要求。

③玻璃四周橡胶条的材质、型号应符合设计要求，镶嵌应平整，橡胶条长度应比边框内槽长 1.5%~2.0%，橡胶条在转角处应斜面断开，并应用胶粘剂粘结牢固后嵌入槽内。

检验方法：观察；检查施工记录。

8）高度超过 4m 的全玻璃幕墙应吊挂在主体结构上，吊夹具应符合设计要求，玻璃与玻璃、玻璃与玻璃肋之间的缝隙，应采用硅酮结构密封胶填嵌严密。

检验方法：观察；检查隐蔽工程验收记录和施工记录。

9）点支承玻璃幕墙应采用带万向头的活动不锈钢爪，其钢爪间的中心距离应大于 250mm。

检验方法：观察；尺量检查。

10）玻璃幕墙四周、玻璃幕墙内表面与主体结构之间的连接结点、各种变形缝、墙角的连接结点应符合设计要求和技术标准的规定。

检验方法：观察；检查隐蔽工程验收记录和施工记录。

11）玻璃幕墙应无渗漏。

检验方法：在易渗漏部位进行淋水检查。

12）玻璃幕墙结构胶和密封胶的打注应饱满、密实、连续、均匀、无气泡，宽度和厚度应符合设计要求和技术标准的规定。

检验方法：观察；尺量检查；检查施工记录。

13）玻璃幕墙开启窗的配件应齐全，安装应牢固，安装位置和开启方向、角度应正确；开启应灵活，关闭应严密。

检验方法：观察；手扳检查；开启和关闭检查。

14）玻璃幕墙的防雷装置必须与主体结构的防雷装置可靠连接。

检验方法：观察；检查隐蔽工程验收记录和施工记录。

（2）一般项目

1）玻璃幕墙表面应平整、洁净；整幅玻璃的色泽应均匀一致；不得有污染和镀膜损坏。

检验方法：观察。

2）每平方米玻璃的表面质量和检验方法应符合表1-40的规定。

每平方米玻璃的表面质量和检验方法　　　　　表1-40

项次	项　目	质量要求	检验方法
1	明显划伤和长度大于100mm的轻微划伤	不允许	观察
2	长度不大于100mm的轻微划伤	≤8条	用钢尺检查
3	擦伤总面积	≤500mm²	用钢尺检查

3）一个分格铝合金型材的表面质量和检验方法应符合表1-41的规定。

一个分格铝合金型材的表面质量和检验方法　　　　　表1-41

项次	项　目	质量要求	检验方法
1	明显划伤和长度大于100mm的轻微划伤	不允许	观察
2	长度不大于100mm的轻微划伤	≤2条	用钢尺检查
3	擦伤总面积	≤500mm²	用钢尺检查

4）明框玻璃幕墙的外露框或压条应横平竖直，颜色、规格应符合设计要求，压条安装应牢固。单元玻璃幕墙的单元拼缝或隐框玻璃幕墙的分格玻璃拼缝应横平竖直、均匀一致。

检验方法：观察；手扳检查；检查进场验收记录。

5）玻璃幕墙的密封胶缝应横平竖直、深浅一致、宽窄均匀、光滑顺直。

检验方法：观察；手摸检查。

6）防火、保温材料填充应饱满、均匀，表面应密实、平整。

检验方法：检查隐蔽工程验收记录。

7）玻璃幕墙隐蔽结点的遮封装修应牢固、整齐、美观。

检验方法：观察；手扳检查。

8）明框玻璃幕墙安装的允许偏差和检验方法应符合表1-42的规定。

明框玻璃幕墙安装的允许偏差和检验方法　　　　表1-42

项次	项目		允许偏差（mm）	检验方法
1	幕墙垂直度	幕墙高度≤30m	10	用经纬仪检查
		30m<幕墙高度≤60m	15	
		60m<幕墙高度≤90m	20	
		幕墙高度>90m	25	
2	幕墙水平度	幕墙幅宽≤35m	5	用水平仪检查
		幕墙幅宽>35m	7	
3	构件直线度		2	用2m靠尺和塞尺检查
4	构件水平度	构件长度≤2m	2	用水平仪检查
		构件长度>2m	3	
5	相邻构件错位		1	用钢尺检查
6	分格框对角线长度差	对角线长度≤2m	3	用钢尺检查
		对角线长度>2m	4	

9）隐框、半隐框玻璃幕墙安装的允许偏差和检验方法应符合表1-43的规定。

隐框、半隐框玻璃幕墙安装的允许偏差和检验方法　　　　表1-43

项次	项目	允许偏差（mm）	检验方法
1	幕墙垂直度　幕墙高度≤30m	10	用经纬仪检查
	30m<幕墙高度≤60m	15	
	60m<幕墙高度≤90m	20	
	幕墙高度>90m	25	
2	幕墙水平度　层高≤3m	3	用水平仪检查
	层高>3m	5	
3	幕墙表面平整度	2	用2m靠尺和塞尺检查
4	板材立面垂直度	2	用垂直检测尺检查
5	板材上沿水平度	2	用1m水平尺和钢尺检查
6	相邻板材板角错位	1	用钢尺检查
7	阳角方正	2	用直角检测尺检查
8	接缝直线度	3	拉5m线，不足5m拉通线，用钢尺检查
9	接缝高低差	1	用钢尺和塞尺检查
10	接缝宽度	1	用钢尺检查

5. 制品的运输和保管

（1）运输

1）根据工程进度表，应事前同业主、监理、土建协商，就搬入数量、时间、卸货层数、货车台数、起重机使用时间等制定计划。

2）用货车运送制品，且单件装载运输。

3）运送制品时，要用聚乙烯苫布保护制品四角等露出部件，用绳子等固定，为防止倒塌，制品应竖置运送。

（2）收货

1）收货时，施工副经理、施工员、材料员等均应在场，依据货单对制品的型号和数量等进行确认，同时确认制品在运送中是否有损伤。

2）与制品同时进场的部件（连接件、螺栓、螺母、螺钉等），也应对型号、数量、有无损伤等进行确认。

3）上述内容中如发生数量不足，缺损等问题时，应尽快与总部负责人联系。制品收货确认时，必须有收货人对制品搬入数量的签字认可。

（3）卸货

卸货时使用在现场内的卸货机械（塔吊等），由专职司机操作。

1）工厂运来的制品由卡车运抵现场后装入货箱内，然后使用塔吊将其直接送至各安装楼层。

2）安装层内的货物存放点应暂设在认可的地点，而且根据施工现场的变化，如要求改变存放地点，应迅速移往所指定的地点。

3）对于运入的产品，应立即开包。

4）安装层的货物存放地点的面积应不小于 $300m^2$。

（4）保管

1）产品的保管场所应设在雨水淋不到并且通气良好的地方。

2）定期检查仓库的防火设施和防潮情况。

3）应避开搬运材料的通道且安全的场所。

4）应选择距安装现场较近的地方。

5）根据各种材料的规格，分类堆放，并做好相应的产品标识。

6）原则上，组件应竖放，但受场地等限制，亦可平放。另外，尺寸较长的材料以平放为宜。连接件、螺栓等附件则放在仓库保管。

7）材料应定期进行清点和清理，并做好收发记录。

8）根据生产安排和生产任务书编制材料计划，合理控制材料用量，防止多领、超领造成材料浪费。

6. 成品保护

（1）加工与安装过程中，应特别注意轻拿轻放，不能碰伤、划伤，加工好的铝材应贴好保护膜和标签。

（2）加强半成品、成品的保护工作，保持与土建单位的联系，防止已安装好的幕墙受划伤。

（3）质检员与安全员紧密配合，采取措施搞好半成品、成品的保护工作。

（4）建议总包单位在靠近安装好的玻璃幕墙处安装简易的隔离栏杆，避免施工人员对铝制品、玻璃有意或无意的损坏。

（5）材料、半成品应按规定堆放，安全可靠，并安排专人保管。

7. 保养与维修

（1）幕墙工程竣工验收后，应制定幕墙的保养、维修计划与制度，定期进行幕墙的保养与维修。

（2）幕墙的保养应根据幕墙墙面积灰污染程度，确定清洗幕墙的次数与周期，每年至少应清洗一次。

（3）幕墙在正常使用时，使用单位应每隔5年对玻璃、板材、密封条、密封胶、硅酮结构密封胶等进行一次全面检查。

（4）幕墙的检查与维修应按下列规定或请幕墙专业施工单位进行：

1）当发现螺栓松动，应及时拧紧，当发现连接件锈蚀，应除锈补漆或更换。

2）发现玻璃或板材松动、破损时，应及时修补与更换。

3）发现密封胶或密封条脱落或损坏时，应及时修补与更换。

4）发现幕墙构件和连接件损坏，或连接件与主体结构的锚固松动或脱落时，应及时更换或采取措施加固修复。

5）应定期检查幕墙排水系统，当发现堵塞时，应及时疏通。

6）当五金件有脱落、损坏或功能障碍时，应进行更换和修复。

7）当遇到台风、地震、火灾等自然灾害时，灾后应对幕墙进行全面检查，并视损坏程度进行维修加固。

（5）对幕墙进行保养与维修中应符合下列安全规定：

1）不得在4级以上风力或大雨天气进行幕墙外侧检查、保养与维修作业。

2）检查、清洗、保养、维修幕墙时，所采用的机具设备必须操作方便、安全可靠。

3）在幕墙的保养与维修作业中，凡属高处作业者必须遵守现行行业标准《建筑施工高处作业安全技术规范》（JGJ 80—1991）的有关规定。

8. 安全环保措施

（1）安全措施

1）安全防火制度

①安全生产管理体系。

②基层施工技术员安全生产责任。

③安全生产教育制度：新工人入场前应接受三级教育，即对新入场的工人，必须接受公司、项目经理部、施工队和班组三级的安全教育；对从事特殊工种的人应进行专门教育；经常性举行安全生产活动教育，如安全活动日、事故现场会、分析会、安全技术专题讲座等。

④安全生产检查制度。
⑤防火制度。

2）现场管理

①作业人员进场前，必须学习现场的安全规定，遵守业主、监理、总包等各单位制定的规章制度，进行安全技术交底；广泛宣传、教育作业人员，牢固树立"安全第一"的思想，提高安全意识。

②必须随时携带和使用安全帽和安全带，防止机具、材料的坠落。

③作业时要穿整洁合体并适合作业特点的工作服，不得裸身作业，要穿适合作业特点的工作鞋，不得穿凉鞋、拖鞋。

④凡要带入楼内的机械事先必须接受安全检查，合格后方可使用。另外携带电动工具时，必须在作业前先做自我检查，在进入场地时将检查记录交甲方。

⑤每天作业前后检查所用工具。

⑥作业前清理作业场地，下班后整理场地，不要将材料工具乱放，在作业中断或结束时，当天清扫垃圾并投放到指定地点。

⑦不得随意拆除脚手架等临时作业设施，不得已必须拆除脚手架或搭板时，需得到安全人员的允许，作业结束务必复原上述装置。

⑧在电焊作业时，必须设置接火斗，配置看火人员；各种防火工具必须齐全并随时可用，定期检查维修和更换。

⑨制定安全奖惩制度并严格执行。

⑩本工程项目设一名专职安全员，各班组一名兼职安全员，加强现场监督检查，由施工员和质检员配合进行现场安全管理。

（2）文明措施

1）文明施工制度：建立文明施工责任制，划分区域，明确各自分担责任，及时清除杂物，保持施工现场整洁。

2）保证措施

①建立文明施工责任制，明确各级责任，层层控制，层层监督。

②搞好安装员工的思想文明教育，要求在施工过程中礼貌待人，文明施工。

③现场安装员工统一着装，要求整洁。

④建立现场文明管理规章制度，主要由安全员负责检查，项目部全体人员监督，对于违反的，轻则教育、罚款，重则开除。

⑤施工中做到工完场清，保证施工现场的整洁、材料码放整齐。

⑥搞好与其他施工单位的现场配合，不与其他单位施工人员发生冲突，有矛盾的协商解决。

⑦服从总包单位的总体安排，与其他施工单位配合，共同维护施工现场的清洁、整齐、美观。

⑧服从总包的统一安排，共同搞好现场的成品保护工作。

（3）环保措施

1）合理安排作业时间，尽量减少夜间作业，以减少施工时机具噪声污染；避免影响施工现场内或附近居民的休息。

2）完成每项工序后，应及时清理施工后滞留的垃圾，比如胶、胶瓶、胶带纸等，保证施工现场的清洁。

3）对于密封材料及清洗溶剂等可能产生有害物质或气体的材料，应做好保管工作，并在挥发过期前使用完毕，以免对环境造成影响。

9. 质量文件

（1）防火结点隐蔽记录。

（2）防雷测试记录。

（3）幕墙组件出厂质量合格证、性能检测报告。

（4）铝塑复合板剥离强度复验报告。

（5）施工安装检查记录。

（6）隐蔽工程验收记录。

（7）淋水试验记录。

（8）防火材料合格证及材料耐火检验报告。

1.4.2.2 金属幕墙工程施工

金属幕墙工程施工工艺流程如下：

复验基础尺寸检查埋件位置→放线→检查放线精度→安装连接铁件→质量检查→安装龙骨→质量检查→安装防火材料→质量检查→安装铝板→质量检查→密封→清扫→全面综合检查→竣工交付。

1. 基本规定

（1）金属幕墙工程必须由具有资质的单位进行二次设计，并出具完整的施工图设计文件。

（2）金属幕墙工程设计不得影响建筑物的结构安全和主要使用功能。当涉及主体承重结构改动或增加荷载时，必须由原设计结构单位或具备相应资质的设计单位查有关原始资料，对既有建筑结构的安全性进行检验、确认。

（3）金属幕墙工程所使用材料应按设计要求进行防火、防腐处理。

（4）金属幕墙工程所使用的结构粘结材料必须是中性硅酮结构密封胶，其性能必须符合《建筑用硅酮结构密封胶》（GB 16776—2005）的规定。硅酮结构密封胶必须在有效期内使用。

（5）金属幕墙的框架与主体结构预埋件的连接，立柱与横梁的连接及幕墙板的安装必须符合设计要求，安装必须牢固。

（6）金属幕墙工程应由施工单位编制单项施工组织设计。

（7）施工单位应遵守有关环境保护的法律、法规，并应采取有效措施控制施工现场的各种粉尘、废气、废弃物、噪声、振动等对周围环境造成的污染和危害。

（8）金属幕墙工程必须有隐蔽验收记录。

2. 施工准备

(1) 技术准备

参见玻璃幕墙施工。

(2) 材料准备

1) 金属幕墙工程中使用的材料必须具备相应的出厂合格证、质保书和检验报告。

2) 金属幕墙工程中使用的铝合金型材,其壁厚、膜厚、硬度和表面质量等必须达到设计及规范要求。

3) 金属幕墙工程中使用的钢材,其厚度、长度、膜厚和表面质量等必须达到设计及规范要求。

4) 金属幕墙工程中使用的面材,其壁厚、膜厚、板材尺寸、外观质量等必须达到设计及规范要求。

5) 金属幕墙工程中使用的硅酮结构密封胶、硅酮耐候密封胶及密封材料,其相容性、粘结拉伸性能、固化程度等必须达到设计及规范要求。

(3) 机具准备

双头切割机、单头切割机、冲床、铣床、钻床、组角机、打胶机、玻璃磨边机、空压机、吊篮、卷扬机、电焊机、水准仪、经纬仪、胶枪、玻璃吸盘等。

(4) 作业条件

1) 安装幕墙应在主体工程验收后进行。

2) 应有土建移交的控制线和基准线。

3) 幕墙与主体结构连接的预埋件,应在主体结构施工时按设计要求埋设。

4) 吊篮等垂直运输设备安设就位。

5) 脚手架等操作平台搭设就位。

6) 幕墙的构件和附件的材料品种、规格、色泽和性能应符合设计要求。

7) 施工前应编制施工组织设计。

3. 施工工艺

(1) 操作工艺

1) 安装施工准备。

2) 预埋件的安装。

3) 施工测量放线。

1) ~3) 参见玻璃幕墙施工。

4) 金属幕墙安装工艺。

①过渡件的焊接

参见隐框、半隐框及明框玻璃幕墙安装工艺。

②金属幕墙铝龙骨安装

A. 先将立柱从上至下,逐层挂上。

B. 根据水平钢丝,将每根立柱的水平标高位置调整好,稍紧螺栓。

C. 再调整进出、左右位置,经检查合格后,拧紧螺母。

D. 当调整完毕,整体检查合格后,将垫片、螺母与铁件电焊上。

E. 最后安装横龙骨，安装时水平方向应拉线，并保证竖龙骨与横龙骨接口处的平整，且不能有松动。

F. 注意事项

a. 立柱与连接铁件之间要垫胶垫。

b. 因立柱料比较重，应轻拿轻放，防止碰撞、划伤。

c. 挂料时，应将螺母拧紧些，以防脱落而掉下去。

d. 调整完以后，要将避雷铜导线接好。

③防火材料安装

A. 龙骨安装完毕，可进行防火材料的安装。

B. 安装时应按图纸要求，先将防火镀锌钢板固定（用螺丝或射钉），要求牢固可靠，并注意板的接口。

C. 然后铺防火棉，安装时注意防火棉的厚度和均匀度，保证与龙骨料接口处的饱满，且不能挤压，以免影响面材。

D. 最后进行顶部封口处理即安装封口板。

E. 安装过程中要注意对玻璃、铝板、铝材等成品的保护，以及内装饰的保护。

④金属板安装

A. 安装前应将铁件或钢架、立柱、避雷、保温、防锈全部检查一遍，合格后再将相应规格的面材搬入就位，然后自上而下进行安装。

B. 安装过程中拉线相邻玻璃面的平整度和板缝的水平、垂直度，用木板模块控制缝的宽度。

C. 安装时，应先就位，临时固定，然后拉线调整。

D. 安装过程中，如缝宽有误差，应均分在每条胶缝中，防止误差积累在某一条缝中或某一块面材上。

5）密封

①密封部位的清扫和干燥，采用甲苯对密封面进行清扫，清扫时应特别注意不要让溶液散发到接缝以外的场所，清扫用纱布脏污后应常更换，以保证清扫效果，最后用干燥清洁的纱布将溶剂蒸发后的痕迹拭去，保持密封面干燥。

②贴防护纸胶带：为防止密封材料使用时污染装饰面，同时为使密封胶缝与面材交界线平直，应贴好纸胶带，要注意纸胶带本身的平直。

③注胶：注胶应均匀、密实、饱满，同时注意施胶方法，避免浪费。

④胶缝修整：注胶后，应将胶缝用小铲沿注胶方向用力施压，将多余的胶刮掉，并将胶缝刮成设计形状，使胶缝光滑、流畅。

⑤清除纸胶带：胶缝修整好后，应及时去掉保护胶带，并注意撕下的胶带不要污染玻璃面或铝板面；及时清理粘在施工表面上的胶痕。

6）清扫

①金属幕墙的清扫

A. 清扫时先用浸泡过中性溶剂（5%水溶液）的湿纱布将污物等擦去，然后再用干纱布擦干净。

B. 清扫灰浆、胶带残留物时，可使用竹铲、合成树脂铲等仔细刮去。

C. 禁止使用金属清扫工具，不得用粘有砂子、金属屑的工具。

D. 禁止使用酸性或碱性洗剂。

7）竣工交付

①先自检，然后上报甲方竣工资料。

②在甲方组织下，验收、竣工交付。

③办理相关竣工手续。

以上工序完成后，此工序进入保修期，在保修期内，如有质量问题，则要满足用户要求，及时进行维修处理。

（2）幕墙安装施工注意事项

1）幕墙分格轴线的测量应与主体结构的测量配合，其误差应及时调整不得积累。

2）对高层建筑的测量应在风力不大于4级情况下进行，每天应定时对幕墙的垂直及立柱位置进行校核。

3）应将立柱与连接件连接，然后连接件再与主体预埋件连接，并进行调整和固定，立柱安装标高偏差不应大于3mm。轴线前后偏差不应大于2mm，左右偏差不应大于3mm。

4）相邻两根立柱安装标高偏差不应大于3mm，同层立柱的最大标高偏差不应大于5mm；相邻两根立柱的距离偏差不应大于2mm。

5）应将横梁两端的连接件及弹性橡胶垫安装在立柱的预定位置，并应安装牢固，其接缝应严密。

6）相邻两根横梁水平标高偏差不应大于1mm。同层标高偏差：当一幅幕墙宽度不大于35m时，不应大于5mm；当一幅幕墙宽度不小于35m时，不应大于7mm。

7）同一层横梁安装应由下向上进行。当安装完一层时，应进行检查、调整、校正、固定，使其符合质量要求。

8）有热工要求的幕墙，保温部分从内向外安装，当采用内衬板时，四周应套装弹性橡胶密封条，内衬板与构件接缝应严密；内衬板就位后，应进行密封处理。

9）固定防火保温材料应用锚钉牢固，防火保温层应平整，拼接处不应留缝隙。

10）冷凝水排出管及附件应与水平构件预留孔连接严密，与内衬板出水孔连接处应设橡胶密封条。

11）其他通气留槽孔及雨水排出口等应按设计施工，不得遗漏。

12）幕墙立柱安装就位、调整后应及时紧固。幕墙安装的临时螺栓等在构件安装就位、调整、紧固后应及时拆除。

13）现场焊接或高强螺栓紧固的构件固定后，应及时进行防锈处理。幕墙中与铝合金接触的螺栓及金属配件应采用不锈钢或轻金属制品。

14）不同金属的接触面应采用垫片做隔离处理。

15）金属板安装时，左右上下的偏差不应大于1.5mm。

16）金属板空缝安装时，必须要有防水措施，并有符合设计要求的排水出口。

17）填充硅酮耐候密封胶时，金属板缝的宽度、厚度应根据硅酮耐候胶的技术参数，经计算后确定。较深的密封槽口底部应采用聚乙烯发泡材料填塞。

18）耐候硅酮密封胶在接缝内应形成相对两面粘结。

19）幕墙四周与主体之间的间隙，应采用防火的保温材料填塞，内外表面应采用密封胶连续封闭，接缝应严密不漏水。

20）幕墙的施工过程中应分层进行防水渗漏性能检查。

21）幕墙安装过程中应进行接缝部位的雨水渗漏检验。

22）幕墙安装施工应对下列项目进行隐蔽验收：

①构件与主体结构的连接结点的安装。

②幕墙四周、幕墙内表面与主体结构之间间隙结点的安装。

③幕墙伸缩缝、沉降缝、防震缝及墙面转角结点的安装。

④幕墙防雷接地结点的安装。

⑤其他带有隐蔽性质的项目。

4．质量标准

适用于建筑高度不大于150m的金属幕墙工程的质量验收。

（1）主控项目

1）金属幕墙工程所使用的各种材料和配件，应符合设计要求及国家现行产品标准和工程技术规范的规定。

检验方法：检查产品合格证书、性能检测报告、材料进场验收记录和复验报告。

2）金属幕墙的造型和立面分格应符合设计要求。

检验方法：观察；尺量检查。

3）金属面板的品种、规格、颜色、光泽及安装方向应符合设计要求。

检验方法：观察；检查进场验收记录。

4）金属幕墙主体结构上的预埋件、后置埋件的数量、位置及后置埋件的拉拔力必须符合设计要求。

检验方法：检查拉拔力检测报告和隐蔽工程验收记录。

5）金属幕墙的金属框架立柱与主体结构预埋件的连接、立柱与横梁的连接、金属面板的安装必须符合设计要求，安装必须牢固。

检验方法：手扳检查；检查隐蔽工程验收记录。

6）金属幕墙的防火、保温、防潮材料的设置应符合设计要求，并应密实、均匀、厚度一致。

检验方法：检查隐蔽工程验收记录。

7）金属框架及连接件的防腐处理应符合设计要求。

检验方法：检查隐蔽工程验收记录和施工记录。

8）金属幕墙的防雷装置必须与主体结构的防雷装置可靠连接。

检验方法：检查隐蔽工程验收记录。

9）各种变形缝、墙角的连接结点应符合设计要求和技术标准的规定。

检验方法：观察；检查隐蔽工程验收记录。

10）金属幕墙的板缝注胶应饱满、密实、连续、均匀、无气泡，宽度和厚度应符合设计要求和技术标准的规定。

检验方法：观察；尺量检查；检查施工记录。

11）金属幕墙应无渗漏。

检验方法：在易渗漏部位进行淋水检查。

（2）一般项目

1）金属板表面应平整、洁净、色泽一致。

检验方法：观察。

2）金属幕墙的压条应平直、洁净、接口严密、安装牢固。

检验方法：观察；手扳检查。

3）金属幕墙的密封胶缝应横平竖直、深浅一致、宽窄均匀、光滑顺直。

检验方法：观察。

4）金属幕墙上的滴水线、流水坡向应正确、顺直。

检验方法：观察；用水平尺检查。

5）每平方米金属板的表面质量和检验方法应符合表1-44的规定。

每平方米金属板的表面质量和检验方法 表1-44

项次	项目	质量要求	检验方法
1	明显划伤和长度大于100mm的轻微划伤	不允许	观察
2	长度不大于100mm的轻微划伤	≤8条	用钢尺检查
3	擦伤总面积	≤500mm^2	用钢尺检查

6）金属幕墙安装的允许偏差和检验方法应符合表1-45的规定。

5. 制品的运输和保管

参见玻璃幕墙施工。

6. 成品保护

参见玻璃幕墙施工。

金属幕墙安装的允许偏差和检验方法 表1-45

项次	项目		允许偏差（mm）	检验方法
1	幕墙垂直度	幕墙高度≤30m	10	用经纬仪检查
		30m<幕墙高度≤60m	15	
		60m<幕墙高度≤90m	20	
		幕墙高度>90m	25	

续表

项次	项目		允许偏差（mm）	检验方法
2	幕墙水平度	层高≤3m	3	用水平仪检查
		层高＞3m	5	
3	幕墙表面平整度		2	用2m靠尺和塞尺检查
4	板材立面垂直度		3	用垂直检测尺检查
5	板材上沿水平度		2	用1m水平尺和钢尺检查
6	相邻板材板角错位		1	用钢尺检查
7	阳角方正		2	用直角检测尺检查
8	接缝直线度		3	拉5m线，不足5m拉通线，用钢尺检查
9	接缝高低差		1	用钢尺和塞尺检查
10	接缝宽度		1	用钢尺检查

7．安全环保措施

参见玻璃幕墙施工。

8．质量文件

（1）防火结点隐蔽记录。

（2）防雷测试记录。

（3）幕墙组件出厂质量合格证、性能检测报告。

（4）铝塑复合板剥离强度复验报告。

（5）施工安装检查记录。

（6）隐蔽工程验收记录。

（7）淋水试验记录。

（8）防火材料合格证及材料耐火检验报告。

1.4.2.3　石材幕墙工程施工

石材幕墙工程施工工艺流程如下：

基础线移交→复验基础尺寸检查埋件位置→放线→检查放线精度→安装连接铁件→安装骨架→质量检查→不锈钢挂件安装→质量检查→石材挂板安装→质量检查→密封→清扫→全面综合检查→竣工交付。

1．基本规定

（1）石材幕墙工程必须由具有资质的单位进行二次设计，并出具完整的施工设计文件。

（2）石材幕墙工程设计不应影响建筑物的结构安全和主要使用功能。当涉及主体和承重结构改动或增加荷载时，必须由原设计结构单位或具备相应资质的设计单位查有关原始资料，对既有建筑结构的安全性进行检验、确认。

（3）石材幕墙工程所使用材料应按设计要求进行防火、防腐处理。

（4）石材幕墙工程所使用的结构粘结材料必须是中性硅酮结构密封胶，其性能必须符合《建筑用硅酮结构密封胶》（GB 16776—2005）的规定。硅酮结构密封胶必须在有效期内使用。

（5）石材幕墙的框架与主体结构预埋件的连接，立柱与横梁的连接及幕墙板的安装必须符合设计要求，安装必须牢固。

（6）石材幕墙工程应由施工单位编制单项施工组织设计。

（7）施工单位应遵守有关环境保护的法律、法规，并应采取有效措施控制施工现场的各种粉尘、废气、废弃物、噪声、振动等对周围环境造成的污染和危害。

（8）石材幕墙工程必须有隐蔽验收记录。

2. 施工准备

（1）技术准备

参见玻璃幕墙施工。

（2）材料准备

1）石材幕墙工程中使用的材料必须具备相应的出厂合格证、质保书和检验报告。

2）石材幕墙工程中使用的铝合金型材，其壁厚、膜厚、硬度和表面质量等必须达到设计及规范要求。

3）石材幕墙工程中使用的钢材，其厚度、长度、膜厚和表面质量等必须达到设计及规范要求。

4）石材幕墙工程中使用的面材，其厚度、板材尺寸、外观质量等必须达到设计及规范要求。

5）石材幕墙工程中使用的硅酮结构密封胶、硅酮耐候密封胶及密封材料，其相容性、粘结拉伸性能、固化程度等必须达到设计及规范要求。

（3）机具准备

双头切割机、单头切割机、冲床、铣床、钻床、组角机、打胶机、玻璃磨边机、空压机、吊篮、卷扬机、电焊机、水准仪、经纬仪、胶枪、玻璃吸盘等。

（4）作业条件

1）主体结构完工，并达到施工验收规范的要求，现场清理干净，幕墙安装应在二次装修之前进行。

2）可能对幕墙施工环境造成严重污染的分项工程应安排在幕墙施工前进行。

3）应有土建移交的控制线和基准线。

4）幕墙与主体结构连接的预埋件，应在主体结构施工时按设计要求埋设。

5）吊篮等垂直运输设备安设就位。

6）脚手架等操作平台搭设就位。

7）幕墙的构件和附件的材料品种、规格、色泽和性能应符合设计要求。

8）施工前应编制施工组织设计。

3. 施工工艺

（1）操作工艺

1）安装施工准备：参见玻璃幕墙施工。
2）预埋件的安装：参见玻璃幕墙施工。
3）施工测量放线：参见玻璃幕墙施工。
4）石材幕墙安装工艺（图1-167～图1-170）

图1-167　石材幕墙骨架

槽钢划线开孔　　　　　　　　　焊接连接垫片

螺栓安装钢角码　　　　　　　　安装连接键

图1-168　石材幕墙骨架加工制作

①石材幕墙骨架的安装

A．根据控制线确定骨架位置，严格控制骨架位置偏差。

B．干挂石材板主要靠骨架固定，因此必须保证骨架安装的牢固性。

C．在挂件安装前必须全面检查骨架位置是否准确、焊接是否牢固，并检查焊缝质量。

②石材幕墙挂件安装

根据边骨架拉水平控制线补中间骨架

控制竖向骨架间间距调节竖向位置

焊接固定钢角码确定竖向位置

调节螺栓控制水平位置

图 1-169 石材幕墙骨架安装

图 1-170 骨架竖向接长结点

挂板应采用不锈钢或铝合金型材，钢销应采用不锈钢件，连接挂件宜采用 L 形，避免一个挂件同时连接上下两块石板。

③石材幕墙骨架的防锈

A. 槽钢主龙骨、预埋件及各类镀锌角钢焊接破坏镀锌层后均满涂两遍防锈漆（含补刷部分），进行防锈处理并控制第一道与第二道的间隔时间不小于 12 小时。

B. 型钢进场必须有防潮措施并在除去灰尘及污物后进行防锈操作。

C. 严格控制不得漏刷防锈漆，特别控制为焊接而预留的缓刷部位在焊后涂刷不得少于两遍。

④花岗石挂板的安装

A. 为了达到外立面的整体效果，要求板材加工精度比较高，要精心挑选板材，减少色差。

B. 在板安装前,应根据结构轴线核定结构外表面与干挂石材外露面之间的尺寸后,在建筑物大角处做出上下生根的金属丝垂线,并以此为依据,根据建筑物宽度设置足以满足要求的垂线、水平线,确保槽钢钢骨架安装后处于同一平面上(误差不大于5mm)。

C. 通过室内的50cm线验证板材水平龙骨及水平线的正确,以此控制拟将安装的板缝水平程度。通过水平线及垂线形成的标准平面标测出结构垂直平面,为结构修补及安装龙骨提供依据。

D. 板材钻孔位置应用标定工具自板材露明面返至板中或图中注明的位置。钻孔深度依据不锈钢销钉长度予以控制。宜采用双钻同时钻孔,以保证钻孔位置正确。

E. 石板宜在水平状态下,由机械开槽口。

5)密封

①密封部位的清扫和干燥,采用甲苯对密封面进行清扫,清扫时应特别注意不要让溶液散发到接缝以外的场所,清扫用纱布脏污后应常更换,以保证清扫效果,最后用干燥清洁的纱布将溶剂蒸发后的痕迹拭去,保持密封面干燥。

②贴防护纸胶带:为防止密封材料使用时污染装饰面,同时为使密封胶缝与面材交界线平直,应贴好纸胶带,要注意纸胶带本身的平直。

③注胶:注胶应均匀、密实、饱满,同时注意施胶方法,避免浪费。

④胶缝修整:注胶后,应将胶缝用小铲沿注胶方向用力施压,将多余的胶刮掉,并将胶缝刮成设计形状,使胶缝光滑、流畅。

⑤清除纸胶带:胶缝修整好后,应及时去掉保护胶带,并注意撕下的胶带不要污染板材表面;及时清理粘在施工表面上的胶痕。

6)清扫

①整个立面的挂板安装完毕,必须将挂板清理干净,并经监理检验合格后,方可拆除脚手架。

②柱面阳角部位,结构转角部位的石材棱角应有保护措施,其他配合单位应按规定相应保护。

③防止石材表面的渗透污染。拆改脚手架时,应将石材遮蔽,避免碰撞墙面。

④对石材表面进行有效保护,施工后及时清除表面污物,避免腐蚀性咬伤。易于污染或损坏料的木材或其他胶结材料不应与石料表面直接接触。

⑤完工时需要更换有缺陷、断裂或损伤的石料。更换工作完成后,应用干净水或硬毛刷对所有石材表面清洗。直到所有尘土、污染物被除。不能使用钢丝刷、金属刮削器。在清洗过程中应保护相邻表面免受损伤。

⑥在清洗及修补工作完成时,临时保护措施移去。

7)竣工交付

①先自检,然后上报甲方竣工资料。

②在甲方组织下,验收、竣工交付。

③办理相关竣工手续。

以上工序完成后，此工序进入保修期，在保修期内，如有质量问题，则要满足用户要求，及时进行维修处理。

（2）幕墙安装施工注意事项

1）安装施工测量应与主体结构的测量配合，其误差应及时调整。

2）立柱安装标高偏差不应大于3mm，轴线前后偏差不应大于2mm，左右偏差不应大于3mm。

3）应将横梁两端的连接件及弹性橡胶垫安装在立柱的预定位置，并应安装牢固，其接缝应严密。

4）相邻两根横梁水平标高偏差不应大于1mm。同层标高偏差：当一幅幕墙宽度不大于35m时，不应大于5mm，一幅幕墙宽度不小于35m时，不应大于7mm。

5）应对横竖连接件进行检查、测量、调整。

6）固定防火保温材料应锚钉牢固，防火保温层应平整，拼接处不应留缝隙。

7）冷凝水排出管及附件应与水平构件预留孔连接严密，与内衬板出水孔连接处应设橡胶密封条。

8）其他通气留槽孔及雨水排出口等应按设计施工，不得遗漏。

9）现场焊接或高强螺栓紧固的构件固定后，应及时进行防锈处理。

10）不同金属的接触面应采用垫片做隔离处理。

11）石材安装前应将表面尘土和污物擦拭干净。

12）石板安装时，左右上下的偏差不应大于1.5mm。

13）石板空缝安装时，必须要防水措施，并有符合设计要求的排水出口。

14）填充硅酮耐候密封胶时，金属板、石板缝的宽度、厚度应根据硅酮耐候胶的技术参数，经计算后确定。

15）幕墙钢构件施焊后，其表面应采取有效的防腐措施。

16）幕墙安装过程中应进行接缝部位的雨水渗漏检验。

17）石材幕墙四周与主体之间的间隙，应采用防火的保温材料填塞，内外表面应采用密封胶连续封闭，接缝应严密不漏水。

18）石材幕墙安装施工应对下列项目进行隐蔽验收：

①构件与主体结构的连接结点的安装。

②幕墙四周、幕墙内表面与主体结构之间间隙结点的安装。

③幕墙伸缩缝、沉降缝、防震缝及墙面转角结点的安装。

④幕墙防雷接地结点的安装。

⑤其他带有隐蔽性质的项目。

4. 质量标准

适用于建筑高度不大于100m，抗震设防烈度不大于8度的石材幕墙工程的质量验收。

（1）主控项目

1）石材幕墙工程所用材料的品种、规格、性能等级，应符合设计要求及国家现行产品标准和工程技术规范的规定。石材的弯曲强度不应小于 8.0MPa；吸水率应小于 0.8%。石材幕墙的铝合金挂件厚度不应小于 4.0mm，不锈钢挂件厚度不应小于 3.0mm。

检验方法：观察；尺量检查；检查产品合格证书、性能检测报告、材料进场验收记录和复验报告。

2）石材幕墙的造型、立面分格、颜色、光泽、花纹和图案应符合设计要求。

检验方法：观察。

3）石材孔、槽的数量、深度、位置、尺寸应符合设计要求。

检验方法：检查进场验收记录或施工记录。

4）石材幕墙主体结构上的预埋件和后置埋件的位置、数量及后置埋件的拉拔力必须符合设计要求。

检验方法：检查拉拔力检测报告和隐蔽工程验收记录。

5）石材幕墙的金属框架立柱与主体结构预埋件的连接、立柱与横梁的连接、连接件与金属框架的连接、连接件与石材面板的连接必须符合设计要求，安装必须牢固。

检验方法：手扳检查；检查隐蔽工程验收记录。

6）金属框架的连接件和防腐处理应符合设计要求。

检验方法：检查隐蔽工程验收记录。

7）石材幕墙的防雷装置必须与主体结构防雷装置可靠连接。

检验方法：观察；检查隐蔽工程验收记录和施工记录。

8）石材幕墙的防火、保温、防潮材料的设置应符合设计要求，填充应密实、均匀、厚度一致。

检验方法：检查隐蔽工程验收记录。

9）各种结构变形缝、墙角的连接结点应符合设计要求和技术标准的规定。

检验方法：检查隐蔽工程验收记录和施工记录。

10）石材表面和板缝的处理应符合设计要求。

检验方法：观察。

11）石材幕墙的板缝注胶应饱满、密实、连续、均匀、无气泡，板缝宽度和厚度应符合设计要求和技术标准的规定。

检验方法：观察；尺量检查；检查施工记录。

12）石材幕墙应无渗漏。

检验方法：在易渗漏部位进行淋水检查。

（2）一般项目

1）石材幕墙表面应平整、洁净，无污染、缺损和裂痕。颜色和花纹应协调一致，无明显色差，无明显修痕。

检验方法：观察。

2）石材幕墙的压条应平直、洁净、接口严密、安装牢固。

检验方法：观察；手扳检查。

3）石材接缝应横平竖直、宽窄均匀；阴阳角石板压向应正确，板边合缝应顺直；凸凹线出墙厚度应一致，上下口应平直；石材面板上洞口、槽边应套割吻合，边缘应整齐。

检验方法：观察；尺量检查。

4）石材幕墙的密封胶缝应横平竖直、深浅一致、宽窄均匀、光滑顺直。

检验方法：观察。

5）石材幕墙上的滴水线、流水坡向应正确、顺直。

检验方法：观察；用水平尺检查。

6）每平方米石材的表面质量和检验方法应符合表1-46的规定。

每平方米石材的表面质量和检验方法　　　　表1-46

项次	项　目	质量要求	检验方法
1	明显划伤和长度大于100mm的轻微划伤	不允许	观察
2	长度不大于100mm的轻微划伤	≤8条	用钢尺检查
3	擦伤总面积	≤500mm^2	用钢尺检查

7）石材幕墙安装的允许偏差和检验方法应符合表1-47的规定。

石材幕墙安装的允许偏差和检验方法　　　　表1-47

项次	项　目		允许偏差（mm）		检验方法
			光面	麻面	
1	幕墙垂直度	幕墙高度≤30m	10		用经纬仪检查
		30m<幕墙高度≤60m	15		
		60m<幕墙高度≤90m	20		
		幕墙高度>90m	25		
2	幕墙水平度		3		用水平仪检查
3	板材立面垂直度		3		用水平仪检查
4	板材上沿水平度		2		用1m水平尺和钢尺检查
5	相邻板材板角错位		1		用钢直尺检查
6	幕墙表面平整度		2	3	用垂直检测尺检查
7	接缝直线度		2	4	用直角检测尺检查
8	接缝直线度		3	4	拉5m线，不足5m拉通线，用钢尺检查
9	接缝高低差		1	—	用钢尺和塞尺检查
10	接缝宽度		1	2	用钢尺检查

5. 制品的运输和保管

参见玻璃幕墙施工。

6. 成品保护

参见玻璃幕墙施工。

7. 安全环保措施

参见玻璃幕墙施工。

8. 质量文件

（1）防火结点隐蔽记录。

（2）防雷测试记录。

（3）幕墙组件出厂质量合格证、性能检测报告。

（4）铝塑复合板剥离强度复验报告。

（5）施工安装检查记录。

（6）隐蔽工程验收记录。

（7）淋水试验记录。

（8）防火材料合格证及材料耐火检验报告。

小结

本节基于门窗幕墙工程施工工作过程的分析，以现场门窗幕墙施工操作的工作过程为主线，分别对木门窗、塑料门窗、金属门窗、特种门窗、门窗玻璃安装、玻璃幕墙、金属幕墙、石材幕墙施工过程中的技术准备、材料准备、机具准备、施工工艺流程、施工操作工艺、施工质量标准、成品保护、安全环保措施和质量文件进行了介绍。通过学习，你将能够根据实际工程选用门窗幕墙工程材料并进行材料准备，合理选择施工机具、编制施工机具需求计划，通过施工图、相关标准图集等资料制定施工方案，在施工现场进行安全、技术、质量管理控制，正确使用检测工具对门窗幕墙施工质量进行检查验收，进行安全、文明施工，最终成功完成门窗幕墙工程施工。

思考题

1. 简述木门窗安装施工方法及质量评定标准和检验方法。
2. 简述塑料门窗安装质量标准及检验方法。
3. 简述铝合金门窗安装施工方法。
4. 简述玻璃幕墙安装前的准备工作内容。
5. 简述玻璃幕墙安装的质量要求。
6. 简述石材幕墙安装工艺流程。
7. 试分析木门窗门窗扇关不拢的原因和防治措施。
8. 试分析玻璃安装不平整或松动的防治措施。
9. 试分析门窗渗漏的原因和防治措施。
10. 试分析玻璃幕墙透水的原因和防治措施。

11. 试分析金属幕墙预埋件不准，致使横竖很难与其固定连接的原因和防治措施。
12. 试分析石材幕墙表面不平整的原因和防治措施。

操作题

1. 请选择门窗成品进行工程质量检测，并填写检验批验收记录表。
2. 请选择幕墙成品进行工程质量检测，并填写检验批验收记录表。

项目实训

1. 请编写塑钢窗技术交底书。
2. 请编写石材幕墙技术交底书。

单元 2
顶棚装饰装修工程施工

引 言

顶棚是室内装饰的主要组成部分，顶棚最能反映室内空间的形状，营造室内某种环境、风格和气氛。通过顶棚的处理，可以明确表现出所追求的空间造型艺术，显示各部分的相互关系，分清主次，突出重点与中心，所以顶棚装饰既要满足技术要求，如保温、隔热、防火、隔声、吸声、反射光照，又要考虑技术与艺术的完美结合。本单元将主要学习顶棚装饰装修工程施工的施工准备、施工工艺、质量标准、成品保护、安全环保措施、质量文件。

学习目标

通过学习，你将能够：
（1）根据实际工程选用顶棚装饰工程材料并进行材料准备。
（2）合理选择施工机具，编制施工机具需求计划。
（3）通过施工图、相关标准图集等资料制定施工方案。
（4）在施工现场，进行安全、技术、质量管理控制。
（5）正确使用检测工具对顶棚施工质量进行检查验收。
（6）进行安全、文明施工。

关键概念

吊顶；龙骨；面板

1. 顶棚的分类

按顶棚装修的构造形式常分为直接式顶棚、吊顶顶棚、开敞式顶棚。吊顶顶棚是顶棚构造做法中的主要构造形式。现代建筑中的设备管线较多，而且错综复杂，非常影响室内美观，利用吊顶顶棚可将设备管线敷设其内，而不影响室内观瞻。吊顶按所承受的荷载可分为上人吊顶和不上人吊顶。

吊顶顶棚按顶棚骨架所用材料又分为：

（1）木龙骨吊顶

吊顶基层中的龙骨由木质材料制成，这是吊顶的传统做法。因其材料有可燃性，不适用于防火要求较高的建筑物。又因木材奇缺，木龙骨吊顶已限制使用。但木龙骨有一个优点是便于造型，特别是异形，必须用木龙骨配合层板。

（2）轻钢龙骨吊顶

轻钢龙骨吊顶是以镀锌钢带、薄壁冷轧退火钢带为材料，经冷弯或冲压而成的吊顶骨架。用这种龙骨构成的吊顶具有自重轻、刚度大、防火、抗震性能好、安装方便等优点。它能使吊顶龙骨的规格标准化，有利于大批量生产，组装灵活，安装效率高，已被广泛应用。

（3）铝合金龙骨吊顶

龙骨用铝合金材料经挤压或冷弯而成。这种龙骨具有自重轻、刚度大、防火、耐腐蚀、华丽明净、抗震性能好、加工方便、安装简单等优点。多用于活动装配式吊顶的明龙骨，其外露部分比较美观。

2. 吊顶顶棚的构造层次

吊顶顶棚是顶棚做法中较高档次的主要形式。其特点是采用吊杆，使顶棚面层悬吊于结构层下，两者之间形成空间，其内可敷设各种设备或管道。其面层可用各种形式的板材，以便于做保温、隔热、隔声、吸声、艺术装饰等处理。

吊顶是由吊杆（吊盘）、龙骨（格栅）、饰面层及与其配套的连接件和配件组成，其构造如图 2-1 所示。

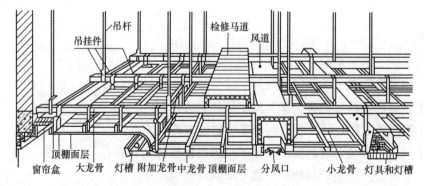

图 2-1 吊顶构造

3. 吊顶顶棚的工程质量验收标准

按现行《建筑装饰装修工程质量验收规范》（GB 50210—2001）中的相应子分部工程进行验收。

（1）一般规定

1）吊顶工程验收时应检查下列文件和记录：

①吊顶工程的施工图、设计说明及其他设计文件。

②材料的产品合格证书、性能检测报告、进场验收记录和复验报告。

③隐蔽工程验收记录。

④施工记录。

2）吊顶工程应对人造木板的甲醛含量进行复验。

3）吊顶工程应对下列隐蔽工程项目进行验收：

①吊顶内管道、设备的安装及水管试压。

②木龙骨防火、防腐处理。

③预埋件或拉结筋。

④吊杆安装。

⑤龙骨安装。

⑥填充材料的设置。

4）各分项工程的检验批应按下列规定划分：

同一品种的吊顶工程每 50 间（大面积房间和走廊按吊顶面积 $30m^2$ 为一间）应划分为一个检验批，不足 50 间也应划分为一个检验批。

5）检查数量应符合下列规定：

每个检验批应至少抽查 10%，并不得少于 3 间；不足 3 间时应全数检查。

6）安装龙骨前，应按设计要求对房间净高、洞口标高和吊顶内管道、设备及其支架的标高进行交接检验。

7）吊顶工程的木吊杆、木龙骨和木饰面板必须进行防火处理，并应符合有关设计防火规范的规定。

8）吊顶工程中的预埋件、钢筋吊杆和型钢吊杆应进行防锈处理。

9）安装饰面板前应完成吊顶内管道和设备的调试及验收。

10）吊杆距主龙骨端部距离不得大于 300mm，当大于 300mm 时，应增加吊杆。当吊杆长度大于 1.5m 时，应设置反支撑。当吊杆与设备相遇时，应调整并增设吊杆。

11）重型灯具、电扇及其他重型设备严禁安装在吊顶工程的龙骨上。

（2）暗龙骨吊顶工程

1）主控项目

①吊顶标高、尺寸、起拱和造型应符合设计要求。

检验方法：观察；尺量检查。

②饰面材料的材质、品种、规格、图案和颜色应符合设计要求。

检验方法：观察；检查产品合格证书、性能检测报告、进场验收记录和复验报告。

③暗龙骨吊顶工程的吊杆、龙骨和饰面材料的安装必须牢固。

检验方法：观察；手扳检查；检查隐蔽工程验收记录和施工记录。

④吊杆、龙骨的材质、规格、安装间距及连接方式应符合设计要求。金属吊杆、

龙骨应经过表面防腐处理；木吊杆、龙骨应进行防腐、防火处理。

检验方法：观察；尺量检查；检查产品合格证书、性能检测报告、进场验收记录和隐蔽工程验收记录。

⑤石膏板的接缝应按其施工工艺标准进行板缝防裂处理。安装双层石膏板时，面层板与基层板的接缝应错开，并不得在同一根龙骨上接缝。

检验方法：观察。

2）一般项目

①饰面材料表面应洁净、色泽一致，不得有翘曲、裂缝及缺损。压条应平直、宽窄一致。

检验方法：观察；尺量检查。

②饰面板上的灯具、烟感器、喷淋头、风口箅子等设备的位置应合理、美观，与饰面板的交接应吻合、严密。

检验方法：观察。

③金属吊杆、龙骨的接缝应均匀一致，角缝应吻合，表面应平整，无翘曲、锤印。木质吊杆、龙骨应顺直，无劈裂、变形。

检验方法：检查隐蔽工程验收记录和施工记录。

④吊顶内填充吸声材料的品种和铺设厚度应符合设计要求，并应有防散落措施。

检验方法：检查隐蔽工程验收记录和施工记录。

⑤暗龙骨吊顶工程安装的允许偏差和检验方法应符合表 2-1 的规定。

暗龙骨吊顶工程安装的允许偏差（mm）　　　　表 2-1

项次	项目	允许偏差（mm）				检验方法
		纸面石膏板	金属板	矿棉板	木板、塑料板、格栅	
1	表面平整度	3	2	2	3	用 2m 靠尺和塞尺检查
2	接缝直线度	3	1.5	3	3	拉 5m 线，不足 5m 拉通线，用钢尺检查
3	接缝高低差	1	1	1.5	1	用钢尺和塞尺检查

（3）明龙骨吊顶工程

1）主控项目

①吊顶标高、尺寸、起拱和造型应符合设计要求。

检验方法：观察；尺量检查。

②饰面材料的材质、品种、规格、图案和颜色应符合设计要求。当饰面材料为玻璃板时，应使用安全玻璃或采取可靠的安全措施。

检验方法：观察；检查产品合格证书、性能检测报告和进场验收记录。

③饰面材料的安装应稳固严密。饰面材料与龙骨的搭接宽度应大于龙骨受力面宽度的 2/3。

检验方法：观察；手扳检查；尺量检查。

④吊杆、龙骨的材质、规格、安装间距及连接方式应符合设计要求。金属吊杆、

龙骨应进行表面防腐处理;木龙骨应进行防腐、防火处理。

检验方法:观察;尺量检查;检查产品合格证书、进场验收记录和隐蔽工程验收记录。

⑤明龙骨吊顶工程的吊杆和龙骨安装必须牢固。

检验方法:手扳检查;检查隐蔽工程验收记录和施工记录。

2)一般项目

①饰面材料表面应洁净、色泽一致,不得有翘曲、裂缝及缺损。饰面板与明龙骨的搭接应平整、吻合,压条应平直、宽窄一致。

检验方法:观察;尺量检查。

②饰面板上的灯具、烟感器、喷淋头、风口篦子等设备的位置应合理、美观,与饰面板的交接应吻合、严密。

检验方法:观察。

③金属龙骨的接缝应平整、吻合、颜色一致,不得有划伤、擦伤等表面缺陷。木质龙骨应平整、顺直,无劈裂。

检验方法:观察。

④吊顶内填充吸声材料的品种和铺设厚度应符合设计要求,并应有防散落措施。

检验方法:检查隐蔽工程验收记录和施工记录。

⑤明龙骨吊顶工程安装的允许偏差和检验方法应符合表 2-2 的规定。

明龙骨吊顶工程安装的允许偏差和检验方法　　　　表 2-2

项次	项　目	允许偏差(mm)				检验方法
		石膏板	金属板	矿棉板	塑料板、玻璃板	
1	表面平整度	3	2	3	3	用2m靠尺和塞尺检查
2	接缝直线度	3	2	3	3	拉5m线,不足5m拉通线,用钢尺检查
3	接缝高低差	1	1	2	1	用钢尺和塞尺检查

2.1 轻钢龙骨吊顶施工

学习目标

通过本项目的学习和实训,主要掌握:

(1)根据实际工程合理进行轻钢龙骨吊顶施工准备。

(2)轻钢龙骨吊顶构造做法。

（3）轻钢龙骨吊顶施工工艺。

（4）正确使用检测工具对轻钢龙骨吊顶施工质量进行检查验收。

（5）进行安全、文明施工。

轻钢龙骨吊顶是以轻钢龙骨为吊顶的基本骨架，配以轻型装饰罩面板材组合而成的新型顶棚体系，被广泛用于公区建筑及商业建筑。

吊顶轻钢龙骨架作为吊顶造型骨架，由承载龙骨（又称主龙骨或大龙骨）、覆面次龙骨（又称中龙骨）、横撑龙骨及其相应的连接件组装而成。双层龙骨吊顶属于轻钢龙骨吊顶的一般做法。其做法是吊杆（$\phi 6mm \sim \phi 8mm$ 钢筋吊杆）直接吊卡大龙骨，双龙骨的间距为 1000~1200mm，其底部为中龙骨，用吊挂件挂在大龙骨上，其间距随板材尺寸而定，一般为 400~600mm。垂直于中龙骨的方向加中龙骨支撑，称为横撑龙骨，其间距也根据板材尺寸而定，一般为 400~1200mm。中龙骨支撑与中龙骨底要齐平。双层龙骨做法见图 2-2。结点做法见图 2-3。

轻钢龙骨吊顶施工工艺流程如下：

交接验收→找规矩→弹线→复检→吊筋制作安装→主龙骨安装→调平龙骨架→次龙骨安装→固定→质量检查→安装面板→质量检查→缝隙处理→饰面。

1. 施工准备

（1）技术准备

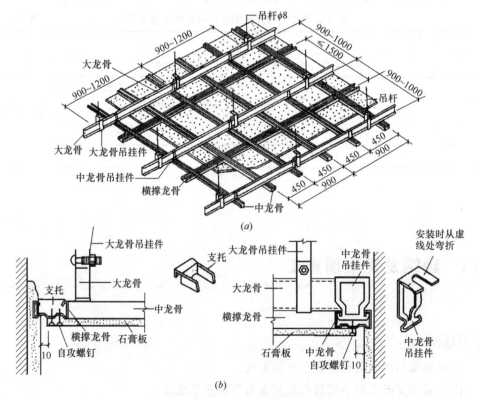

图 2-2 轻钢龙骨双层龙骨吊顶做法

（a）龙骨布置；（b）细部构造

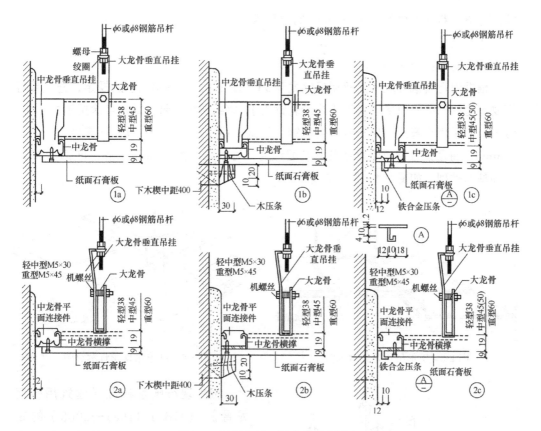

图 2-3 轻钢龙骨双层龙骨吊顶结点

编制轻钢龙骨吊顶工程施工方案，并对工人进行书面技术及安全交底。

（2）材料准备

1）龙骨材料

轻钢龙骨的分类方法较多，按其承载能力大小，可分为轻型、中型和重型三种，或者上人吊顶龙骨和不上人吊顶龙骨；按其型材断面形状，可分为 U 形吊顶、C 形吊顶、T 形吊顶和 L 形吊顶及其略变形的其他相应形式；按其用途及安装部位，可以分为承载龙骨、覆面龙骨和边龙骨等。

U 形轻钢龙骨用 1.2～1.5mm 镀锌钢板（或一般钢板）挤压成型制成，分为大龙骨、中龙骨、小龙骨，图 2-4。

①大龙骨

按其承载能力分为三级：不能承受上人荷载，断面宽为 30～38mm 的轻型级；能承受偶然上人荷载，可在其上铺设简易检修马道，断面宽度为 45～50mm 的中型级；能承受上人检修 0.8kN 集中荷载，可在其上铺设永久性

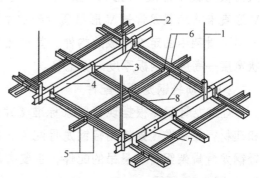

图 2-4 U 形吊顶龙骨示意图

1—吊杆；2—吊件；3—挂件；4—承载龙骨；5—覆面龙骨；6—挂插件；7—承载龙骨连接件；8—覆面龙骨连接件

检修马道，断面宽度为 60～100mm 的重型级。

②中龙骨：断面为 30～60mm。

③小龙骨：断面为 25～30mm。

根据现行国家标准《建筑用轻钢龙骨》(GB/T 11981—2008）的规定，建筑用轻钢龙骨型材制品是以冷轧钢板（或冷轧钢带）、镀锌钢板（带）或彩色涂层钢板（带）做原料，采用冷弯工艺生产的薄壁型钢。用做吊顶的轻钢龙骨，其钢板厚度为 0.27～1.5mm；将吊顶轻钢龙骨骨架及其装配组合，可以归纳为 U 形、T 形、H 形和 V 形四种基本类型，如图 2-4～图 2-7 所示。

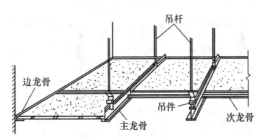

图 2-5 T 形吊顶龙骨示意图

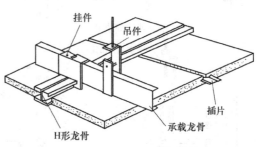

图 2-6 H 形吊顶龙骨示意图

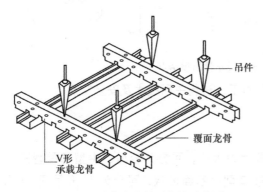

图 2-7 V 形直卡式吊顶龙骨示意图

根据现行国家标准《建筑用轻钢龙骨》（GB/T 11981—2008）的定义，承载龙骨是吊顶龙骨骨架的主要受力构件，覆面龙骨是吊顶龙骨骨架构造中固定罩面层的构件；T 形主龙骨是 T 形吊顶骨架的主要受力构件，T 形次龙骨是 T 形吊顶骨架中起横撑作用的构件；H 形龙骨是 H 形吊顶骨架中固定饰面板的构件；L 形边龙骨通常被用做 T 形或 H 形吊顶龙骨中与墙体相连，并于边部固定饰面板的构件；V 形直卡式承载龙骨是 V 形吊顶骨架的主要受力构件；V 形直卡式覆面龙骨是 V 形吊顶骨架中固定饰面板的构件。其产品标记顺序为：产品名称—代号—断面形状宽度—高度—钢板厚度—标记号。

2）吊顶轻钢龙骨的配件

轻钢龙骨配件根据现行国家标准《建筑用轻钢龙骨》（GB/T 11981—2008）和建材行业标准《建筑用轻钢龙骨配件》（JC/T 558—2007）的规定，用于吊顶轻钢龙骨骨架组合和悬吊的配件，主要有吊件、挂件、连接件及挂插件等，如图 2-8～图 2-10 所示。

吊顶轻钢龙骨配件的常用类型及其在吊顶骨架的组装和悬吊结构中的用途，如表 2-3 所示。

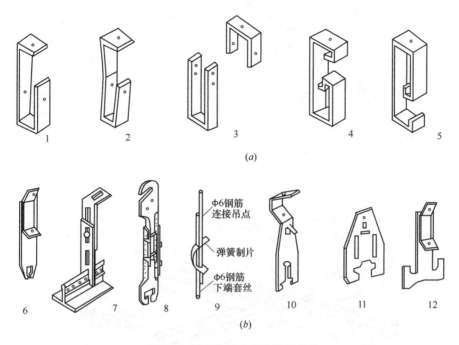

图 2-8 吊顶金属龙骨的常用吊件

(a) U形轻钢龙骨吊件；(b) T形及C形龙骨吊件

1~5—U形承载龙骨吊件（普通吊件）；6—T形主龙骨吊件；7—孔金属带吊件（T形龙骨吊件）；
8—游标吊件（T形龙骨吊件）；9—弹簧钢片吊件；10—T形龙骨吊件；11—C形主龙骨直接
固定式吊卡（CSR吊顶系统）；12—槽形主龙骨吊卡（C形龙骨吊件）

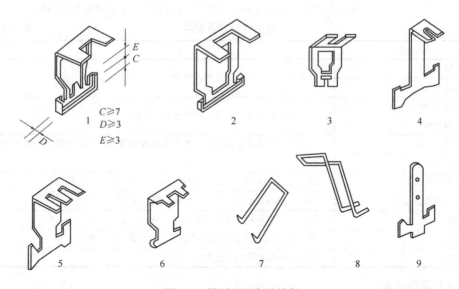

图 2-9 吊顶金属龙骨挂件

1，2—压筋式挂件（下部勾挂C形覆面龙骨）；3—压筋式挂件
（下部勾挂T形覆面龙骨）；4~6—平板式挂件（下部勾挂C形覆面龙骨）；
7，8—T形覆面龙骨挂件（T形龙骨连接钩、挂钩）；9—快固挂件（下部勾挂C形龙骨）

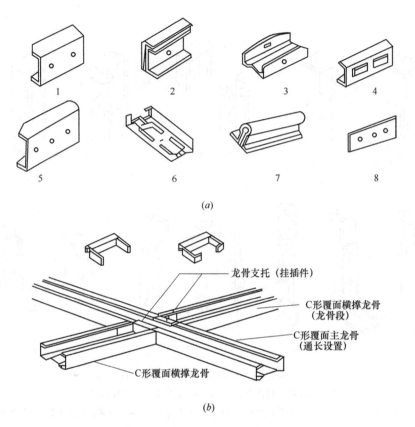

图 2-10 吊顶轻钢龙骨连接件及挂插件
（a）轻钢龙骨连接件（接长件）；（b）C 形龙骨挂插件
1，2，4，5—U 形承载龙骨连接件；3，6—C 形覆面龙骨连接件；7，8—T 形龙骨连接件

吊顶轻钢龙骨配件　　　　　　　　　　表 2-3

配件名称	用　　途
普通吊件	用于承载龙骨和吊杆之间的连接
弹簧卡吊件	
V 形直卡式龙骨吊件及其他特制吊件	用于各种配套承载龙骨和吊杆之间的连接
压筋式挂件	用于双层骨架构造吊顶的覆面龙骨和承载龙骨之间的连接，又称吊挂件，俗称"挂搭"
平板式挂件	
承载龙骨连接件	用于 U 形承载龙骨加长时的连接，又称接长件、接插件
覆面龙骨连接件	用于 C 形覆面龙骨加长时的连接，又称接长件、接插件
挂插件	用于 C 形覆面在吊顶水平面的垂直相接，又称支托、水平件
插件	用于 H 形龙骨（及其他嵌装暗式吊顶龙骨）中起横撑作用
吊杆	用于吊件和建筑结构的连接

3）罩面板材

纸面石膏板、石棉水泥板、矿棉吸声板、浮雕板、PVC 钙塑凹凸板及铝压缝条或塑料压缝条等。

4）吊杆

$\phi 6$、$\phi 8$ 钢筋。

5）固结材料

花篮螺丝、射钉、自攻螺钉、膨胀螺栓等。

6）材料的关键要求

①按设计要求可选用龙骨和配件及罩面板，材料品种、规格、质量应符合设计要求。

②对人造板、胶粘剂的甲醛、苯含量进行复检，检测报告应符合国家环保规定要求。

③吊顶工程中的预埋件、钢筋吊杆和型钢吊杆应进行防锈处理。

（3）机具准备

1）电动机具：电锯、无齿锯、手枪钻、射钉枪、冲击电锤、电焊机。

2）手动机具：拉铆枪、手锯、手刨子、钳子、螺丝刀、扳子、钢尺、钢水平尺、线坠等。

（4）作业条件

1）吊顶工程在施工前应熟悉施工图纸及设计说明。

2）吊顶工程在施工前应熟悉现场。

3）施工前应按设计要求对房间的净高、洞口标高和吊顶内的管道、设备及其支架的标高进行交接检验。

4）对吊顶内的管道、设备的安装及水管试压进行验收。

5）吊顶工程在施工中应做好各项施工记录，收集好各种有关文件。

6）做好材料进场验收记录和复验报告，技术交底记录。

7）板安装时室内湿度不宜大于70%以上。

2. 施工工艺

（1）操作工艺

1）交接验收

在正式安装轻钢龙骨吊顶之前，对上一步工序进行交接验收，如结构强度、设备位置、防水管线的铺设等，均要进行认真检查，上一步工序必须完全符合设计和有关规范的标准，否则不能进行轻钢龙骨吊顶的安装。

2）找规矩

根据设计和工程的实际情况，在吊顶标高处找出一个标准基础平面与实际情况进行对比，核实存在的误差并对误差进行调整，确定平面弹线的基准。

3）弹线

弹线的顺序是先竖向标高、后平面造型细部，竖向标高线弹于墙上，平面造型和细部弹于顶板上，主要应当弹出以下基准线。

①弹顶棚标高线

在弹顶棚标高线前，应先弹出施工标高基准线，一般常用0.5m为基线，弹于四周的墙面上。以施工标高基准线为准，按设计所定的顶棚标高，用仪器或量具沿室内墙面将顶棚高度量出，并将此高度用墨线弹于墙面上，其水平允许偏差不得大于

5mm。如果顶棚有叠级造型者,其标高均应弹出。

②弹水平造型线

根据吊顶的平面设计,以房间的中心为准,将设计造型按照先高后低的顺序,逐步弹在顶板上,并注意累计误差的调整。

③吊筋吊点位置线

根据造型线和设计要求,确定吊筋吊点的位置,并弹于顶板上。

④弹吊具位置线

所有设计的大型灯具、电扇等的吊杆位置,应按照具体设计测量准确,并用墨线弹于楼板的板底上。如果吊具、吊杆的锚固件必须用膨胀螺栓固定者,应将膨胀螺栓的中心位置一并弹出。

⑤弹附加吊杆位置线

根据吊顶的具体设计,将顶棚检修走道、检修口、通风口、柱子周边处及其他所有必须加"附加吊杆"之处的吊杆位置一一测出,并弹于混凝土楼板板底。

用水准仪在房间内每个墙(柱)角上抄出水平点(若墙体较长,中间也应适当抄几个点),弹出水准线(水准线距地面一般为500mm),从水准线量至吊顶设计高度加上12mm(一层石膏板的厚度),用粉线沿墙(柱)弹出水准线,即为吊顶次龙骨的下皮线。同时,按吊顶平面图,在混凝土顶板弹出主龙骨的位置。主龙骨应从吊顶中心向两边分,最大间距为1000mm,并标出吊杆的固定点,吊杆的固定点间距为900~1000mm,如遇到梁和管道固定点大于设计和规程要求,应增加吊杆的固定点。

4) 复检

在弹线完成后,对所有标高线、平面造型线、吊杆位置线等进行全面检查复核,如有遗漏或尺寸错误,均应及时补充和纠正。另外,还应检查所弹顶棚标高线与四周设备、管线、管道等有无矛盾,对大型灯具的安装有无妨碍,应当确保准确无误。

5) 吊筋制作安装

吊筋应用钢筋制作,吊筋的做法视楼板种类不同而不同。具体做法如下:

①预制钢筋混凝土楼板设吊筋,应在主体施工时预埋吊筋。如无预埋时应用膨胀螺栓固定,并保证连接强度。

②现浇钢筋混凝土楼板设吊筋,一是预埋吊筋,二是用膨胀螺栓或用射钉固定吊筋,保证强度。

无论何种做法均应满足设计位置和强度要求。

采用膨胀螺栓固定吊挂杆件。不上人的吊顶,吊杆长度小于1000mm,可以采用$\phi 6$的吊杆,如果大于1000mm,应采用$\phi 10$的吊杆,还应设置反向支撑。吊杆可以采用冷拔钢筋和盘圆钢筋,但采用盘圆钢筋应采用机械将其拉直。上人的吊顶,吊杆长度小于1000mm,可以采用$\phi 8$的吊杆,如果大于1000mm,应采用$\phi 10$的吊杆,还应设置反向支撑。吊杆的一端用L30×30×3角码焊接(角码的孔径应根据吊杆和膨胀螺栓的直径确定),另一端可以用攻丝套出大于100mm的丝杆,也可以买成品丝杆焊接。制作好的吊杆应做防锈处理,吊杆用膨胀螺栓固定在楼板上,用冲击电锤打孔，孔径应稍大于膨胀螺栓的直径。

吊挂杆件应通直并有足够的承载能力。当预埋的杆件需要接长时，必须搭接焊牢，焊缝要均匀饱满。吊杆距主龙骨端部距离不得超过 300mm 仍应增加吊杆。吊顶灯具、风口及检修口等应设附加吊杆。

上人吊顶采用图 2-11，不上人吊顶采用图 2-12 所示方法进行吊点紧固件的安装。

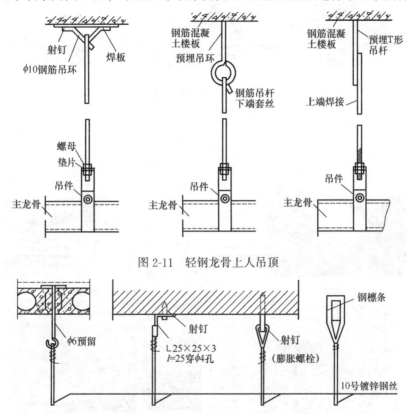

图 2-11 轻钢龙骨上人吊顶

图 2-12 轻钢龙骨不上人吊顶

6）安装轻钢龙骨架

①安装轻钢主龙骨

主龙骨按弹线位置就位，利用吊件悬挂在吊筋上（图 2-13），待全部主龙骨安装就位后进行调直调平定位，将吊筋上的调平螺母拧紧。主龙骨间距 900～1000mm，主龙骨分为轻钢龙骨和 T 形龙骨。轻钢龙骨可选用 UC50 中龙骨和 UC38 小龙骨。主龙骨应平行房间长向安装，同时应起拱，起拱高度为房间短向跨度的 1/1000～3/1000。主龙骨的悬臂段不应大于 300mm，否则应增加吊杆（图 2-14）。主龙骨的接长应采取对接，相邻龙骨的对接接头要相互错开。主龙骨挂好后应基本调平。跨度大于 15m 以上的吊顶，应在主龙骨上，每隔 15m 加一道大龙骨，并垂直主龙骨焊接牢固。如有大的造型顶棚，造型部分应用角钢或扁钢焊接成框架，并应与楼板连接牢固（图 2-15）。

将承载龙骨与吊杆通过垂直吊挂件连接。上人吊顶的悬挂，是用一个吊环将承载龙骨箍住，并拧紧螺丝固定；不上人吊顶的悬挂，用挂件卡在承载龙骨的槽中。见图 2-16。

图 2-13 吊件安装主龙骨

打孔　　　　　　　　　　　　安装预埋件膨胀螺栓

安装吊杆并做防锈处理，吊杆距主龙骨端部不大于300mm

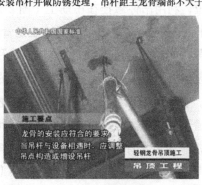

吊杆与设备相遇增设吊杆

图 2-14 安装吊杆

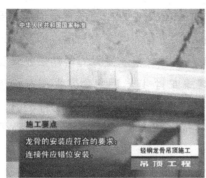 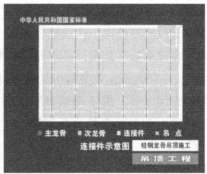

图 2-15 主龙骨接长

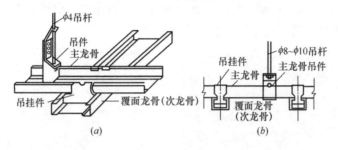

图 2-16 承载龙骨与覆面龙骨的连接

(a) 不上人吊顶；(b) 上人吊顶

在主龙骨与吊件及吊杆安装就位之后，以一个房间为单位进行调平调直。调整方法可用 600mm×600mm 方木按主龙骨间距钉圆钉，将主龙骨卡住，临时固定。方木两端要紧顶墙上或梁边，再拉十字和对角水平线，拧动吊杆螺母，升降调平。

②安装副龙骨

主龙骨安装完毕即可安装副龙骨。副龙骨有通长和截断两种。通长副龙骨与主龙骨垂直，截断副龙骨（也叫横撑龙骨）与通长副龙骨垂直（图 2-17）。副龙骨紧贴主龙骨安装，并与主龙骨扣牢，不得有松动及歪曲不直之处。副龙骨安装时应从主龙骨一端开始，高低叠级顶棚应先安装高跨部分后安装低跨部分。副龙骨的位置要准确，特别是板缝处，要充分考虑缝隙尺寸。

图 2-17 安装横撑龙骨

次龙骨分明龙骨（图2-18）和暗龙骨（图2-19）两种。暗龙骨吊顶：即安装罩面板时将次龙骨封闭在栅内，在顶棚表面看不见次龙骨。明龙骨吊顶：即安装罩面板时次龙骨明露在罩面板下，在顶棚表面能够看见次龙骨，次龙骨应紧贴主龙骨安装，次龙骨间距300~600mm。次龙骨分为T形烤漆龙骨 T形铝合金龙骨和各种条形扣板厂家配带的专用龙骨。用T形镀锌钢板连接件把次龙骨固定在主龙骨上时，次龙骨的两端应搭在L形边龙骨的水平翼缘上，条形扣板有专用的阴角线做边龙骨（如图2-20所示）。

③安装附加龙骨

角龙骨、连接龙骨等靠近柱子周边，增加附加龙骨或角龙骨时，按具体设计安装。凡高低叠级顶棚、灯槽、灯具、窗帘盒等处，根据具体设计应增加连接龙骨。

7）骨架安装质量检查（图2-21~图2-24）

图2-18　明龙骨

图2-19　暗龙骨

图2-20　安装边龙骨

图2-21　校正调平龙骨

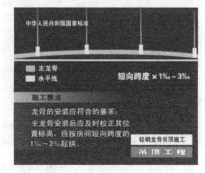
图2-22　龙骨起拱要求

图 2-23　安装吊顶内设备管线　　　　图 2-24　安装保温隔声材料

上述工序安装完毕后,应对整个龙骨架的安装质量进行严格检查。

①龙骨架荷重检查在顶棚检修孔周围、高低叠级处、吊灯吊扇等处,根据设计荷载规定进行加载检查。加载后如龙骨架有翘曲、颤动之处,应增加吊筋予以加强。增加的吊筋数量和具体位置,应通过计量而定。

②龙骨架安装及连接质量检查对整个龙骨架的安装质量及连接质量进行彻底检查。连接件应错位安装,龙骨连接处的偏差不得超过相关规范规定。

③各种龙骨的质量检查对主龙骨、副龙骨、附加龙骨、角龙骨、连接龙骨等进行详细质量检查。如发现有翘曲或扭曲之处以及位置不正、部位不对等处,均应彻底纠正。

8) 罩面板安装 (图 2-25～图 2-27)

图 2-25　安装面板前先调试设备管线　　　图 2-26　安装面板

图 2-27　明龙骨采用搁置法时安装紧固件

罩面板常有明装、暗装、半隐装三种安装方式。明装是指罩面板直接搁置在T形龙骨两翼上,纵横T形龙骨架均外露。暗装是指罩面板安装后骨架不外露。半隐装是指罩面板安装后外露部分骨架。

U形轻钢龙骨吊顶多采用暗装式罩面板。罩面板与龙骨的连接可采用螺钉、自攻螺钉、胶粘剂。采用整张的纸面石膏板做面层应进行二次装饰处理,常用做法为刷油漆、贴壁纸、喷耐擦洗涂料等。金属饰面板、塑料条板、扣板等不需要表面二次装饰。

纸面石膏板是轻钢龙骨吊顶常用的罩面板材,通常安装方法如下:

①纸面石膏的现场切割

大面积板料切割可使用板锯,小面积板料切割采用多用刀;用专用工具圆孔锯可在纸面石膏板上开各种圆形孔洞;用针锉可在板上开各种异型孔洞;用针锯可在纸面石膏板上开出直线形孔洞;用边角刨可对板边倒角;用滚锯可切割出小于120mm的纸面石膏板板条;使用曲线锯,可以裁割不同造型的异型板材。

②纸面石膏板罩面钉装

钉装时大多采用横向铺钉的形式。板与板之间的间隙宽度一般为6~8mm。纸面石膏板应在自由状态下就位固定,以防止出现弯棱、凸鼓等现象。纸面石膏板的长边(包封边),应沿纵向次龙骨铺设。板材与龙骨固定时,应从一块板的中间向板的四边循序固定,不得采用多点同时固定的做法。

用自攻螺钉铺钉纸面石膏板时,钉距以150~170mm为宜,螺钉应与板面垂直。自攻螺钉与纸面石膏板边的距离:距包封边(长边)以10~15mm为宜;距切割边(短边)以15~20mm为宜。钉头略埋入板面,但不能使板材纸面破损。自攻螺钉进入轻钢龙骨的深度应不小于10mm;在装钉操作中如出现有弯曲变形的自攻螺钉时,应予剔除,在相隔50mm的部位另安装自攻螺钉。

图2-28 双层石膏板上下层接缝应错缝

纸面石膏板拼接时,必须是安装在宽度不小于40mm的龙骨上,其短边必须采用错缝安装,错开距离应不小于300mm。纸面石膏板在吊顶面的平面排布,应从整张板的一侧向非整张板的一侧逐步安装。一般是以一个覆面龙骨的间距为基数,逐块铺排,余量置于最后。安装双层石膏板时,面层板与基层板的接缝也应错开(图2-28)。

9)嵌缝处理

嵌缝时采用石膏腻子和穿孔纸带或网格胶带。石膏腻子由嵌缝石膏粉加适量清水(1:0.6)静置5~6min后,经人工或机械搅拌而成,调制后应放置30min再使用。穿孔纸带是打有小孔的牛皮纸带,纸带上的小孔在嵌缝时可保证挤出石膏腻子的多余部分,纸带宽度为50mm。使用时应先将其置于清水中浸湿,这样有利于纸带与石膏腻子的粘合。也可采用玻璃纤维网格胶带,它有着较牛皮带更强的拉结能力，有更理想的嵌缝效果，故在一些重要部位可用它取代穿孔牛皮纸带，以降低板缝开裂的可能性。玻璃纤维网格胶带的宽度一般为 50mm。

在做嵌缝施工前，应先将所有的自攻螺钉的钉头做防锈处理，然后用石膏腻子嵌平。板缝的嵌填处理，其程序为（图 2-29）：

图 2-29 石膏板接缝处理

①清扫板缝

用小刮刀将石膏腻子均匀饱满地嵌入板缝，并在板缝处刮涂约 60mm 宽、1mm 厚的腻子盖上穿孔纸带（或玻璃纤维网格胶带），使用宽约 60mm 的腻子刮刀顺穿孔纸带（或玻璃纤维网格胶带）方向压刮，将多余的腻子挤出，并刮平、刮实，不要留有气泡。

②用宽约 150mm 的刮刀将石膏腻子填满约 150mm 的板缝处带状部分。

③用宽约 300mm 的刮刀再补一遍石膏腻子，其厚度不得超出 2mm。

④待腻子完全干燥后（约 12h），用 2 号砂布或砂纸将嵌缝石膏腻子打磨平滑，其中间可部分略微凸起，但要向两边平滑过渡。

（2）技术关键要求

弹线必须准确，经复验后方可进行下道工序。安装龙骨应平直牢固，龙骨间距和起拱高度应在允许范围内。

3. 质量标准

参见吊顶顶棚的工程质量验收标准。

质量关键要求：

（1）吊顶龙骨必须牢固、平整

利用吊杆或吊筋螺栓调整拱度。安装龙骨时应严格按放线的水平标准线和规矩线组装周边骨架。受力结点应装订严密、牢固、保证龙骨的整体刚度。龙骨的尺寸应符合设计要求，纵横拱度均匀，互相适应。吊顶龙骨严禁有硬弯，如有必须调直再进行固定。

（2）吊顶面层必须平整

施工前应弹线，中间按平线起拱。长龙骨的接长应采用对接；相邻龙骨接头要错开，避免主龙骨向一边倾斜。龙骨安装完毕，应经检查合格后再安装饰面板。吊件必须安装牢固，严禁松动变形。龙骨分格的几何尺寸必须符合设计要求和饰面板块的模数。饰面板的品种、规格符合设计要求，外观质量必须符合材料质量要求。

（3）大于 3kg 重型灯具、电扇及其他重型设备严禁安装在吊顶工程的龙骨上。

4. 成品保护

（1）轻钢骨架及罩面板安装应注意保护顶棚内各种管线。轻钢骨架的吊杆、龙骨不准固定在通风管道及其他设备上。

（2）轻钢骨架、罩面板及其他吊顶材料在入场存放、使用过程中严格管理，板上不宜放置其他材料，保证板材不受潮、不变形。

（3）施工顶棚部位已安装的门窗，已施工完毕的地面、墙面、窗台等应注意保护，防止污损。

（4）已装轻钢骨架不得上人踩踏。其他工种吊挂件或重物严禁吊于轻钢骨架上。

（5）为了保护成品，罩面板安装必须在棚内管道，试水、保温等一切工序全部验收后进行。

5. 安全环保措施

（1）吊顶工程的脚手架搭设应符合建筑施工安全标准。

（2）脚手架上堆料量不得超过规定荷载，跳板应用钢丝绑扎固定，不得有探头板。

（3）顶棚高度超过 3m 应设满堂红脚手架，跳板下应安装安全网。

（4）工人操作应戴安全帽，高空作业应系安全带。

（5）施工现场必须工完场清。清扫时应洒水，不得扬尘。

（6）有噪声的电动工具应在规定的作业时间内施工，防止噪声污染、扰民。

（7）废弃物应按环保要求分类堆放及消纳（如废塑料板、矿棉板、硅钙板等）。

（8）安装饰面板时，施工人员应戴手套，以防污染板面及保护皮肤。

（9）职业健康安全关键要求

1）在使用电动工具时，用电应符合《施工现场临时用电安全技术规范》（JGJ 46—2005）。

2）在高空作业时，脚手架搭设应符合规范要求。

3）施工过程中防止粉尘污染应采取相应的防护措施。

4）电、气焊的特殊工种，应注意对施工人员健康劳动保护设备配备齐全。

6. 质量记录

（1）施工技术资料

1）图纸会审记录。

2）施工技术交底记录。

（2）施工物资资料

1）材料、构配件进场检验记录。

2）进场材料的质量证明文件、检测报告和复试报告；有关人造板、胶粘剂的甲醛、苯含量检测报告等。

（3）施工测量记录

标高抄测记录。

（4）施工记录

1）隐蔽工程检查记录。

2）吊顶施工记录。

（5）施工质量验收记录

1）吊顶工程检验批质量验收记录表。

2）吊顶分项工程质量验收记录表。

3）吊顶工程质量分户验收记录表。

2.2 木龙骨吊顶施工

学习目标

通过本项目的学习和实训，主要掌握：

（1）根据实际工程合理进行木龙骨吊顶施工准备。

（2）木龙骨吊顶构造做法。

（3）木龙骨吊顶施工工艺。

（4）正确使用检测工具对木龙骨吊顶施工质量进行检查验收。

（5）进行安全、文明施工。

木龙骨吊顶是以木质龙骨为基本骨架，配以纸面石膏板、纤维板或其他人造板作为罩面板材组合而成的吊顶体系，其加工方便，造型能力强，但不适用于大面积吊顶。木龙骨胶合板是此类吊顶中最常见的一种做法。

吊顶木龙骨架是由木制龙骨拼装而成的吊顶造型骨架。当吊顶为单层龙骨时不设大龙骨，而用小龙骨组成方格骨架，用吊挂杆直接吊在结构层下部。

木龙骨架组装如图 2-30 所示。

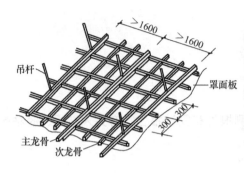

图 2-30　木龙骨架组装图

木龙骨吊顶施工工艺流程

弹线找平→安装吊杆→安装管线设施→龙骨架制作→龙骨架吊装→龙骨架整体调平→防腐处理→安装罩面板→板缝处理。

1. 施工准备

（1）材料准备

1）龙骨材料

木质龙骨材料应为烘干、无扭曲、无劈裂、不易变形、材质较轻的树种，以红松、白松、杉木为宜。主龙骨常用断面尺寸为 50mm×80mm 和 60mm×100mm，间距 1000mm×1500mm。木龙骨吊顶，不设中龙骨，小龙骨断面为 40mm×40mm 或 50mm×50mm，间距一般为 300mm×300mm 或 400mm×400mm。木龙骨应涂刷防火漆 2～3 遍。大面积吊顶都采用金属龙骨，小面积采用木龙骨，所以目前木龙骨一般不分主次龙骨结构，而采用纵横龙骨截面相同的组合形式。龙骨断面为 30mm×30mm 或 40mm×40mm。间距一般为 300mm×300mm 或 400mm×400mm。

2）罩面板材

常见的有纸面石膏板、各种装饰板、铝塑板等。

3）吊挂连接材料

木方、$\phi6$～$\phi8$ 钢筋、角钢、8 号镀锌铅丝。

4）固结材料

圆钉、射钉、平头自攻螺丝、膨胀螺栓、胶粘剂。

（2）机具准备

机械设备：电锯、电刨、射钉枪、冲击钻、手电钻、电焊机等。

主要工具：斧子、锯子、刨子、线坠、水平尺、墨斗、扳手、钳子、凿子、2m 卷尺、螺丝刀等。

（3）技术准备

编制木龙骨吊顶工程施工方案，并对工人进行书面技术及安全交底。

（4）作业条件

1）现浇钢筋混凝土板或预制楼板板缝中，按设计预埋吊顶固定件，如设计无要求时,可预埋 $\phi 6$ 或 $\phi 8$ 钢筋,间距为 1000mm 左右。

2)墙为砌体时,应根据顶棚标高,在四周墙上预埋固定龙骨的木砖。

3)顶棚内各种管线及通风管道,均应安装完毕,并办理验收手续。

4)直接接触土建结构的木龙骨,应预先刷防腐剂。

5)吊顶房间需做完墙面及地面的湿作业和屋面防水等工程。

6)搭好顶棚施工操作平台架。

2. 施工工艺

(1)弹线找平

放线是吊顶施工的标准,弹线包括:顶棚标高线、造型位置线、吊点位置、大中型灯位线等。

1)确定标高线

首先定出地面基准线,如果原地坪无饰面要求,则原地坪线为基准线;如果原地坪有饰面要求,则饰面后的地坪线为基准线。

以地坪基准线为起点,根据设计要求在墙(柱)面上量出吊顶的高度,并在该点画出高度线(作为吊顶的底标高)。

用一条灌满水的透明软管,一端水平面对准墙(柱)面上的高度线,另一端在同侧墙(柱)面上找出另一点,当软管内水平面静止时,画下该点的水平面位置,连接两点即得吊顶高度水平线。这种放线的方法称为"水柱法",简单易行,比较准确。确定标高线时,应注意一个房间的基准高度线只能用一个,如图 2-31 所示。

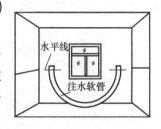

图 2-31 水平标高线的做法

2)确定造型位置线

对于规则的建筑空间,应根据设计的要求,先在一个墙面上量出吊顶造型位置距离,并按该距离画出平行于墙面的直线,再从另外三个墙面,用同样的方法画出直线,便可得到造型位置外框线,再根据外框线逐步画出造型的各个局部的位置。

对于不规则的建筑空间,可根据施工图纸测出造型边缘距墙面的距离,运用同样的方法,找出吊顶造型边框的有关基本点,将各点连线形成吊顶造型线。

由室内墙上大约 500mm 水平线上,用尺量至顶棚的设计标高,沿墙四周弹一道墨线,为吊顶下皮四周的水平控制线,其偏差不大于 ±5mm。然后,根据此水平线放出吊顶底面标高线。

用膨胀螺栓固定吊杆时,根据龙骨间距及吊点位置,按设计要求在顶棚下弹出吊点布置线和位置。对平顶顶棚,其吊点位置一般是按每平方米布置 1 个,在顶棚上均匀排布,对于有叠级造型的吊顶,应注意在分层交界处布置吊点,吊点间距为 0.8~1.2m,吊点距离边龙骨的距离不大于 300mm。较大的灯具应安排单独吊点来吊挂。

放线之后,应进行检查复核,主要检查吊顶以上部位的位置和管道对吊顶标高是否有影响,是否能按原标高进行施工,设备与灯具有否相碰等。如发现相互影响,应进行调整。

（2）安装吊杆

根据吊点布置线或预埋铁件位置，进行吊杆的安装。吊杆应垂直并有足够的承载能力，当预埋的杆需要接长时，必须搭焊牢，焊缝均匀饱满，不虚焊。吊杆间距一般为 900~1000mm，吊杆宜采用 $\phi 8$ 钢筋。

（3）顶棚内管线设施安装

在顶棚施工前各专业的管线设施应按顶棚的标高控制，按专业施工图安装完毕，并经打压试验和隐检验收。

（4）龙骨架制作

首先按照图纸尺寸进行木条下料，然后按照施工图标注的间距进行龙骨架拼装。龙骨架的拼装较为简单，主要采取钉、钉粘结合的方法（图 2-32~图 2-33）。

吊顶的龙骨架在吊装前，应在楼（地）面上进行拼装，拼装的面积一般控制在 $10m^2$ 以内，否则不便吊装。拼装时，先拼装大片的龙骨骨架，再拼装小片的局部骨架，拼装的方法常采用咬口（半榫扣接）拼装法，具体做法为：在龙骨上开出凹槽，槽深、槽宽以及槽与槽之间的距离应符合有关规定。然后，将凹槽与凹槽进行咬口拼装，凹槽处应涂胶并用钉子固定，如图 2-34、图 2-35 所示。

 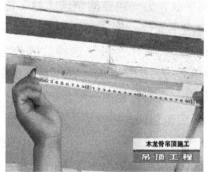

图 2-32 木龙骨帮条接长

木龙骨搭接处不应有明显错台　　木龙骨与石膏板接触面必须刨平

图 2-33 木龙骨安装要求

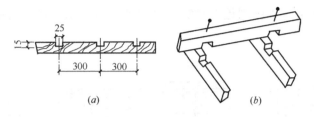

图 2-34 木龙骨利用槽口拼接示意图

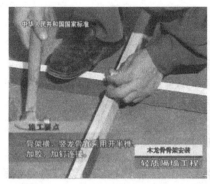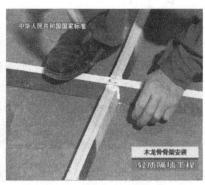

钉接

图 2-35 木龙骨连接

（5）龙骨架吊装

1）木龙骨安装

用吊挂件将大龙骨连接在吊杆上，拧紧螺丝固定牢固（也可用绑扎或铁钉钉牢）。

在房间四周墙上沿吊顶水平控制线，用胀管螺栓或钢钉固定靠墙的小龙骨（也称为沿墙龙骨）。小龙骨应紧贴大龙骨安装。吊顶面层为板材时，板材的接缝处必须有宽度不小于 40mm 的小龙骨或横撑。小龙骨间距为 400mm×500mm。钉中间部分的小龙骨时，应起拱。7~10m 跨度的房间，一般按 3/1000 起拱；10~15m 跨度，一般按 5/1000 起拱。

2）龙骨架与吊点固定

木龙骨架采用木吊杆时，截取的木吊杆料应长于吊点与龙骨架实际间距 100mm 左右，以便于调整高度；木龙骨架采用角钢或扁铁作吊杆时，在其端头要钻 2~3 个孔以便调整高度。角钢与木骨架的连接点可选择骨架的角位，用 2 枚木螺钉固定。扁铁与吊点连接件的连接可用 M6 螺栓，与木骨架用 2 枚木螺钉连接固定，见图 2-36。

图 2-36 木龙骨吊顶常用吊杆

吊点安装常采用膨胀螺栓、射钉、预埋铁件等方法，具体安装方法如图 2-37 所示。

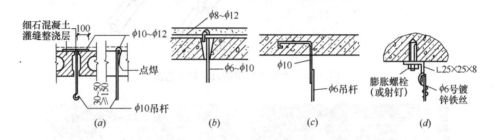

图 2-37 木质装饰吊顶的吊点固定形式

（a）预制楼板内浇筑细石混凝土时，埋设 $\phi 10 \sim \phi 12mm$ 短钢筋，另设吊筋将一端打弯钩于水平钢筋另一端从板缝中抽出；（b）预制楼板内埋设通长钢筋，另一端系其上一端从板缝抽出；（c）预制楼板内预埋钢筋弯钩；（d）用膨胀螺栓或射钉固定角钢连接件

①用冲击电钻在建筑结构面上打孔，然后放入膨胀螺栓。用射钉将角铁等固定在建筑结构底面。

②当在装配式预制空心楼板顶棚底面采用膨胀螺栓或射钉固定吊点时，其吊点必须设置在已灌实的楼板板缝处。

吊筋安装常采用钢筋、角钢、扁铁或方木，其规格应满足承载要求，吊筋与吊点的连接可采用焊接、钩挂、螺栓或螺钉的连接等方法。吊筋安装时，应做防腐、防火处理。

3）龙骨架分片吊装与连接

将拼接组合好的木龙骨架托起至吊顶标高位置，先做临时固定。临时固定的方法有：低于 3m 的吊顶骨架用高度定位杆做支撑；超过 3m 的吊顶骨架可先用钢丝固定在吊点上，然后根据吊顶标高线拉出纵横水平基准线，进行整片骨架调平，然后即将其靠墙部分与沿墙边龙骨钉接。

分片龙骨架在同一平面对接时，将其端头对正，然后用短木方钉于对接处的侧面或顶面进行加固。重要部位的骨架分片间的连接，应选用铁件进行加固（图 2-38）。

4）叠级吊顶

一般是自上而下开始吊装，其高低面的衔接，先以一条木方斜向将上下骨架定位，再用垂直方向的木方把上下两平面的龙骨架固定连接（图 2-39）。

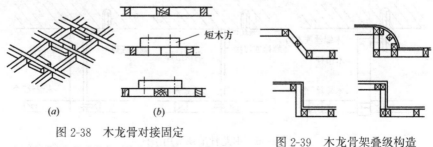

图 2-38 木龙骨对接固定

（a）短木方钉于龙骨架对接处的侧面；（b）顶面

图 2-39 木龙骨架叠级构造

（6）龙骨架整体调平

在各分片顶龙骨架安装就位之后，对于吊顶面需要设置的送风口、检修孔、内嵌式吸顶灯盘及窗帘盒等，在其预留位置处要加设骨架，进行必要的加固处理及增设吊杆等。全部按设计要求到位后，即在整个吊顶面下拉十字交叉的标高线，用以检查吊顶面的整个平整度及拱度，并且进行适当的调整。调整方法是，拉紧吊杆或下顶撑木，以保证龙骨吊平、顺直、中部起拱。校正后，应将龙骨的所有吊挂件和连接件拧紧、夹牢。

（7）罩面板安装

在木骨架底面安装顶棚罩面板，罩面板的品种较多，应按设计要求的品种、规格和固定方式分为圆钉钉固法、木螺丝拧固法、胶结粘固法三种方式。

1）圆钉钉固法：这种方法多用于胶合板、纤维板的罩面板安装。在已装好并经验收的木骨架下面，按罩面板的规格和拉缝间隙，在龙骨底面进行分块弹线，在吊顶中间顺通长小龙骨方向，先装一行作为基准，然后向两侧延伸安装。固定罩面板的钉距为200mm。

2）木螺丝固定法：这种方法多用于塑料板、石膏板、石棉板。在安装前罩面板四边按螺钉间距先钻孔，安装程序与方法基本上同圆钉钉固法。

3）胶结粘固法：这种方法多用于钙塑板，安装前板材应选配修整，使厚度、尺寸、边棱齐整一致。每块罩面板粘贴前应进行预装，然后在预装部位龙骨框底面刷胶，同时在罩面板四周刷胶，刷胶宽度为10~15mm，经5~10min后，将罩面板压粘在预装部位。每间顶棚先由中间行开始，然后向两侧分行逐块粘贴，胶粘剂按设计规定，设计无要求时，应经试验选用。

胶合板作为木龙骨吊顶的常用罩面板，其安装工艺如下：

1）施工准备

按照吊顶骨架分格情况，在挑选好的板材正面上画出装钉线，以保证能将面板准确地固定于木龙骨上。根据设计要求切割板块。方形板块应注意找方，保证四角为直角；当设计要求钻孔并形成图案时，应先做样板，按样板制作。然后在板块的正面四周，用手工细刨或电动刨刨出45°倒角，宽度2~3mm，对于要求不留缝隙的吊顶面板，此种做法有利于在嵌缝补腻子时使板缝严密并减少以后的变形程度。对于有留缝装饰要求的吊顶面板，可用木工修边机，根据图纸要求进行修边处理。

对有防火要求的木龙骨吊顶，其面板在以上工序完毕后应在面板反面涂防火涂料，晾干备用。对木骨架的表面应做同样的处理。

2）胶合板铺钉

①板材预排布置

对于不留缝隙的吊顶面板，有两种排布方式：一是整板居中，非整板布置于两侧；二是整板铺大面，非整板放在边缘部位。

②预留设备安装位置

吊顶顶棚上的各种设备，例如空调冷暖送风口、排气口、暗装灯具口等，应根据设计图纸，在吊顶面板上预留开口。

③面板铺钉

从板的中间向四周展开铺钉，钉位按画线确定，钉距为80～150mm。

（8）接缝处理

木吊顶的边缘接缝处理，主要是指不同材料的吊顶面交接处的处理，如吊顶面与墙面、柱面、窗帘盒、设备开口之间，以及吊顶的各交接面之间的衔接处理。接缝处理的目的是将吊顶转角接缝盖住。接缝处理所用的材料通常是木装饰线条、不锈钢线条和铝合金线条等。

常见的接缝处理形式如下：

1）阴角处理

阴角是指两吊顶面相交时内凹的交角。常用木线角压住，在木线角的凹进位置打入钉子，钉头孔眼可以用与木线条饰面相同的涂料点涂补孔。

2）阳角处理

阳角是指两吊顶面相交时外凸的交角，常用的处理方法有压缝、包角等。

3）过渡处理

过渡处理是指两吊顶面相接高度差较小时的交接处理，或者两种不同吊顶材料对接处的衔接处理。常用的过渡方法是用压条来进行处理，压条的材料有木线条或金属线条。木线条和铝合金线（角）条可直接钉在吊顶面上，不锈钢线条是用胶粘剂粘在小木方衬条上，不锈钢线条的端头一般做成30°或45°角的斜面，要求斜面对缝紧密、贴平。

（9）纸面石膏板作为木龙骨吊顶的常用罩面板，其安装要点如下：

1）尽量以整张铺设。增加工作效率，减少板缝。

2）板边应落在龙骨上，便于固定。

3）固定纸面石膏板应采用平头自攻螺丝，间距100mm左右。

4）应根据施工时温度留有一定板缝，便于变形时有一定的伸缩余地。

（10）有关结点的构造处理

木龙骨吊顶工程中常涉及的结点处理有暗装窗帘盒、暗装灯盘、暗装灯槽等。

1）暗装窗帘盒的结点构造

其结点处理一般有两种方法，一种是吊顶与方木薄板窗帘盒衔接，另一种是吊顶与厚夹板顶棚衔接，如图2-40所示。

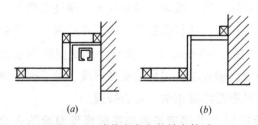

图2-40 暗装窗帘盒的结点构造

(a) 方木薄板窗帘盒；(b) 厚夹板窗帘盒

2）暗装灯盘节点构造

木吊顶与暗装灯盘的连接有两种形式，一是固定连接，二是悬吊连接，如图2-41所示。

3）与灯槽的连接结点

灯槽结点构造如图2-42所示。

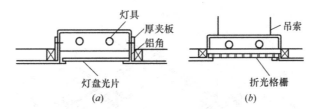

图 2-41 暗装灯盘结点构造

(a)灯盘与吊顶固定连接；(b)灯盘自行悬吊于建筑底面

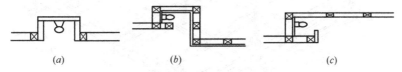

图 2-42 与灯槽的连接结点

(a)平面式；(b)侧向反光式；(c)顶面半反光式

3. 质量标准

参见吊顶顶棚的工程质量验收标准。

4. 成品保护（参见轻钢龙骨吊顶）

5. 安全环保措施（参见轻钢龙骨吊顶）

6. 质量文件（参见轻钢龙骨吊顶）

2.3 铝合金龙骨吊顶施工

学习目标

通过本项目的学习和实训，主要掌握：

(1) 根据实际工程合理进行铝合金龙骨吊顶施工准备。

(2) 铝合金龙骨吊顶构造做法。

(3) 铝合金龙骨吊顶施工工艺。

(4) 正确使用检测工具对铝合金吊顶施工质量进行检查验收。

(5) 进行安全、文明施工。

铝合金龙骨吊顶由 U 形轻钢龙骨作主龙骨（承载龙骨）与 L、T 形铝合金龙骨组装的双层吊顶龙骨可承受附加荷载，能上人，见图 2-43。由 L 形、T 形铝合金龙骨组装的单层轻型吊顶龙骨架承载力有限，不能上人。单层龙骨做法是铝合金龙骨吊顶较多采用的做法，见图 2-44。

T 形金属龙骨吊顶一种是明龙骨，操作时将饰面板直接摆放在 T 形龙骨组成的方格内，T 形龙骨的横翼外露，外观如同饰面板的压条效果。另一种是暗龙骨，施工

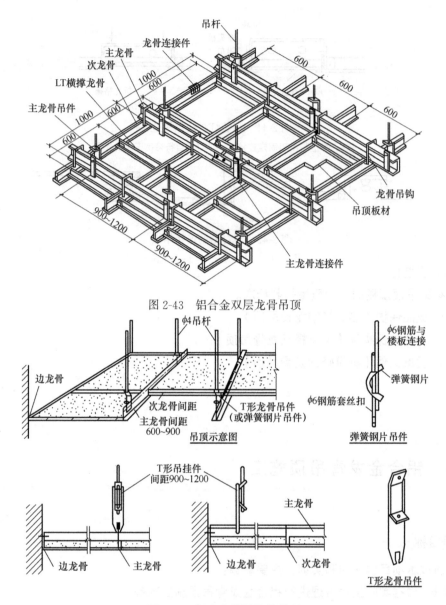

图 2-43 铝合金双层龙骨吊顶

图 2-44 铝合金单层龙骨吊顶

时将饰面板凹槽嵌入 T 形龙骨的横翼上，饰面板直接对缝，外观见不到龙骨横翼，形成大片整体拼装图案。见图 2-45。

铝合金龙骨吊顶施工工艺流程

单层龙骨主要工艺程序：弹线→安装吊点坚固件→安装大龙骨→安装中、小龙骨→检查调整龙骨系统→放置或镶嵌罩面板。

1. 施工准备

（1）材料准备

1）龙骨材料

T 形铝合金龙骨及配件（吊挂件、连接件等）。铝合金龙骨多为中龙骨，其断面为 T 形（安装时倒置），断面高度有 32mm 和 35mm 两种，在吊顶边上的中龙骨面为

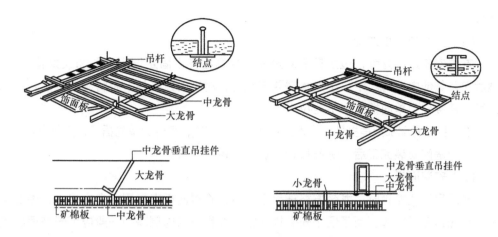

图 2-45 T形金属龙骨吊顶罩面板

断面 L 形。小龙骨（横撑龙骨）的断面为 T 形（安装是倒置），断面高度有 23mm 和 32mm 两种。

目前国内常用的铝合金龙骨及其配件，按其龙骨断面的形状、宽度分为几个系列，各厂家的产品规格也不完全统一（互换性差），在选用龙骨时要注意选用同一厂家的产品。

2）罩面板材

矿棉板、玻璃纤维板、装饰石膏板、钙塑装饰板、珍珠岩复合装饰板、钙塑泡沫塑料装饰板、岩棉复合装饰板等轻质板材，亦可用纸面石膏板、石棉水泥板等。

3）吊板

$\phi 4$ 钢筋、8 号铅丝 2 股、10 号镀锌钢丝 6 股。

4）固结材料

花篮螺丝、射钉、自攻螺钉、膨胀螺栓等。

（2）机具准备

同轻钢龙骨施工。

2. 施工工艺

（1）弹线

同轻钢龙骨施工。

（2）安装吊点紧固件

同轻钢龙骨不上人方法。

（3）安装大龙骨

采用单层龙骨时，大龙骨 T 形断面高度采用 38mm，适用于不上人明龙骨吊顶。有时采用一种中龙骨，纵横交错排列，避免龙骨纵向连接，龙骨长度为 2~3 个方格。单层龙骨安装方法，首先沿墙面上的标高线固定边龙骨，边龙骨底面与标高线齐平，在墙上用 $\phi 20$ 钻头钻孔，间距 500mm，将木楔子打入孔内，边龙骨钻孔，用木螺丝将龙骨固定于木楔上，也可用 $\phi 6$ 塑料胀管木螺丝固定，然后再安装其他龙骨，吊挂吊紧龙骨，吊点采用 900mm×900mm 或 900mm×1000mm，最后调平、调直、调方格尺寸。

(4) 安装中、小龙骨

首先安装边小龙骨，边龙骨底面沿墙面标高线齐平固定墙上，并和大龙骨挂接，然后安装其他中龙骨。中、小龙骨需要接长时，用纵向连接件，将特制插头插入插孔即可，插接件为单向插头，不能拉出。

在横撑龙骨端部用插接件，插入龙骨插孔即可固定，插件为单向插接，安装牢固。

整个房间安装完工后，进行检查，调直、调平龙骨。

(5) 安装面板

当采用明式龙骨时，龙骨方格调整平直后，将罩面板直接摆放在方格中，由龙骨翼缘承托饰面板四边。为了便于安装饰面板，龙骨方格内侧净距一般应大于饰面板尺寸2mm；饰面板尺寸通常为600mm×600mm、600mm×1200mm、500mm×500mm。

当采用暗式龙骨时，用卡子将罩面板暗挂龙骨上。

3. 质量标准

参见吊顶顶棚的工程质量验收标准。

4. 成品保护（参见轻钢龙骨吊顶）

5. 安全环保措施（参见轻钢龙骨吊顶）

6. 质量文件（参见轻钢龙骨吊顶）

2.4 开敞式吊顶施工

学习目标

通过本项目的学习和实训，主要掌握：

(1) 开敞式吊顶构造做法。

(2) 根据实际工程合理进行开敞式吊顶施工准备。

(3) 开敞式吊顶施工工艺。

(4) 正确使用检测工具对开敞式吊顶施工质量进行检查验收。

(5) 进行安全、文明施工。

开敞式吊顶是将各种材料的条板组合成各种形式方格单元或组合单元拼接块（有饰面板或无饰面板）悬吊于屋架或结构层下皮，单元体常用木质、塑料、金属等材料制作。形式有方形框格、菱形框格、叶片状、格栅式等。

开敞式吊顶的结构层不完全封闭，使室内顶棚饰面既遮又透，形成独特的艺术效果。当开敞式吊顶采用板状单元体时，还可得到声场的反射效果，为此，它常用做影剧院、音乐厅、茶室、商店、舞厅等室内吊顶。

开敞式吊顶在吊顶安装前，应对吊顶以上部分的建筑表面和设备表面进行涂黑处理。开敞式吊顶的构造简单，大多采用插接方法连接。

开敞式吊顶施工工艺流程如下：

结构面处理→放线找平→在地面上拼装单元体→吊装固定→整体调整→饰面处理。

1. 施工准备

（1）材料准备

1）单元体

一般常用已加工成的木装饰单体、铝合金装饰单体，见图2-46～图2-48。铝合金格栅式单体构件目前应用较多，其单体尺寸为610mm×610mm，用双层0.5mm厚的薄板加工而成，表面采用阳极氧化膜或漆膜处理，并有抗震、防火、重量轻等优点。

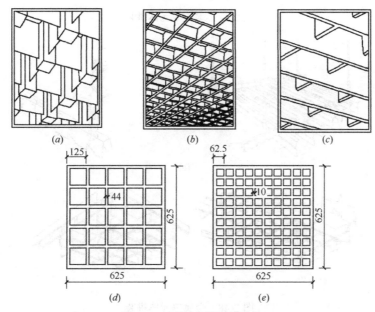

图2-46 开敞式吊顶单元体

2）吊杆

$\phi 6 \sim \phi 8$ 钢筋。

3）连接固件

射钉、水泥钉、膨胀螺栓、木螺丝、自攻螺丝等。

（2）机具准备

无齿锯、手锯、射钉枪、电动冲击钻、钳子、螺丝刀、扳手、方尺、钢尺、水平尺等。

2. 施工工艺

（1）结构面处理

通常对吊顶以上部分的结构表面进行涂黑或按设计要求进行涂饰处理。

（2）放线

包括标高线、吊挂点布置线、分片布置线。弹标高线、吊挂点布置的方法同前。

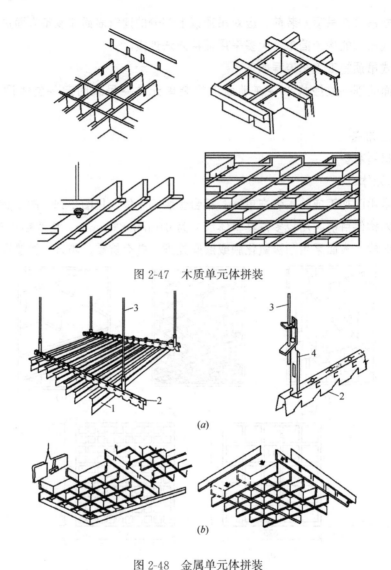

图 2-47 木质单元体拼装

图 2-48 金属单元体拼装
（a）格片型金属板单体构件拼装；（b）铝合金格栅型吊顶板拼装图
1—格片式金属板；2—格片龙骨；3—吊杆；4—吊挂件

分片布置线是根据吊顶的结构形式和分片的大小所弹的线。由挂点的位置需根据分片布置线来确定，以使吊顶的各分片材料受力均匀。

（3）地面拼装单元体

1）木质单元体拼装

木质单体及多体结构形式较多，常见的有单板方框式、骨架单板方框式、单条板式、单条板与方板组合式等拼装形式，见图 2-47。拼装时每个单体要求尺寸一致，角度准确，组合拼接牢固。

2）金属单元体拼装

包括格片型金属板单体构件拼装和格栅型金属板单体拼装。它们的构造较简单，大多数采用配套的格片龙骨与连接件直接卡接，见图 2-48。

（4）吊装固定：

1）固定吊杆

一般可采取在混凝土楼板底或梁底设置吊点，用冲击钻打孔固定膨胀螺栓，将吊杆焊于膨胀螺栓上或用 18 号铅丝绑扎；也可采用带孔射钉作吊点紧固件，需注意单个射钉的承载不得超过 50kg/m^3。

2）吊装施工

开敞式吊顶的吊装有直接固定法和间接固定法两种方法。

①直接固定法

单体或组合体构件本身有一定刚度时，可将构件直接用吊杆吊挂在结构上。

②间接固定法

对于本身刚度不够，直接吊挂容易变形的构件，或吊点太多，费工费时，可将单体构件固定在骨架上，再用吊杆将骨架挂于结构上，如图 2-49 所示。

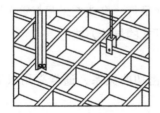 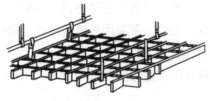

图 2-49 开敞式顶棚吊装固定

吊装操作时从一个墙角开始，分片起吊，高度略高于标高线并临时分片固定，再按标高基准线分片调平，最后将各分片连接处对齐，用连接件固定。

井格式吊顶安装是在结构层下部安装，与大龙骨、中龙骨安装卡槽互相卡接，最后调平。

（5）整体调整

沿标高线拉出多条平行或垂直的基准线，根据基准线进行吊顶面的整体调整，注意检查吊顶的起拱量是否正确，修正单体构件因固定安装而产生的变形，检查和连接部位的固定件是否可靠，对一些受力集中的部位进行加固。

（6）整体饰面处理

铝合金格栅式单体构件加工时表面已做阳极氧化膜或漆膜处理。木质吊顶饰面方式主要有油漆、贴壁纸、喷涂喷塑、镶贴不锈钢和玻璃镜面等工艺。喷涂饰面和贴壁纸饰面，可以与墙体饰面施工时一并进行，也可以视情况在地面先进行饰面处理，然后再行吊装。

（7）设备及吸声材料的布置

1）灯具的布置

开敞式吊顶的灯具布置，通常采用以下四种形式，如图 2-50 所示。

①隐蔽布置

将灯具布置在吊顶上部，并与吊顶保持一定的距离。这种做法，不能形成灯光集中照射，而由单体构件的遮挡形成漫射光。

②嵌入式布置

这种布置是将灯具嵌入单体构件中，使灯具下端与吊顶平面保持齐平，嵌入的形式可以是直筒式，也可以是其他形式。

③吸顶式布置

将一组日光灯组成的灯具直接固定在吊顶的下面，灯具可以是行列式排列，也可以是交错式排列。由于灯具是在吊顶面以下，故对灯具的选择，可以不受单体构件的尺寸限制。

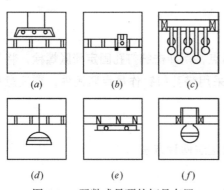

图 2-50 开敞式吊顶的灯具布置
(a) 隐蔽式；(b) 嵌入式；
(c) 吊挂式之一；(d) 吊挂式之二；
(e) 吸顶式；(f) 嵌入外露式

④吊挂式布置

这种布置形式，可选用各种吊顶（如单筒式吊灯、多头艺术吊灯等）进行多种组合。灯具的悬吊方式，可采用吊链直吊式、斜杆式的悬挂方式。

2）空调管道口布置

空调管道口的造型布置与开敞式吊顶有着密切的关系，通常采用以下两种布置形式：

①布置于吊顶上部

空调管道口布置于开敞式吊顶的上部，与吊顶保持一定的距离。这种布置使空调管道口比较隐蔽，同时，可以降低风口箅子的材质标准，安装也比较简单。

②嵌入单体构件内

这种布置是将空调管道口嵌入单体构件内，使风口箅子与单体构件相平，由于风口箅子是显露的，所以对其造型、材质、色彩均要求较高。

③吸声材料的布置

对于有吸声要求的房间，其开敞式吊顶需布置吸声材料，以使吊顶既具有装饰美感，又能满足声学方面的要求。吸声材料的布置有以下四种方法：

A. 在单体构件内装填吸声材料，组成吸声体吊顶。如将两块穿孔吸声板，中间夹上吸声材料组成复合吸声板，用这样的夹芯复合板再组合成不同造型的单体构件，使开敞式吊顶具有一定的吸声功能。吸声板的位置、数量由声学设计确定。

B. 在开敞式吊顶的上面平铺吸声材料。可以满铺，也可以局部铺放，铺放的面积根据声学设计所要求的吸声面积和位置来决定。为了不影响吊灯的装饰效果，通常将吸声材料用纱网布包裹起来，以防止吸声材料的纤维四处扩散。

C. 在吊顶与结构层之间悬有吸声材料。为此，应先将吸声材料加工成平板式吸声体，然后将其逐块悬吊。这种做法因其与吊顶相隔离，悬吊形式及数量不受吊顶的限制，较为机动灵活，其吸声效果也比较显著。

D. 将吸声材料做成开敞式吊顶的单元体，按声学设计要求的面积和位置布置吸声单元体，形成开敞式吊顶的组成部分；或者单元本身就是吸声体，组成开敞式吊顶。如北京月坛体育馆，将吸声体做成圆盘状，高低错落地悬吊在屋架下弦，好似一片片浮萍悬吊在室内空间，既增加了馆内的艺术气氛，又满足了吸声功能的需要，是一项吸声与吊顶有机结合的范例。

3. 质量标准

参见吊顶顶棚的工程质量验收标准。

小结

本节基于顶棚工程施工工作过程的分析，以现场顶棚施工操作的工作过程为主线，分别对轻钢龙骨吊顶、木龙骨吊顶、铝合金龙骨吊顶、开敞式吊顶施工过程中的技术准备、材料准备、机具准备、施工工艺流程、施工操作工艺、施工质量标准、成品保护、安全环保措施和质量文件进行了介绍。通过学习，你将能够根据实际工程选用顶棚施工工程材料并进行材料准备，合理选择施工机具，编制施工机具需求计划，通过施工图、相关标准图集等资料制定施工方案，在施工现场进行安全、技术、质量管理控制，正确使用检测工具对顶棚施工质量进行检查验收，进行安全、文明施工，最终成功完成顶棚工程施工。

思考题

1. 轻钢龙骨吊顶施工准备的主要内容有哪些？
2. 轻钢龙骨吊顶的施工工艺及主要内容有哪些？
3. 铝合金龙骨吊顶的施工工艺及主要内容有哪些？
4. 木龙骨吊顶的施工工艺及主要内容有哪些？
5. 请分析轻质板材吊顶面层变形的原因和防治措施。
6. 请分析吊顶不平的原因和防治措施。

操作题

请选择顶棚装饰装修成品进行工程质量检测，并填写检验批验收记录表。

项目实训

编制轻钢龙骨石膏板吊顶技术交底书。

单元 3

楼地面装饰装修工程施工

引　言

　　楼地面是指建筑物底层地面（地面）和楼层地面（楼面）的总称，属于装饰装修分部工程的一个子分部工程。在使用功能上，它不仅对地面、楼面工程的结构层起着保护和加强作用，而且在使用过程中，除承受家具、堆物等静荷载外，还将承受人的活动等动荷载和物体的撞击、摩擦等外力作用以及各种液体的侵蚀作用。同时，为满足使用功能，还具有隔声、隔热、防潮、防火、卫生和美观等特点。地面由基层和面层两部分组成。因地面工程中的各构造层均为隐蔽工程，实际操作中因检查工作量大而经常被忽视。本单元将主要学习整体类楼地面、块材类楼地面等常见楼地面的施工准备、施工工艺、质量标准、成品保护、安全环保措施、质量文件。

学习目标

　　通过学习，你将能够：
　　（1）根据实际工程选用楼地面装饰工程材料并进行材料准备。
　　（2）合理选择施工机具，编制施工机具需求计划。
　　（3）通过施工图、相关标准图集等资料制定施工方案。
　　（4）在施工现场进行安全、技术、质量管理控制。
　　（5）正确使用检测工具并对楼地面装饰装修工程施工质量进行检查验收。
　　（6）进行安全、文明施工。

关键概念

　　建筑地面；基层；面层

3.1 建筑地面工程概论

学习目标

掌握建筑地面构造；
掌握建筑地面工程质量检验基本规定。

1. 建筑地面构造

建筑地面是建筑物底层地面（地面）和楼层地面（楼面）的总称，由基层和面层两部分组成。基层是指面层下的构造层，包括基土、垫层（灰土垫层、砂垫层和砂石垫层、碎石垫层和碎砖垫层、三合土垫层、炉渣垫层、水泥混凝土垫层）或为了找坡、隔声、保温、防水或敷设管线等功能需要而设置的找平层、隔离层、填充层等。建筑面层按《建筑地面工程施工质量验收规范》（GB 50209—2002）的要求，划分为整体面层、板块面层以及木、竹面层三个子分部工程。各构造层的作用如下：

（1）面层

直接承受各种物理和化学作用的表面层，建筑地面的名称按其面层名称而定。

（2）结合层

面层与下一构造层相连接的中间层，也可作为面层的弹性基层。

（3）基层

基层是指面层下的构造层，包括填充层、隔离层、找平层、垫层和基土。

（4）找平层

在垫层上、楼板上或填充层（轻质、松散材料）上起整平、找坡或加强作用的构造层。

（5）隔离层

防止底层地面上各种液体（指水、油渗入非腐蚀性液体和腐蚀性液体）浸湿或地下水、潮气渗透地面等作用的构造层，仅防止地下潮气透过地面时，则称为防潮层。

（6）填充层

当面层、垫层和基土（或构造层）尚不能满足使用上或构造上的要求而增设的填充层，在建筑地面上起隔声、保温、找坡或敷设暗管线等作用的构造层。

（7）垫层

承受并传递地面荷载于基土上的构造层。

（8）基土

地面垫层下的土层（含地基加强或软土地基表面加固处理）。

以上所列各构造层，并非各种地面都具备。底层地面的基本构造层为面层、垫层和基土；楼层地面的基本构造层为面层和楼板。当底层地面和楼层地面的基本构造层不能满足使用或构造要求时，可增设结合层、隔离层、填充层、找平层等其他构造层。建筑地面构造如图 3-1、图 3-2 所示。

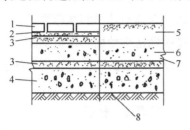

图 3-1 地面工程构造示意
1—块料面层；2—结合层；3—找平层；
4—垫层；5—整体面层；6—填充层；
7—隔离层；8—基土

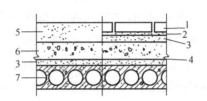

图 3-2 楼面工程构造示意
1—块料面层；2—结合层；
3—找平层；4—隔离层；5—整体面层；
6—填充层；7—楼板

建筑地面实例如图 3-3 所示。

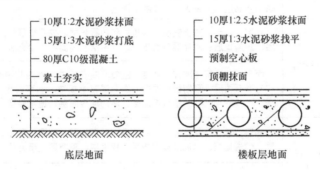

图 3-3 水泥砂浆地面

2. 地面设计要求

楼面、地面分别为楼层与底层地面的面层，是日常生活、工作和生产时必须接触的部分，也是建筑中直接承受荷载，经常受到摩擦、清扫和冲洗的装修部分，因此，对它有一定的功能要求。

（1）坚固耐久。能抗磨损、耐水及其他液体的侵蚀，在光照作用下不变质，不会由于霉菌作业而破坏，表面平整光洁、易清洁和不起灰。

（2）保温性能好。要求地面材料的导热系数小，给人以温暖舒适的感觉，冬季时走在上面不致感到寒冷。

（3）外形美观。地面的材料质感，图案花饰及色彩应符合美学要求，并与房间的用途相适应。

（4）某些特殊要求：如电话机房、电子计算机机房等，应能抗静电及磁场干扰；对有酸碱作用的房间，则要求地面有防腐能力；对有水的房间，地面应做好防腐防潮。

3. 地面的类型

按面层所用材料和施工方式不同，常见地面做法可分为以下几类：

（1）整体地面：是指在现场用浇筑的方法做成的整片地面。常用的有水泥砂浆地面、水泥混凝土地面和水磨石地面等。

（2）块材地面：是利用各种预制块材和板材镶铺在基层地面上的地面。常用的有砖铺地面、面砖、陶瓷马赛克地面、花岗石地面、大理石地面和木地面等。

（3）卷材地面：常用的有塑料地板地面、橡胶地毡楼地面和地毯地面。

（4）涂料地面：是利用涂料在水泥砂浆或混凝土地面的表面上涂刷而成的地面。

4. 建筑地面工程质量检验基本规定

建筑地面工程子分部工程、分项工程的划分，按表3-1执行。

建筑地面子分部工程、分项工程划分表　　　　表3-1

分部工程	子分部工程		分项工程
建筑装饰装修工程	地面	整体面层	基层：基土、灰土垫层，砂垫层和砂石垫层、碎石垫层和碎砖垫层、三合土垫层、炉渣垫层、水泥混凝土垫层、找平层、隔离层、填充层
			面层：水泥混凝土面层、水泥砂浆面层、水磨石面层、水泥钢（铁）屑面层、防油渗面层、不发火（防爆的）面层
		板块面层	基层：基土、灰土垫层，砂垫层和砂石垫层、碎石垫层和碎砖垫层、三合土垫层、炉渣垫层、水泥混凝土垫层、找平层、隔离层、填充层
			面层：砖面层（陶瓷马赛克、缸砖、陶瓷地砖和水泥花砖面层）、大理石面层和花岗石面层、预制板块面层（水泥混凝土板块、水磨石板块面层）、料石面层（条石、块石面层）、塑料板面层、活动地板面层、地毯面层
		木、竹面层	基层：基土、灰土垫层，砂垫层和砂石垫层、碎石垫层和碎砖垫层、三合土垫层、炉渣垫层、水泥混凝土垫层、找平层、隔离层、填充层
			面层：实木地板面层（条材、块材面层）、实木复合地板面层（条材、块材面层）、中密度（强化）复合地板面层（条材面层）、竹地板面层

（1）建筑地面工程采用的材料应按设计要求和本规范的规定选用，并应符合国家标准的规定；进场材料应有中文质量合格证明文件、规格、型号及性能检测报告，对重要材料应有复验报告。

（2）厕浴间和有防滑要求的建筑地面的板块材料应符合设计要求。

（3）建筑地面下的沟槽、暗管等工程完工后，经检验合格并做隐蔽记录，方可进行建筑地面工程的施工。建筑地面工程基层（各构造层）和面层的铺设，均应待其下一层检验合格后方可施工上一层。建筑地面工程各层铺设前与相关专业的分部（子分部）工程、分项工程以及设备管道安装工程之间，应进行交接检验。各类面层的铺设宜在室内装饰工程基本完工后进行。木、竹面层以及活动地板、塑料板、地毯面层的铺设，应待抹灰工程或管道试压等施工完工后进行。

（4）厕浴间、厨房和有排水（或其他液体）要求的建筑地面面层与相连接各类面层的标高差应符合设计要求。

（5）建筑地面工程施工质量的检验，应符合下列规定：

1）基层（各构造层）和各类面层的分项工程的施工质量验收应按每一层次或每层施工段（或变形缝）作为检验批，高层建筑的标准层可按每三层（不足三层按三层计）作为检验批。

2）每检验批应以各子分部工程的基层（各构造层）和各类面层所划分的分项工程按自然间（或标准间）检验，抽查数量应随机检验不应少于 3 间；不足 3 间，应全数检查；其中走廊（过道）应以 10 延长米为 1 间，工业厂房（按单跨计）、礼堂、门厅应以两个轴线为 1 间计算。

3）有防水要求的建筑地面子分部工程的分项工程施工质量每检验批抽查数量应按其房间总数随机检验不应少于 4 间，不足 4 间，应全数检查。

（6）建筑地面工程的分项工程施工质量检验的主控项目，必须达到《建筑地面工程施工质量验收规范》（GB 50209—2002）规定的质量标准，认定为合格；一般项目 80% 以上的检查点（处）符合《建筑地面工程施工质量验收规范》（GB 50209—2002）规定的质量要求，其他检查点（处）不得有明显影响使用，并不得大于允许偏差值的 50% 为合格。凡达不到质量标准时，应按现行国家标准《建筑工程施工质量验收统一标准》（GB 50300—2001）的规定处理。

（7）建筑地面工程完工后，施工质量验收应在建筑施工企业自检合格的基础上，由监理单位组织有关单位对分项工程、子分部工程进行检验。

（8）检验方法应符合下列规定：

1）检查允许偏差应采用钢尺、2m 靠尺、楔形塞尺、坡度尺和水准仪。

2）检查空鼓应采用敲击的方法。

3）检查有防水要求建筑地面的基层（各构造层）和面层，应采用泼水或蓄水方法，蓄水时间不得少于 24h。

4）检查各类面层（含不需铺设部分或局部面层）表面的裂纹、脱皮、麻面和起砂等缺陷，应采用观感的方法。

（9）建筑地面工程完工后，应对面层采取保护措施。

小结

本节分别对建筑地面构造组成、建筑地面设计要求、建筑地面分类和建筑地面验收基本规定进行了介绍。通过学习，你将能够掌握建筑地面构造组成和工程做法，掌握建筑地面验收基本规定，为建筑地面工程施工和质量验收打下基础。

思考题

1. 如何选择地面类型？
2. 如何划分地面工程验收检验批？
3. 常见的地面工程验收检测方法有哪些？

操作题

1. 试画出居住建筑卫生间地砖地面构造组成图。
2. 试画出徐州地区居住建筑卧室实木地板地面构造组成图（考虑地暖）。

3.2 基层施工

学习目标

（1）根据实际工程合理进行基层施工施工准备。

（2）学习基层施工工艺。

（3）在施工现场，进行安全、技术、质量管理控制。

（4）正确使用检测工具对基层施工质量进行检查验收。

（5）进行安全、文明施工。

基层铺设的材料质量、密实度和强度等级（或配合比）等应符合设计要求和规范规定的要求。基层铺设前，其下一层表面应干净、无积水。当垫层、找平层内埋设暗管时，管道应按设计要求予以稳固。基层的标高、坡度、厚度等应符合设计要求。基层表面应平整，其允许偏差应符合国家规范《建筑地面工程施工质量验收规范》（GB 50209—2002）的规定。

3.2.1 垫层施工

承受并传递地面荷载于基土上的构造层，一般起传递荷载和找平作用。通常用混凝土、三合土、灰土、碎砖、矿渣等构成。基本规定如下：

（1）地面的垫层类型选择应符合下列要求：

1）现浇整体面层和以胶粘剂或砂浆结合的块材面层，宜采用混凝土垫层。

2）以砂或炉渣结合的块材面层，宜采用碎石、矿渣、灰土或三合土等垫层。

（2）地面垫层的最小厚度应符合表 3-2 的规定。

垫层最小厚度、最低强度等级和配合比　　　　　表 3-2

序号	名　称	最小厚度（mm）	最低强度和配合比
1	混凝土垫层	60	C10
2	灰土垫层	100	2∶8（石灰∶灰土）
3	砂垫层	60	
4	砂石垫层	100	级配应合理
5	碎石和碎砖垫层	100	
6	三合土垫层	100	1∶3∶6（石灰∶砂∶粒料）
7	炉渣垫层	80	2∶8～3∶7（石灰∶炉渣）

（3）混凝土垫层的强度等级不应低于C10；混凝土垫层兼面层的强度等级不应低于C15。

3.2.1.1 水泥混凝土垫层施工

水泥混凝土垫层施工工艺流程如下：

检验水泥、砂子、石子质量→配合比实验→技术交底→准备机具设备→基底清理→找标高→搅拌→铺设混凝土垫层→振捣→养护→检查验收。

1. 施工准备

（1）技术准备

1）进行技术复核，基层标高、管道埋设符合设计要求，并经验收合格。

2）施工前应有施工方案，有详细的技术交底，并交至施工操作人员。

3）各种进场原材料进行进场验收，材料规格、品种、材质等符合设计要求，同时现场抽样进行复试，有相应施工配合比通知单。

（2）材料准备

1）水泥采用硅酸盐水泥、普通硅酸盐水泥或矿渣硅酸盐水泥，其强度等级不得低于32.5级。

水泥进场时应对其品种、级别、包装或散装仓号、出厂日期等进行检查，并应对其强度、安定性及其他必要的性能指标进行复验。

当在使用中对水泥质量有怀疑或水泥出厂超过三个月（快硬硅酸盐水泥超过一个月）时，应进行复验，并按复验结果使用。

2）砂宜采用中砂或粗砂，含泥量不应大于3%。

3）石采用碎石或卵石，粗骨料的级配要适宜，其最大粒径不应大于垫层厚度的2/3，含泥量不应大于2%。

4）水宜采用饮用水。

5）外加剂：混凝土中掺用外加剂的质量应符合现行国家标准《混凝土外加剂》（GB 8076—2008）的规定。

（3）机具准备

混凝土搅拌机、翻斗车、手推车、平板振捣器、磅秤、筛子、铁锹、小线、木拍板、刮杠、木抹子、钢尺、木耙等（图3-4、图3-5）。

图3-4 混凝土搅拌车

图3-5 混凝土切割机

(4）作业条件

1）主体结构工程质量已办完验收手续，门框安装完，墙四周已弹好+50cm水平标高线。

2）穿过楼板的暖、卫管线已安装完，管洞已浇筑细石混凝土，并已填塞密实，楼板孔洞均已进行了可靠封堵。

3）铺设在垫层中的水平电管已做完，并办完隐检手续。

4）在首层地面浇筑混凝土垫层前，穿过室内的暖气沟及沟内暖气管已做完，排水管道做完并办完验收手续，室内回填土已进行分项质量检验评定。

5）应已对所覆盖的隐蔽工程进行验收且合格，并进行隐检会签。

6）对所有作业人员已进行了技术交底，特殊工种必须持证上岗。

7）作业时的环境如天气、温度、湿度等状况应满足施工质量可达到标准的要求。

8）基层清理干净，检验合格。

2. 施工工艺

（1）操作工艺

1）清理基层：浇筑混凝土垫层前，应清除基层的淤泥和杂物，把沾在基层上的浮浆、落地灰等用錾子或钢丝刷清理掉，再用扫帚将浮土清扫干净。

2）找标高、弹线：根据墙上水平标高控制线，向下量出垫层标高，在墙上弹出控制标高线。垫层面积较大时，底层地面可视基层情况采用控制桩或细石混凝土（或水泥砂浆）做找平墩控制垫层标高；楼层地面采用细石混凝土或水泥砂浆做找平墩控制垫层标高。

3）混凝土搅拌

①混凝土搅拌机开机前应进行试运行，并对其安全性能进行检查，确保其运行正常。

②混凝土搅拌时应先加石子，后加水泥，最后加砂和水，其搅拌时间不得少于1.5min，当掺有外加剂时，搅拌时间应适当延长。

4）混凝土的运输：在运输中，应保持其匀质性，做到不分层、不离析、不漏浆。运到浇筑地点时，应具有要求的坍落度。

5）铺设混凝土

根据混凝土垫层的厚度，一般采用胎模，如图3-6、图3-7所示。

图3-6 混凝土垫层施工用模板——型钢胎模

图3-7 混凝土垫层施工用模板——木胎模

①铺设前,将基层湿润,并在基底上刷一道素水泥浆或界面结合剂,随刷随铺混凝土。

②混凝土铺设应从一端开始,由内向外铺设。混凝土应连续浇筑,间歇时间不得超过2h。如间歇时间过长,应分块浇筑,接槎处按施工缝处理,接缝处混凝土应捣实压平,不显接头槎。

③工业厂房、礼堂、门厅等大面积水泥混凝土垫层应分区段浇筑,分区段时应结合变形缝位置、不同类型的建筑地面连接处和设备基础的位置进行划分,并应与设置的纵向、横向缩缝的间距相一致。

④水泥混凝土垫层铺设在基土上,当气温长期处于 $0^\circ C$ 以下,设计无要求时,垫层应设置施工缝。

⑤室内地面的水泥混凝土垫层,应设置纵向缩缝和横向缩缝;纵向缩缝间距不得大于6m,并应做成平头缝或加肋板平头缝,当垫层厚度大于150mm时,可做企口缝;横向缩缝间距不得大于12m,横向缩缝应做假缝。平头缝和企口缝的缝间不得放置隔离材料,浇筑时应相紧贴,企口缝的尺寸应符合设计要求,假缝宽度为5~20mm,深度为垫层厚度的1/3,缝内填水泥砂浆,如图3-8、图3-9所示。

图3-8 施工缝留设

防止水泥混凝土垫层在气温降低时产生不规则裂缝而设置的收缩缝为缩缝,防止水泥混凝土垫层在气温升高时在缩缝边缘产生挤碎或拱起而设置的伸胀缝为伸缝。其中平行于混凝土施工流水作业方向的缩缝为纵向缩缝,垂直于混凝土施工流水作业方向的缩缝为横向缩缝。

⑥面积较大的水泥混凝土垫层或重要部位的水泥混凝土垫层,宜使用商品混凝土。

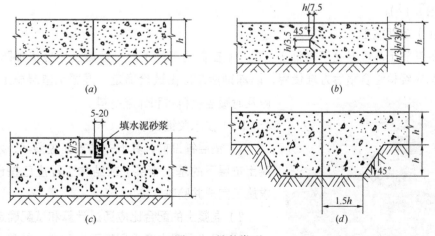

图3-9 缝的类型

(a)平头缝;(b)企口缝;(c)假缝;(d)垫层周边加肋构造

6）振捣混凝土：用铁锹摊铺混凝土，用水平控制桩和找平墩控制标高，虚铺厚度略高于找平墩，然后用平板振捣器振捣。厚度超过 200mm 时，应采用插入式振捣器，其移动距离不应大于作用半径的 1.5 倍，做到不漏振，确保混凝土密实。

7）混凝土表面找平：混凝土振捣密实后，以墙柱上水平控制线和水平墩为标志，检查平整度，高出的地方铲平，凹的地方补平。混凝土先用水平刮杠刮平，然后表面用木抹子搓平。有找坡要求时，坡度应符合设计要求，如图 3-10、图 3-11 所示。

图 3-10　表面找平——滚压抹平　　图 3-11　表面找平——机械磨平

8）混凝土强度应以标准养护，龄期为 28d 的试块抗压试验结果为准。混凝土宜采用表面振动器进行机械振捣，以保证混凝土的密实。

9）混凝土取样强度试块应在混凝土的浇筑地点随机取样，与试件留置应符合下列规定：

①拌制 100 盘且不超过 100m³ 的同配合比混凝土，取样不得少于一次。

②工作班拌制的同一配合比的混凝土不足 100 盘时，取样不得少于一次。

③每一层楼、同一配合比的混凝土，取样不得少于一次；当每一层建筑地面工程大于 1000m² 时，每增加 1000m² 应增做一组试块。小于 1000m²，按 1000m² 计算。当改变配合比时，亦应相应的制作试块组数。

每次取样应至少留置一组标准养护试件，同条件养护试件的留置根据实际需要确定（图 3-12）。

10）冬期施工

冬期施工环境温度不得低于 5℃。如在负温下施工时，混凝土中应掺加防冻剂，防冻剂应经检验合格后方准使用，防冻剂掺量应由试验确定。混凝土垫层施工完后，应及时覆盖塑料布和保温材料。

图 3-12　混凝土试块留设

（2）技术关键要求

1）垫层铺设前，其下一层表面应湿润，水泥混凝土垫层下的基土（层）或结构工程应已按设计要求施工完成并验收合格。

2）混凝土的配合比应通过计算和试配确定。

3）捣实混凝土宜采用表面振动器，其移动间距应能保证振动器的平板覆盖已振实部分的边缘，每一振处应使混凝土表面呈现浮浆和不再沉落。

4）混凝土浇筑完毕后，应在 12h 以内用草帘等加以覆盖和浇水，浇水次数应能保持混凝土具有足够的湿润状态，浇水养护时间不少于 7d。

3．质量标准

水泥混凝土垫层的厚度不应小于 60mm，水泥混凝土施工质量检验尚应符合现行国家标准《混凝土结构工程施工质量验收规范》（GB 50204—2002）的有关规定。

（1）主控项目

1）水泥混凝土垫层采用的粗骨料，其最大粒径不应大于垫层厚度的 2/3；含泥量不应大于 2%；砂为中粗砂，其含泥量不应大于 3%。

检查方法：观察检查和检查材质合格证明文件及检测报告。

2）混凝土的强度等级应符合设计要求，且不应小于 C10。

检查方法：观察检查和检查配合比通知单及检测报告。

（2）一般项目

水泥混凝土垫层表面的允许偏差和检验方法应符合表 3-3 规定。

水泥混凝土垫层表面的允许偏差和检验方法（mm） 表 3-3

项次	项目	允 许 偏 差（mm）	检验方法
1	表面平整度	10	用 2m 靠尺和楔形塞尺检查
2	标高	±10	用水准仪检查
3	坡度	不大于房间相应尺寸的 2/1000，且不大于 30	用坡度尺检查
4	厚度	在个别地方不大于设计厚度的 1/10	用钢尺检查

（3）质量关键要求

1）混凝土密实。

2）混凝土表面平整。

3）混凝土表面不出现裂缝。

4）混凝土搅拌现场、使用现场及运输途中遗漏的混凝土应及时回收处理。

4．成品保护

（1）浇筑的垫层混凝土强度达到 1.2MPa 以后，才可允许人员在其上面走动和进行其他工序施工。

（2）施工时，混凝土运输工具不得碰触门框，对隐蔽的电气线管应进行保护。

5．安全环保措施

（1）混凝土搅拌机械必须符合《建筑机械使用安全技术规程》（JGJ 33—2001）及《施工现场临时用电安全技术规范》（JGJ 46—2005）的相关规定，施工中应定期对其进行检查、维修，保证机械使用安全。

（2）原材料及混凝土在运输过程中，应避免扬尘、洒漏、粘带，必要时应采取遮盖、封闭、洒水、冲洗等措施。

（3）落地混凝土应在初凝前及时回收，回收的混凝土不得有杂物，并应及时运至拌合地点，掺入新混凝土中拌合使用。

（4）环境关键要求

1）砂、石、水泥应统一堆放，并应有防尘措施。

2）因混凝土搅拌而产生的污水应经过滤后排入指定地点。

3）混凝土搅拌机的运行噪声应控制在当地有关部门的规定范围内。

（5）职业健康安全关键要求

1）砂、石、水泥的投料人员应戴口罩，防止粉尘污染。

2）振动器的操作人员应穿胶鞋和戴胶皮手套。

6. 质量记录

（1）施工技术资料

1）施工方案。

2）施工技术交底记录。

（2）施工物资资料

1）材料、构配件进场检验记录。

2）进场材料（水泥、砂、石、外加剂等）的质量证明文件、检测报告和复试报告等。

（3）施工测量记录

标高测量记录

（4）施工记录

1）隐蔽工程检查记录。

2）水泥混凝土垫层施工记录。

（5）施工试验记录

1）混凝土配合比通知单。

2）混凝土强度试验报告。

（6）施工质量验收记录

1）水泥混凝土垫层工程检验批质量验收记录表。

2）水泥混凝土垫层分项工程质量验收记录表。

3.2.1.2 砂垫层和砂石垫层施工

砂垫层和砂石垫层施工工艺流程如下：

检验砂石料→实验确定施工参数→技术交底→准备机具设备→基底清理→分层铺砂石→洒水→分层夯实→检验密实度→修整找平→验收。

1. 施工准备

（1）技术准备

1）进行技术复核，基层标高、管道敷设符合设计要求，并经验收合格。

2）施工前应有施工方案，有详细的技术交底，并交至施工操作人员。

3）各种进场原材料规格、品种、材质等符合设计要求，进场后进行相应验收，并对砂石进行检验，级配和含泥量符合设计要求后方可使用；并有相应施工配合比通知单。

4）通过压实试验确定垫层每层虚铺厚度和压实遍数。

5）砂垫层或砂石垫层下的基土（层）应已按设计要求施工并验收合格。

6）砂石应选用天然级配材料，颗粒级配应良好，铺设时不应有粗细颗粒分离现象。虚铺厚度、压实遍数等参数应通过压实实验确定。

（2）材料准备

1）天然级配砂石或人工级配砂石宜采用质地坚硬的中砂、粗砂、砾砂、碎（卵）石、石屑或其他工业废料。在缺少中、粗砂和砾石的地区，可采用细砂，但宜同时掺入一定数量的碎石或卵石，其掺量应符合设计要求，颗粒级配应良好。

2）级配砂石材料，不得含有草根、树叶、塑料袋等有机杂物及垃圾。用做排水固结地基时，含泥量不宜超过3%。

3）碎石或卵石最大粒径不得大于垫层或虚铺厚度的2/3，并不宜大于50mm。

4）砂石应优先选用天然级配材料，材料级配符合设计和施工要求，不得有粗细颗粒分离现象，压（夯）至不松动为止。

（3）机具准备

蛙式打夯机、柴油式打夯机、手扶式振动压路机、手推车、筛子、铁锹、铁耙、量斗、水桶、喷壶、手推胶轮车、2m靠尺等；工程量较大时，大型机械有：自卸汽车、推土机、压路机及翻斗车等。

（4）作业条件

1）基土表面干净、无积水，已检验合格并办理隐检手续。

2）基础墙体、垫层内暗管埋设完毕，并按设计要求予以稳固，检查合格，并办理中间交接验收手续。

3）在室内墙面已弹好控制地面垫层标高和排水坡度的水平控制线或标志。

4）施工机具设备已备齐，经维修试用，可满足施工要求，水、电已接通。

2. 施工工艺

（1）操作工艺

1）清理基土

铺设垫层前先检验基土土质，清除松散土、积水、污泥、杂质，并打底夯两遍，使表土密实。

2）弹线、设标志

在墙面弹线，在地面设标桩，找好标高、挂线，做控制铺填砂或砂石垫层厚度的标准。

3）分层铺筑砂（或砂石）

①铺筑砂（或砂石）的厚度，一般为150~200mm，不宜超过300mm，分层厚度可用样桩控制。视不同条件，可选用夯实或压实的方法。大面积的砂垫层，铺填厚度可达350mm，宜采用6~10t的压路机碾压。

②砂和砂石宜铺设在同一标高的基土上，如深度不同时，基土底面应挖成踏步和

斜坡形，接槎处应注意压（夯）实。施工应按先深后浅的顺序进行。

③分段施工时，接槎处应做成斜坡，每层接槎处的水平距离应错开 0.5～1.0m，并充分压（夯）实。

4）洒水

铺筑级配砂在夯实碾压前，应根据其干湿程度和气候条件，适当洒水湿润，以保持砂的最佳含水量，一般为 8%～12%。

5）碾压或夯实

①夯实或碾压的遍数，由现场试验确定，作业时应严格按照试验所确定的参数进行。用打夯机夯实时，一般不少于 3 遍，木夯应保持落距为 400～500mm，要一夯压半夯，夯夯相接，行行相连，全面夯实。采用压路机碾压，一般不少于 4 遍，其轮距搭接不小于 500mm。边缘和转角处应用人工或蛙式打夯机补夯密实，振实后的密实度应符合设计要求。

②当基土为非湿陷性土层时，砂垫层施工可随浇水随压（夯）实。每层虚铺厚度不应大于 200mm。

6）找平和验收

施工时应分层找平，夯压密实，最后一层压（夯）完成后，表面应拉线找平，并且要符合设计规定的标高，凡超过标准高程的地方，及时依线铲平；凡低于标准高程的地方，应补砂石夯实。

7）雨期施工

砂施工应连续进行，尽快完成，施工中应有防雨排水措施，刚铺筑完或尚未夯实的砂，如遭受雨淋浸泡，应将积水排走，晾干后再夯打密实。

8）冬期施工

不得在基土受冻的状态下铺设砂，砂中不得含有冻块，夯完的砂表面应用塑料薄膜或草袋覆盖保温。砂石垫层冬期不宜施工。

9）质量控制

施工时应分层找平、夯压密实，采用环刀法取样，测定干密度，砂垫层干密度以不小于该砂料在中密度状态时的干密度数值为合格；中砂在中密度状态的干密度，一般为 $1.55～1.60g/cm^3$，下层密实度合格后，方可进行上层施工。用贯入法测定质量时，用贯入仪、钢筋或钢叉等检查贯入度，小于试验所确定的贯入度为合格。

(2) 技术关键要求

1）各种材料的材质符合设计要求，并经检验合格后方可使用。

2）砂垫层和砂石垫层的体积比符合设计要求。

3）若设计没有规定时，砂垫层厚度不应小于 60mm，砂石垫层厚度不宜小于 100mm。

3. 质量标准

(1) 主控项目

1）砂和砂石不得含有草根等有机杂质；砂应采用中砂；石子最大粒径不得大于

垫层厚度的 2/3。

检验方法：观察检查和检查材质合格证明文件及检测报告。

2）砂垫层和砂石垫层的干密度（或贯入度）应符合设计要求。

检验方法：观察检查和检查试验记录。

（2）一般项目

1）表面不应有砂窝、石堆等质量缺陷。

检验方法：观察检查。

2）砂垫层和砂石垫层的允许偏差应符合表 3-4 的规定。

检验方法：应按表 3-4 的检查方法检验。

砂垫层和砂石垫层表面的允许偏差和检验方法（mm） 表 3-4

项次	项目	允许偏差	检验方法
1	表面平整度	15	用 2m 靠尺和楔形塞尺检查
2	标高	±20	用水准仪检查
3	坡度	不大于房间相应尺寸的 2/1000，且不大于 30	用坡度尺检查
4	厚度	在个别地方不大于设计厚度的 1/10	用钢尺检查

（3）质量关键要求

1）砂垫层和砂石垫层施工温度不低于 0℃。如低于上述温度时，应按冬期施工要求，采取相应措施。

2）砂垫层铺平后，应洒水湿润，并宜采用机具振实。

3）垫层铺设时每层厚度宜一次铺设，不得在夯压后再行补填或铲削。

4）砂垫层采用机械或人工夯实时，均不应少于 3 遍，并压（夯）至不松动为止。

5）夯压完的垫层如遇雨水浸泡基土或行驶车辆振动造成使其松动，应在排除积水和整平后，重新夯压密实。

4. 成品保护

（1）垫层铺设完毕，应尽快进行上一层的施工，防止长期暴露；如长时间不进行上部作业则应进行遮盖和拦挡，并经常洒水湿润。

（2）搞好垫层周围排水措施，刚施工完的垫层，雨天应及时覆盖，不得受雨水浸泡。

（3）冬期应采取保温措施，防止受冻。

（4）已铺好的垫层不得随意挖掘，不得在其上行驶车辆或放重物。

5. 安全环保措施

（1）砂过筛时，操作人员应戴口罩、风镜、手套、套袖等劳动保护用品，并站在上风口作业。

（2）现场电气装置和机具应符合施工用电和机械设备安全管理规定。

（3）打夯机操作人员，必须戴绝缘手套和穿绝缘鞋，防止电伤人。两台打夯机在同一作业面夯实时，前后距离不得小于 5m，夯打时严禁夯打电线，以防触电。

（4）配备洒水车，对干砂石等洒水或覆盖，防止扬尘。

（5）现场噪声控制应符合有关规定。

（6）运输车辆应加以覆盖，防止遗洒。

（7）夜间施工时，要采用定向灯罩防止光污染。

（8）职业健康安全关键要求

1）砂过筛时，操作人员应戴口罩、风镜、手套、套袖等劳动保护用品，并站在上风口作业。

2）施工机械用电必须采用三级配电两级保护，使用三相五线制，严禁乱拉乱接；打夯机操作人员，必须戴绝缘手套和穿绝缘鞋，防止漏电伤人。

3）大型机械操作人员要持证上岗。

（9）环境关键要求

1）对扬尘的控制：配备洒水车，对砂石等洒水或覆盖，防止扬尘。

2）对机械的噪声控制：符合国家和地方的有关规定。

3）采用砂、石材、碎砖料铺设时，不应低于0℃；当低于所规定的温度施工时，应采取相应的冬期措施。

6. 质量记录

（1）施工技术资料

1）施工方案。

2）施工技术交底记录。

（2）施工物资资料

1）材料、构配件进场检验记录。

2）进场材料的质量证明文件、检测报告和复试报告等。

（3）施工测量记录

标高测量记录

（4）施工记录

1）隐蔽工程检查记录。

2）砂垫层和砂石垫层施工记录。

（5）施工试验记录

1）施工配合比单。

2）砂垫层和砂石垫层的干密度（或贯入度）试验记录。

（6）施工质量验收记录

1）砂垫层和砂石垫层工程检验批质量验收记录表。

2）砂垫层和砂石垫层分项工程质量验收记录表。

3.2.2 找平层工程施工

找平层工程施工工艺流程如下：

检验水泥、砂子（石子）质量→配合比试验→技术交底→准备机具设备→基底清理→找标高→搅拌→铺设水泥砂浆（混凝土）找平层→振捣→抹压平整→养护→检查验收。

1. 基本规定

（1）找平层采用水泥砂浆或水泥混凝土铺设，混凝土找平层下基层或结构层工程完工后，经检验合格并做隐蔽记录，方可进行找平层的施工。

（2）找平层铺设前与相关专业的分部（子分部）工程、分项工程以及设备管道安装工程之间，应进行交接检验。

（3）有防水要求的建筑地面，铺设前必须对立管、套管和地漏与楼板结点之间进行密封处理；排水坡度应符合设计要求。

（4）在预制钢筋混凝土板上铺设找平层前，板缝填嵌的施工应符合下列要求：

1）预制钢筋混凝土板相邻缝底宽不应小于20mm。

2）填嵌时板缝内应清理干净，并保持湿润。

3）填缝采用细石混凝土，其强度等级不得小于C20。填缝高度应低于板面10~20mm，且振捣密实，表面不应压光，填缝后应养护。

4）当板缝底宽大于40mm时，应按设计要求配置钢筋。

（5）在预制钢筋屋面板上铺设找平层时，其板端应按设计要求做防裂的构造措施。

（6）铺设找平层前，其下一层有松散材料时，应予铺平振实。

2. 施工准备

同水泥混凝土垫层施工准备部分内容。

3. 施工工艺

（1）清理基层

浇灌混凝土前，应清除基层的淤泥和杂物基层表面平整度应控制在10mm内。

（2）找标高、弹线

根据墙上水平标高控制线，向下量出找平层标高，在墙上弹出控制标高线。找平层面积较大时，采用细石混凝土或水泥砂浆找平墩控制垫层标高，找平墩60mm×60mm，高度同找平层厚度，双向布置，间距不大于2m。用水泥砂浆做找平层时，还应冲筋。

（3）混凝土或砂浆搅拌

1）混凝土搅拌机开机前应进行试运行，并对其安全性能进行检查，确保其运行正常。

2）混凝土搅拌时应先加石子，后加水泥，最后加砂和水，其搅拌时间不得少于1.5min，当掺有外加剂时，搅拌时间应适当延长。

3）水泥砂浆搅拌先向已转动的搅拌机内加入适量的水，再按配合比将水泥和砂子先后投入，再加水至规定配合比，搅拌时间不得少于2min。

4）水泥砂浆一次拌制不得过多，应随用随拌。砂浆放置时间不得过长，应在初凝前用完。

（4）混凝土、砂浆的运输

在运输中，应保持其匀质性，做到不分层、不离析、不漏浆。运到浇灌地点时，混凝土应具有要求的坍落度，砂浆应满足施工要求的稠度。

（5）铺设混凝土或砂浆

1）铺设前，将基层湿润，并在基底上刷一道素水泥浆或界面结合剂，随刷随铺混凝土或砂浆。

2）混凝土或砂浆铺设应从一端开始，由内向外连续铺设。混凝土应连续浇灌，间歇时间不得超过2h。如间歇时间过长，应分块浇筑，接槎处按施工缝处理，接缝处混凝土应捣实压平，不现接头槎。

3）工业厂房、礼堂、门厅等大面积水泥混凝土或砂浆找平层应分区段施工，分区段时应结合变形缝位置、不同类型的建筑地面连接处和设备基础的位置进行划分，并应与设置的纵向、横向缩缝的间距相一致。

4）室内地面的水泥混凝土找平层，应设置纵向缩缝和横向缩缝；纵向缩缝间距不得大于6m，并应做成平头缝或加肋板平头缝，当找平层厚度大于150mm时，可做企口缝；横向缩缝间距不得大于12m，横向缩缝应做假缝。

5）平头缝和企口缝的缝间不得放置隔离材料，浇筑时应互相紧贴，企口缝的尺寸应符合设计要求，假缝宽度为5~20mm，深度为找平层厚度的1/3，缝内填水泥砂浆。

（6）振捣混凝土

用铁锹摊铺混凝土或砂浆，用水平控制桩和找平墩控制标高，虚铺厚度略高于找平墩，然后用平板振捣器振捣。厚度超过200mm时，应采用插入式振捣器，其移动距离不应大于作用半径的1.5倍，做到不漏振，确保混凝土密实。

（7）混凝土或砂浆表面找平

混凝土振捣密实后，以墙柱上水平控制线和水平墩为标志，检查平整度，凸出的地方铲平，凹的地方补平。混凝土或砂浆先用水平刮杠刮平，然后表面用木抹子搓平，铁抹子抹平压光。

（8）找平层施工完后12h应进行覆盖和浇水养护，养护时间不得少于7d。

（9）冬期施工

冬期施工环境温度不得低于5℃。如在负温下施工时，混凝土中应掺加防冻剂，防冻剂应经检验合格后方准使用，防冻剂掺量应由试验确定。找平层施工完后，应及时覆盖塑料布和保温材料。

4. 质量标准

（1）主控项目

1）找平层采用碎石和卵石的粒径不应大于其厚度的2/3，含泥量不应大于2%；砂为中粗砂，其含泥量不应大于3%。

检验方法：观察检查和检查材质合格证明文件及检测报告。

2）水泥砂浆体积比或水泥混凝土的强度等级应符合设计要求，且水泥砂浆体积比不应小于 1：3（或相应的强度等级），水泥混凝土强度等级不应小于 C15。

检验方法：观察检查和检查配合比通知单及检测报告。

3）有防水要求的建筑地面工程的立管、套管、地漏处严禁渗漏，坡向应正确、无积水。

检验方法：观察检查和蓄水、泼水检验及坡度尺检查，一般蓄水深度为 20～30mm，24h 内无渗漏为合格。

（2）一般项目

1）找平层与下一层结合牢固，不得有空鼓。

检验方法：用小锤轻击检查。

2）找平层表面应密实，不得有起砂、蜂窝和裂缝等缺陷。

检验方法：观察检查。

3）找平层的表面的允许偏差应符合表 3-5 规定。

检验方法：应按表 3-5 的检查方法检验。

找平层的表面的允许偏差检验方法（mm） 表 3-5

项次	项目	允许偏差					检验方法
		毛地板		用沥青玛琋脂做结合层铺设拼花木板、板块面层	用水泥砂浆做结合层铺设板块面层	用胶粘剂做结合层铺设拼花木板、塑料板、强化复合地板、竹地板面层	
		拼花实木地板、拼花实木复合地板面层	其他种类面层				
1	表面平整度	3	5	3	5	2	用 2m 靠尺和楔形塞尺检查
2	标高	±5	±8	±5	±8	±4	用水准仪检查
3	坡度	不大于房间相应尺寸的 2/1000，且不大于 30					用坡度尺检查
4	厚度	在个别地方不大于设计厚度的 1/10					用钢尺检查

5. 成品保护

（1）混凝土或水泥砂浆运输

1）运送混凝土应使用不漏浆和不吸水的容器，使用前须湿润，运送过程中要清除容器内黏着的残渣，以确保浇灌前混凝土的成品质量。

2）混凝土运输应尽量减少运输时间，从搅拌机卸出到浇灌完毕的延续时间不得超过表 3-6 的规定。

3）砂浆贮存：砂浆应盛入不漏水的贮灰器中，并随用随拌，少量贮存。

（2）找平层浇灌完毕后应及时养护，混凝土强度达到 1.2MPa 以上时，方准施工人员在其上行走。

混凝土从搅拌机卸出到浇灌完毕的延续时间（min） 表3-6

混凝土强度等级	气温（℃）	
	低于25	高于25
≥C30	120	90
＜C30	90	60

（3）施工时应注意对定位定高的标准杆、尺、线的保护，不得触动、移位。

（4）对所覆盖的隐蔽工程要有可靠保护措施，不得因浇筑混凝土造成漏水、堵塞、破坏或降低等级。

（5）完工后在养护过程中应进行遮盖和拦挡，避免受侵害。

6. 安全环保措施（同混凝土垫层施工部分内容）

7. 质量记录

（1）施工技术资料

1）施工方案。

2）施工技术交底记录。

（2）施工物资资料

1）材料、构配件进场检验记录。

2）进场材料的质量证明文件、检测报告和复试报告等。

（3）施工测量记录

标高测量记录。

（4）施工记录

隐蔽工程检查记录。

（5）施工试验记录

水泥砂浆或水泥混凝土的配合比报告及强度试验报告。

（6）施工质量验收记录

1）找平层工程检验质量验收记录表。

2）找平层分项工程质量验收记录表。

3）地面找平层质量分户验收记录表。

8. 质量通病

（1）混凝土不密实

1）基层未清理干净，未能洒水湿润透，影响基层与垫层的粘结力。

2）振捣时漏振或振捣不够。

3）配合比掌握不准。

（2）混凝土或砂浆表面不平整

主要是混凝土铺设后，未按线找平，待水泥初凝后再进行抹平，已经比较困难了。因此要严格按照工艺标准操作，控制时间，铺设过程中随时拉线找平。

（3）不规则裂缝

1）垫层面积过大，未分层分段进行浇筑。

2）首层地面回填土不均匀下沉。

3）厚度不足 60mm 或垫层内管线过多。

（4）砂浆空鼓、起砂

1）基层未清理干净，未能洒水湿润透，影响基层与垫层的粘结力。

2）配合比掌握不准，缺乏必要的养护。

小结

本节基于楼地面基层工程施工工作过程的分析，以现场基层施工操作的工作过程为主线，分别对水泥混凝土垫层、砂垫层和砂石垫层、找平层施工施工过程中的技术准备、材料准备、机具准备、施工工艺流程、施工操作工艺、施工质量标准、成品保护、安全环保措施和质量文件进行了介绍。通过学习，你将能够根据实际工程选用基层工程材料并进行材料准备，合理选择施工机具，编制施工机具需求计划，通过施工图、相关标准图集等资料制定施工方案，在施工现场进行安全、技术、质量管理控制，正确使用检测工具对基层施工质量进行检查验收，进行安全、文明施工，最终成功完成基层工程施工。

思考题

1. 找平层工程存在哪些质量隐患？如何防治？
2. 简述水泥混凝土垫层的施工工艺。
3. 查阅并简述炉渣垫层施工工艺。
4. 混凝土垫层施工过后，若出现混凝土不密实、表面不平整、表面出现裂缝，其原因是什么？如何防治？

操作题

请查阅并编写基土压实系数的检测方法。

项目实训

1. 请查阅并编写炉渣垫层施工技术交底书。
2. 请查阅并编写基土施工技术交底书。
3. 请查阅并编写灰土垫层施工技术交底书。
4. 请查阅并编写隔离层施工技术交底书。

3.3 面层施工

学习目标

通过学习，你将能够：
（1）根据实际工程选用楼地面面层装饰工程材料并进行材料准备。
（2）合理选择施工机具，编制施工机具需求计划。
（3）通过施工图、相关标准图集等资料制定施工方案。
（4）在施工现场，进行安全、技术、质量管理控制。
（5）正确使用检测工具对楼地面面层装饰装修工程施工质量进行检查验收。
（6）进行安全、文明施工。

3.3.1 整体面层施工

学习目标

（1）根据实际工程合理进行整体类面层施工的施工准备。
（2）掌握整体类面层施工工艺。
（3）在施工现场，进行安全、技术、质量管理控制。
（4）正确使用检测工具对整体类面层施工质量进行检查验收。
（5）进行安全、文明施工。

整体面层是按设计要求选用不同材质和相应配合比，经现场施工铺设而成。施工一般基本规定如下：

（1）铺设整体面层时，其水泥类基层的抗压强度不得小于1.2MPa；表面应粗糙、洁净、湿润并不得有积水。铺设前宜刷界面处理剂。

（2）铺设整体面层，应符合设计要求。整体面层的变形缝应按设计要求设置，并应符合下列规定：

1）整体面层的沉降缝、伸缩缝和防震缝，应与结构相应缝的位置一致，且应贯通建筑地面的各构造层。

2）沉降缝和防震缝的宽度应符合设计要求，缝内清理干净，以柔性密封材料填嵌后用封板封盖，并与面层齐平。

（3）整体面层施工后，养护时间不少于7d，抗压强度应到5MPa后，方准上人行走；抗压强度应达到设计要求后，方可正常使用。

（4）当采用掺有水泥拌合料做踢脚线时，不得用石灰砂浆打底。

（5）整体面层的抹平工作应在水泥初凝前完成，压光工作在水泥终凝前完成。

3.3.1.1 水泥混凝土面层施工

水泥混凝土面层施工工艺流程如下：

检验水泥、砂子、石子质量→配合比试验→技术交底→准备机具设备→基底处理→找标高→贴饼冲筋→搅拌→铺设混凝土面层→振捣→撒面找平→压光→养护→检查验收。

1. 一般规定

（1）水泥混凝土面层是采用粗细骨料（碎石、卵石和砂），以水泥材料作胶结料，加水按一定的配合比，经拌制而成的混凝土拌合料铺设在建筑地面的基层上。

（2）水泥混凝土面层的混凝土强度等级按设计要求，但不应低于C20；水泥混凝土面层兼垫层时，其强度等级不应低于C15。在民用建筑地面工程中，因厚度较薄，水泥混凝土面层多数做法为细石混凝土面层。

2. 水泥混凝土面层构造

水泥混凝土面层常有两种做法，一种是采用细石混凝土面层，其强度等级不应小于C20，厚度为30～40mm；另一种是采用面层兼垫层，其强度等级不应小于C15，厚度按设计的垫层确定，但不应小于60mm，其构造做法见图3-13。

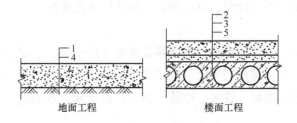

图3-13 混凝土楼地面构造示意图

1—混凝土面层兼垫层；2—细石混凝土面层；3—水泥类找平层；
4—基土（素土夯实）；5—楼层结构（空心板或现浇板）

3. 施工准备

（1）技术准备

1）审查图纸，制定施工方案，了解水泥混凝土的强度等级。

2）在施工前对操作人员进行技术交底。

3）抄平放线，统一标高。检查各房间的地坪标高，并将同一水平标高线弹在各房间四壁上，一般离设计的建筑地面标高500mm。

4）在穿过地面处的立管加上套管，再用水泥细石混凝土将四周稳牢堵严。

5）检查预埋在垫层内的电线管和管线重叠交叉集中部位的标高，并用细石混凝土事先稳牢（管线重叠交叉部位需设钢板网，各边宽出管子150mm）。

6）检查地漏标高，用细石混凝土将地漏四周稳牢堵严。

7）检查预埋地脚螺栓预留孔洞或预埋铁件的位置。

8）水泥混凝土面层下的各层做法应已按设计要求施工并验收合格。

9）铺设前应根据设计要求通过试验确定配合比。

（2）材料准备

1）水泥采用普通硅酸盐水泥、矿渣硅酸盐水泥，其强度等级不得低于32.5级。

2）砂宜采用中砂或粗砂，含泥量不应大于3%。

3）石采用碎石或卵石，其最大粒径不应大于面层厚度的2/3；当采用细石混凝土面层时，石子粒径不应大于15mm；含泥量不应大于2%。

4）水宜采用饮用水。

5）粗骨料的级配要适宜。粒径不大于15mm，也不应大于面层厚度的2/3。含泥量不大于2%。

6）材料的关键要求

①根据施工设计要求计算水泥、砂、石等的用量，并确定材料进场日期。

②按照现场施工平面布置的要求，对材料进行分类堆放和做必要的加工处理。

③水泥的品种与强度等级应符合设计要求，且有出厂合格证明及检验报告方可使用。

④砂、石不得含有草根等杂物；砂、石的粒径级配应通过筛分试验进行控制，含泥量应按规范严格控制。

⑤水泥混凝土应均匀拌制，且达到设计要求的强度等级。

（3）机具准备

混凝土搅拌机、拉线和靠尺、捋角器及地辗（用于碾压混凝土面层，代替平板振动器的振实工作，且在碾压的同时，能提浆水，便于表面抹灰）、平板振捣器、手推车、计量器、筛子、木耙、铁锹、小线、钢尺、胶皮管、木拍板、刮杠、木抹子、铁抹子等。

（4）作业条件

1）施工前在四周墙身弹好水准基准水平墨线（如+500mm线）。

2）门框和楼地面预埋件、水电设备管线等均应施工完毕并经检查合格。对于有室内外高差的门口位置，如果是安装有下槛的铁门时，尚应考虑室内外完成面能各在下槛两侧收口。

3）各种立管孔洞等缝隙应先用细石混凝土灌实堵严（细小缝隙可用水泥砂浆灌堵）。

4）办好作业层的结构隐蔽验收手续，应已对所覆盖的隐蔽工程进行验收且合格，并进行隐检会签。

5）作业层的顶棚、墙柱施工完毕。

6）对所有作业人员已进行了技术交底，特殊工种必须持证上岗。

7）作业时的环境如天气、温度、湿度等状况应满足施工质量可达到标准的要求。

4. 施工工艺

（1）操作工艺

1）基层清理

把沾在基层上的浮浆、落地灰等用錾子或钢丝刷清理掉，再用扫帚将浮土清扫干净；如有油污，应用5‰～10‰浓度火碱水溶液清洗。湿润后，刷素水泥浆或界面处理剂，随刷随铺设混凝土，避免间隔时间过长风干形成空鼓。

2）弹线、找标高

①根据水平标准线和设计厚度，在四周墙、柱上弹出面层的标高控制线。

②按线拉水平线抹找平墩（60mm×60mm，与面层完成面同高，用同种混凝土），间距双向不大于2m。有坡度要求的房间应按设计坡度要求拉线，抹出坡度墩。

③面积较大的房间为保证房间地面平整度，还要做冲筋，以做好的灰饼为标准抹条形冲筋，高度与灰饼同高，形成控制标高的"田"字格，用刮尺刮平，作为混凝土面层厚度控制的标准。当天抹灰墩、冲筋，并应当天抹完灰，不应隔夜。

3）混凝土搅拌

①混凝土的配合比应根据设计要求通过试验确定。

②投料必须严格过磅，精确控制配合比。每盘投料顺序为石子→水泥→砂→水。应严格控制用水量，搅拌要均匀，搅拌时间不少于90s，坍落度一般不应大于30mm。

4）混凝土铺设

①铺设前应按标准水平线用木板隔成宽度不大于3m的条形区段，以控制面层厚度。

②铺设时，先刷以水灰比为0.4～0.5的水泥浆，并随刷随铺混凝土，用刮尺找平。浇筑水泥混凝土的坍落度不宜大于30mm。

③水泥混凝土面层宜采用机械振捣，必须振捣密实。采用人工捣实时，滚筒要交叉滚压3～5遍，直至表面泛浆为止，然后进行抹平和压光。

④水泥混凝土面层不得留置施工缝。当施工间歇超过规定的允许时间后，在继续浇筑混凝土时，应对已凝结的混凝土接搓处进行处理，用钢丝刷刷到石子外露，表面用水冲洗，并涂以水灰比为0.4～0.5的水泥浆，再浇筑混凝土，并应捣实压平，使新旧混凝土接缝紧密，不显接头槎。

⑤混凝土面层应在水泥初凝前完成抹平工作，水泥终凝前完成压光工作。

⑥浇筑钢筋混凝土楼板或水泥混凝土垫层兼面层时，宜采用随捣随抹的方法。当面层表面出现泌水时，可加干拌的水泥和砂进行撒匀，其水泥和砂的体积比宜为1∶2～1∶2.5（水泥∶砂），并进行表面压实抹光。

⑦水泥混凝土面层浇筑完成后，应在12h内加以覆盖和浇水，养护时间不少于7d。浇水次数应能保持混凝土具有足够的湿润状态。

⑧当建筑地面要求具有耐磨损、不起灰、抗冲击、高强度时，宜采用耐磨混凝土面层。它是以水泥为主要胶结材料，配以化学外加剂和高效矿物掺合料，达到高强和高粘结力；选用人造烧结材料、天然硬质材料为骨料的耐磨混凝土面层铺在新拌水泥混凝土基层上形成复合面强化的现浇整体面层，其构造如图3-14所示。

⑨如在原有建筑地面上铺设时，应先铺设厚度不小于30mm的水泥混凝土一层，在混凝土未硬化前随即铺设耐磨混凝土面层，要求如下：

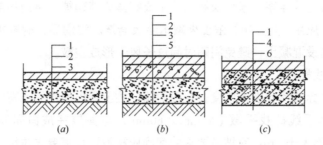

图 3-14 耐磨混凝土构造
1—耐磨混凝土面层；2—水泥混凝土垫层；3—细石混凝土结合层；
4—细石混凝土找平层；5—基土；6—钢筋混凝土楼板或结构整浇层

A. 耐磨混凝土面层厚度，一般为 10～15mm，但不应大于 30mm。

B. 面层铺设在水泥混凝土垫层或结合层上，垫层或结合层的厚度不应小于 50mm。当有较大冲击作用时，宜在垫层或结合层内加配防裂钢筋网，一般采用 $\phi 4@150～200mm$ 双向网格，并应放置在上部，其保护层控制在 20mm。

C. 当有较高清洁美观要求时，宜采用彩色耐磨混凝土面层。

D. 耐磨混凝土面层，应采用随捣随抹的方法。

E. 对复合强化的现浇整体面层下基层的表面处理同水泥砂浆面层。

F. 对设置变形缝的两侧 100～150mm 宽范围内的耐磨层应进行局部加厚 3～5mm 处理。

5）混凝土振捣和找平

①用铁锹铺混凝土，厚度略高于找平墩，随即用平板振捣器振捣。厚度超过 200mm 时，应采用插入式振捣器，其移动距离不大于作用半径的 1.5 倍，做到不漏振，确保混凝土密实。振捣以混凝土表面出现泌水现象为宜，或者用 30kg 重滚纵横滚压密实，表面出浆即可。

②混凝土振捣密实后，以墙柱上的水平控制线和找平墩为标志，检查平整度，凸的铲掉，凹处补平。撒一层干拌水泥砂（水泥：砂＝1：1），用水平刮杠刮平。有坡度要求的，应按设计要求的坡度施工。

6）表面压光

①当面层灰面吸水后，用木抹子用力搓打、抹平，将干拌水泥砂拌和料与混凝土的浆混合，使面层达到紧密接合。

②第一遍抹压：用铁抹子轻轻抹压一遍直到出浆为止。

③第二遍抹压：当面层砂浆初凝后（上人有脚印但不下陷），用铁抹子把凹坑、砂眼填实抹平，注意不得漏压。

④第三遍抹压：当面层砂浆终凝前（上人有轻微脚印），用铁抹子用力抹压。把所有抹纹压平压光，达到面层表面密实光洁。

7）养护

压光 12h 后即覆盖并洒水养护，养护应确保覆盖物湿润，每天应洒水 3～4 次

（天热时增加次数），约需延续 10～15d 左右。但当日平均气温低于 5℃ 时，不得浇水。

8）冬季施工时，环境温度不应低于 5℃。如果在负温下施工时，所掺抗冻剂必须经过试验室试验合格后方可使用。不宜采用氯盐、氨等作为抗冻剂，不得不使用时掺量必须严格按照规范规定的控制量和配合比通知单的要求加入。

（2）技术的关键要求

1）铺设混凝土面层时，宜在垫层或找平层的混凝土或水砂浆抗压强度达到 1.2MPa 后方能在其上做面层。基层应洁净湿润，表面应粗糙，如表面光滑应做毛化处理。

2）细石混凝土面层一般采用不低于 C20 的细石混凝土，混凝土面层一般采用不低于 C15 的混凝土提浆抹光，混凝土应采用机械搅拌，浇捣时混凝土的坍落度应不大于 30mm。

3）铺设混凝土时，先刷水灰比为 0.4～0.5 的水泥浆，随刷随铺混凝土，用平板振动器振捣密实。施工间歇后继续浇捣前，应对已硬化的混凝土接楼处的松散石子、灰浆等清除干净，并涂刷水泥浆，再继续浇捣混凝土，保证施工缝处混凝土的密实。

4）细石混凝土面层应在初凝前完成抹平工作，终凝前完成压光工作。地面面层与管沟、孔洞等邻接处应设置镶边。有地漏等带有坡度的面层，坡度应能满足排除液体的要求。

5）水泥混凝土面层施工时，要求保证施工温度在 +5℃ 以上。

5. 质量标准

（1）主控项目

1）水泥混凝土采用的粗骨料，其最大粒径不应大于面层厚度的 2/3，细石混凝土面层采用的石子粒径不应大于 15mm。

检验方法：观察检查和检查材质合格证明文件及检测报告。

2）面层的强度等级应符合设计要求，且水泥混凝土面层强度等级不应小于 C20；水泥混凝土垫层兼面层的强度等级不应小于 C15。

检验方法：检查配合比通知单及检测报告。

3）面层与下一层应结合牢固，无空鼓、裂纹。

检验方法：用小锤轻击检查。

注：空鼓面积不应大于 $400cm^2$，且每自然间（标准间）不多于 2 处可不计。

（2）一般项目

1）面层表面不应有裂纹、脱皮、麻面、起砂等缺陷。

检验方法：观察检查。

2）面层表面的坡度应符合设计要求，不得有倒泛水和积水现象。

检验方法：观察和采用泼水或用坡度尺检查。

3）水泥砂浆踢脚线与墙面紧密结合，高度一致，出墙厚度均匀。

检验方法：用小锤轻击、钢尺和观察检查。

注：局部空鼓长度不应大于300mm，且每自然间（标准间）不多于2处可不计。

4）楼梯踏步的宽度、高度应符合设计要求。楼层梯段相邻踏步高度差不应大于10mm，每踏步两端宽度差不应大于10mm，旋转楼梯梯段的每踏步两端宽度的允许偏差为5mm。楼梯踏步的齿角应整齐，防滑条应顺直。

检验方法：观察和钢尺检查。

5）水泥混凝土面层的允许偏差应符合表3-7的规定。

检验方法：按表3-7的检验方法检查。

水泥混凝土面层的允许偏差和检验方法　　　　　表3-7

项次	项 目	允许偏差（mm）	检 验 方 法
1	表面平整度	5	用2m靠尺和楔形塞尺检查
2	踢脚线上口平直	4	拉5m线和用钢尺检查，不足5m拉通线检查
3	缝格平直	3	拉5m线和用钢尺检查，不足5m拉通线检查

（3）质量关键要求

1）防止面层起砂。

2）防止面层起皮。

3）防止面层空鼓。

4）防止裂缝产生。

6. 成品保护

（1）当水泥混凝土整体面层的抗压强度达到设计要求后，其上面可走人，且在养护期内严禁在饰面上推动手推车、放重品及随意践踏。

（2）推手推车时不许碰撞门立边和栏杆及墙柱饰面，门框适当要包薄钢板保护，以防手推车轴头碰撞门框。

（3）施工时不得碰撞水电安装用的水暖立管等，保护好地漏、出水口等部位的临时堵头，以防灌入浆液杂物造成堵塞。

（4）施工过程中被沾污的墙柱面、门窗框、设备立管线要及时清理干净。

7. 安全环保措施

（1）清理楼面时，禁止从窗口、施工洞口和阳台等处直接向外抛扔垃圾、杂物。

（2）操作人员剔凿地面时要戴防护眼镜。

（3）夜间施工或在光线不足的地方施工时，应满足施工用电安全要求。

（4）特殊工种的操作人员，必须持证上岗。

（5）用卷扬机井架做垂直运输时，要注意联络信号，待吊笼平层稳定后再进行装卸操作。

（6）室内推手推车拐弯时，要注意防止车把挤手。

（7）拌制混凝土时所产生的污水必须经处理后才能排放。

8. 质量记录

（1）施工技术资料

1)施工方案。

2)施工技术交底记录。

(2)施工物资资料

1)材料、构配件进场检验记录。

2)进场材料的质量证明文件、检测报告和复试报告等。

(3)施工测量记录

标高测量记录。

(4)施工记录

1)隐蔽工程检查记录。

2)水泥混凝土面层施工记录。

(5)施工试验记录

1)混凝土配合比申请单、通知单。

2)混凝土强度试验报告。

(6)施工质量验收记录

1)水泥混凝土面层工程检验批质量验收记录表。

2)水泥混凝土面层分项工程质量验收记录表。

3.3.1.2 水泥砂浆面层施工

水泥砂浆面层施工工艺流程如下:

检验水泥、砂子质量→配合比试验→技术交底→准备机具设备→基底处理→找标高→贴饼冲筋→搅拌→铺设砂浆面层→搓平→压光→养护→检查验收。

1. 一般规定

(1)水泥砂浆面层在房屋建筑中是采用最广泛的一种建筑地面工程的类型。

水泥石屑面层主要是以石屑代替砂,目前已在不少地区使用,特别是缺砂地区,可以充分利用开山采石的副产品即石屑,这不但可就地取材,价格低廉,降低工程成本,获得经济效益,而且由于质量较好,表面光滑,也不会起砂,故适用于有一定清洁要求的地段。

(2)水泥砂浆面层是用细骨料(砂),以水泥材料做胶结料加水按一定的配合比,经拌制成的水泥砂浆拌合料,铺设在水泥混凝土垫层、水泥混凝土找平层或钢筋混凝土板等基层上而成。

水泥石屑面层是用石屑,以水泥材料做胶结料加水按一定的配合比,经拌制铺设而成。

(3)水泥砂浆的强度等级不应小于M15;如采用体积配合比宜为1:2~1:2.5(水泥:砂)。水泥石屑的体积配合比一般采用1:2(水泥:石屑)。

2. 水泥砂浆面层构造

水泥砂浆面层的厚度不应小于20mm,其构造做法如图3-15所示。

水泥砂浆面层有单层和双层两种做法。单层做法:其厚度为20mm,采用体积配合比宜为1:2(水泥:砂)。双层做法:下层的厚度为12mm,采用体积配合比宜为

1∶2.5（水泥∶砂）；上层的厚度为 13mm，采用体积配合比宜为 1∶1.5（水泥∶砂）。

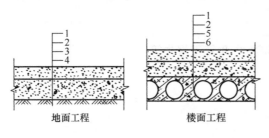

图 3-15　水泥砂浆面层构造做法示意图
1—水泥砂浆面层；2—刷水泥浆；
3—混凝土垫层；4—基土（分层夯实）；
5—混凝土找平层；6—楼层结构层

3. 施工准备

（1）材料准备

1）水泥砂浆面层所用水泥，宜优先采用硅酸盐水泥、普通硅酸盐水泥，且强度等级不得低于 32.5 级。如果采用石屑代砂时，水泥强度等级不低于 42.5 级。上述品种水泥在常用水泥中具有早期强度高、水化热大、干缩值较小等优点。

2）如采用矿渣硅酸盐水泥，其强度等级不低于 42.5 级，在施工中要严格按施工工艺操作，且要加强养护，方能保证工程质量。

3）水泥砂浆面层所用之砂，应采用中砂或粗砂，也可两者混合使用，其含泥量不得大于 3%。因为细砂拌制的砂浆强度要比粗、中砂拌制的砂浆强度约低 25%～35%，不仅其耐磨性差，而且还有干缩性大，容易产生收缩裂缝等缺点。

4）如采用石屑代砂，粒径宜为 3～6mm，含泥量不大于 3%。

5）材料配合比

①水泥砂浆：面层水泥砂浆的配合比应不低于 1∶2，其稠度不大于 3.5cm。水泥砂浆必须拌合均匀，颜色一致。

②水泥石屑浆：如果面层采用水泥石屑浆，其配合比为 1∶2，水灰比为 0.3～0.4，并特别要求做好养护工作。

（2）机具准备

砂浆搅拌机、拉线和靠尺、抹子和木杠、捋角器及地面磨光机（用于水泥砂浆面层的抹光）。

（3）施工作业条件

同混凝土面层的施工。

4. 施工工艺

（1）操作工艺

1）基层处理

①垫层上的一切浮灰、油渍、杂质，必须仔细清除，否则形成一层隔离层，会使面层结合不牢。

②表面较滑的基层，应进行凿毛，并用清水冲洗干净，冲洗后的基层，最好不要上人。

③宜在垫层或找平层的砂浆或混凝土的抗压强度达到 1.2MPa 后，再铺设面层砂浆，这样才不致破坏其内部结构。

④铺设地面前，还要再一次将门框校核找正，方法是先将门框锯口线抄平校正，并注意当地面面层铺设后，门扇与地面的间隙（风路）应符合规定要求。然后将门框固定，防止结构位移，致破坏其内部结构。

2）弹线、做标筋

①地面抹灰前，应先在四周墙上弹出一道水平基准线，作为确定水泥砂浆面层标高的依据。水平基准线是以地面±0.00及楼层砌墙前的抄平点为依据，一般可根据情况弹在标高50cm的墙上。

②根据水平基准线再把楼地面面层上皮的水平辅助基准线弹出。面积不大的房间，可根据水平基准线直接用长木杠抹标筋，施工中进行几次复尺即可。面积较大的房间，应根据水平基准线在四周墙角处每隔1.5～2.0m用1∶2水泥砂浆抹标志块，标志块大小一般是8～10cm见方。待标志块结硬后再以标志块的高度做出纵横方向通长的标筋以控制面层的厚度。地面标筋用1∶2水泥砂浆，宽度一般为8～10cm。做标筋时，要注意控制面层厚度，面层的厚度应与门框的锯口线吻合。

③对于厨房、浴室、卫生间等房间的地面，须将流水坡度找好。有地漏的房间。要在地漏四周找出不小于5%的泛水。抄平时要注意各室内地面与走廊高度的关系。

3）水泥砂浆面层铺设

①水泥砂浆应采用机械搅拌，拌合要均匀，颜色一致，搅拌时间不应小于2min。水泥砂浆的稠度（以标准圆锥体沉入度计，以下同）。当在炉渣垫层上铺设时，宜为25～35mm；

当在水泥混凝土垫层上铺设时，应采用干硬性水泥砂浆，以手捏成团稍出浆为准。

②施工时，先刷水灰比为0.4～0.5的水泥浆，随刷随铺随拍实，并应在水泥初凝前用木抹搓平压实。

③面层压光宜用钢皮抹子分三遍完成，并逐遍加大用力压光。当采用地面抹光机压光时，在压第二、第三遍中，水泥浆的干硬度应比手工压光时稍干一些。压光工作应在终凝前完成。

④当水泥砂浆面层干湿度不适宜时，可采取淋水或干拌的1∶1水泥和砂（体积比，砂须过3mm筛）进行抹平压光工作。

⑤当面层需分格时，应在水泥初凝后进行弹线分格。先用木抹搓一条约一抹子宽的面层，用钢皮抹子压光，并用分格器压缝。分格应平直，深浅要一致。

⑥当水泥砂浆面层内埋设管线等出现局部厚度减薄处并在10mm及10mm以下时，应按设计要求做防止面层开裂处理后方可施工。

⑦水泥砂浆面层铺好经1d后，用锯屑、砂或草袋盖洒水养护，每天两次，不少于7d。

⑧当水泥砂浆面层采用矿渣硅酸盐水泥拌制时，施工中应采取下列措施：

A. 严格控制水灰比，水泥砂浆稠度不应大于35mm，宜采用干硬性或半干硬性砂浆。

B. 精心进行压光工作，一般不应少于三遍。

C. 养护期应延长到 14d。

⑨当采用石屑代砂铺设水泥石屑面层时，施工除应执行上述的规定外，尚应符合下列规定：

A. 采用的石屑粒径宜为 3～5mm，其含粉量不应大于 3%。

B. 水泥宜采用硅酸盐水泥、普通硅酸盐水泥，其强度等级不宜小于 42.5 级。

C. 水泥与石屑的体积比宜为 1∶2（水泥∶石屑），其水灰比宜控制在 0.4。

D. 面层的压光工作不应小于两次，并做养护工作。

⑩当水泥砂浆面层出现局部起砂等施工质量缺陷时，可采用 108 胶水泥腻子进行修理、补强和装饰。施工工艺：处理好基层、表面洒水湿润，涂刷 108 胶水一道，满刮腻子 2～5 遍，厚度控制在 0.7～1.5mm，洒水养护，砂纸磨平、清除粉尘，再涂刷纯 108 胶一遍或做一道蜡面。

（2）技术的关键要求

1）当水泥砂浆面层下一层有水泥类材料时，其表面应粗糙、洁净和湿润，并不得有积水现象；当在预制钢筋混凝土板上铺设时，应在已压光的板上划毛、凿毛或涂刷界面处理剂。

2）当铺设水泥砂浆面层时，其下一层水泥类材料的抗压强度应不小于 1.2N/mm²。在铺设前应刷一遍水泥浆，其水灰比宜为 0.4～0.5，并应随刷随铺，随铺随拍实并控制其厚度。抹压时先用刮尺刮平，用木抹子抹平，再用铁抹压光。

3）水泥砂浆的配合比不宜低于 1∶2，其稠度（以标准圆锥体沉入度计）不应大于 35mm。抹平工作应在初凝前完成，压光工作应在终凝前完成。

4）水泥砂浆面层铺设后，表面应覆盖湿润，在常温下养护时间不应少于 7d。

5. 质量标准

（1）主控项目

1）水泥采用硅酸盐水泥、普通硅酸盐水泥，其强度等级不应小于 32.5 级，不同品种、不同强度的水泥严禁混用；砂应为中粗砂，当采用石屑时，其粒径应为 1～5mm，且含泥量不应大于 3%。

检验方法：观察检查和检查材质合格证明文件及检测报告。

2）水泥砂浆面层的体积比（强度等级）必须符合设计要求；且体积比应为 1∶2，强度等级不应小于 M15。

检验方法：检查配合比通知单和检测报告。

3）面层与下一层应结合牢固，无空鼓、裂纹。

检验方法：用小锤轻击检查。

注：空鼓面积不应大于 400cm²，且每自然间（标准间）不多于 2 处可不计。

（2）一般项目

1）面层表面的坡度应符合设计要求，不得有倒泛水和积水现象。

检验方法：观察和采用泼水或坡度尺检查。

2）面层表面应洁净，无裂纹、脱皮、麻面、起砂等缺陷。

检验方法：观察检查。

3）踢脚线与墙面应紧密结合，高度一致，出墙厚度均匀。

检验方法：用小锤轻击、钢尺和观察检查。

注：局部空鼓长度不应大于300mm，且每自然间（标准间）不多于2处可不计。

4）楼梯踏步的宽度、高度应符合设计要求。楼层梯段相邻踏步高度差不应大于10mm，每踏步两端宽度差不应大于10mm，旋转楼梯梯段的每踏步两端宽度的允许偏差为5mm。楼梯踏步的齿角应整齐，防滑条应顺直。

检验方法：观察和钢尺检查。

5）水泥砂浆面层的允许偏差应符合表3-8的规定。

检验方法：应按表3-8中的检验方法进行检验。

（3）质量关键要求

水泥砂浆面层的允许偏差和检验方法　　　　　表3-8

项次	项　目	允许偏差（mm）	检　验　方　法
1	表面平整度	4	用2m靠尺和楔形塞尺检查
2	踢脚线上口平直	4	拉5m线和用钢尺检查，不足5m拉通线检查
3	缝格平直	3	拉5m线和用钢尺检查，不足5m拉通线检查

1）避免起砂、起泡。

2）避免面层空鼓（起壳）。

6．成品保护

（1）施工时应注意对定位定高的标准杆、尺、线的保护，不得触动、移位。

（2）对所覆盖的隐蔽工程要有可靠保护措施，不得因浇筑砂浆造成漏水、堵塞、破坏或降低等级。

（3）地面压光24h后应铺锯末洒水养护，保持湿润。当水泥砂浆面层强度为5MPa时，才允许上人，达到设计强度后才允许使用。

（4）砂浆面层完工后在养护过程中应进行遮盖和拦挡，避免受侵害。

7．安全环保措施

（1）在运输、堆放、施工过程中应注意避免扬尘、遗撒、沾带等现象，应采取遮盖、封闭、洒水、冲洗等必要措施。

（2）运输、施工所用车辆、机械的废气、噪声等应符合环保要求。

（3）电气装置应符合施工用电安全管理规定。

8．质量记录

（1）施工技术资料

1）施工方案。

2）施工技术交底记录。

（2）施工物资资料

1)材料、构配件进场检验记录。

2)进场材料的质量证明文件、检测报告和复试报告等。

(3)施工测量记录

标高测量记录。

(4)施工记录

1)隐蔽工程检查记录。

2)水泥砂浆面层施工记录。

(5)施工试验记录

1)水泥砂浆配合比报告。

2)水泥砂浆强度试验报告。

(6)施工质量验收记录

1)水泥砂浆面层工程检验批质量验收记录表。

2)水泥砂浆面层分项工程质量验收记录表。

3)地面水泥砂浆面层质量分户验收记录表。

9. 常见的质量通病

(1)水泥砂浆楼地面起砂

1)现象

地面表面粗糙,光洁度差,颜色发白,不坚实。走动后,表面先有松散的水泥灰,用手摸时像干水泥面。随着走动次数的增多,砂粒逐步松动或有成片水泥硬壳剥落,露出松散的水泥和砂子。

2)原因分析

①水泥砂浆拌合物的水灰比过大,即砂浆稠度过大;根据试验证明,水泥水化作用所需的水分约为水泥重量的 $20\%\sim25\%$,即水灰比为 $0.2\sim0.25$。这样小的水灰比,施工操作是有困难的,所以实际施工时,水灰比都大于 0.25。但水灰比和水泥砂浆强度两者是成反比例的,水灰比增大,砂浆强度降低。如施工时用水量过多,将会大大降低面层砂浆的强度,同时,施工中还将造成砂浆泌水,进一步降低地面的表面强度,完工后一经走动磨损,就会起灰。

②工序安排不适当,以及底层过干或过湿等,造成地面压光时间过早或过迟;压光过早,水泥的水化作用刚刚开始,凝胶尚未全部形成,游离水分还比较多,虽经压光,表面还会出现水光(即压光后表面游浮一层水),对面层砂浆的强度和抗磨能力很不利,压光过迟,水泥已终凝硬化,不但操作困难,无法消除面层表面的毛细孔及抹痕,而且会扰动已经硬结的表面,也将大大降低面层砂浆的强度和抗磨能力。

③养护不适当。水泥加水拌合后,经过初凝和终凝进入硬化阶段。但水泥开始硬化并不是水化作用的结束,而是继续向水泥颗粒内部深入进行。水泥地面完成后,如果不养护或养护天数不够,在干燥环境中面层水分迅速蒸发,水泥的水化作用就会受到影响,减缓硬化速度,严重时甚至停止硬化致使水泥砂浆脱水而影响强度和抗磨能力。此外,如果地面抹好后不到 24h 就浇水养护,也会导致大面积脱皮,砂粒外露,

使用后起砂。

④水泥地面在尚未达到足够的强度就上人走动或进行下道工序施工，使地表面遭受破坏，容易导致地面起砂。这种情况在气温低时尤为显著。

⑤水泥地面在冬期低温施工时，若门窗未封闭或无供暖设备，就容易受冻。水泥砂浆受冻后，强度将大幅度下降，这主要是水在低温下结冰时，体积将增加9%，解冻后，不复收缩，因而使孔隙率增大，同时，骨料周围的一层水泥浆膜，在冰冻后其粘结力也被破坏，形成松散颗粒，一经人走动也会起砂。

⑥原材料不合要求

水泥强度等级低，或用过期结块水泥，受潮结块水泥，这种水泥活性差，影响地面面层强度和耐磨性能。砂子粒度过细，拌合时需水量大，水灰比加大，强度降低。试验证明，用同样配合比做成的砂浆试块，细砂拌制的砂浆强度比用粗、中砂拌制的砂浆强度约低26%～35%。砂含泥量过大，也会影响水泥与砂的粘结力，容易造成地面起砂。

（2）水泥砂浆楼地面面层空鼓

1）现象

楼、地面空鼓多发生于面层和垫层之间，或垫层和基层之间。空鼓处用小锤敲击有空鼓声。

受力后，容易开裂。严重时大片剥落破坏地面使用功能。

2）原因分析

①垫层（或基层）表面清理不干净，有浮灰、浆膜或其他污物。特别是室内粉刷的白灰砂浆沾污在楼板上，极不容易清理干净，严重影响与面层的结合。

②面层施工时，垫层（或基层）表面不浇水湿润或浇水不足，过于干燥。铺设砂浆后，由于垫层吸收水分，致使砂浆强度不高，面层与垫层粘结不牢，另外，干燥的垫层（或基层），未经冲洗，表面的粉尘难于扫除，对面层砂浆起一定的隔离作用。

③垫层（或基层）表面有积水，在铺设面层后，积水部分水灰比突然增大，影响面层与垫层之间的粘结，易使面层空鼓。

④为了增强面层与垫层（或垫层与基层）之间的粘结力，需涂刷水泥浆结合层。操作中存在的问题是，如刷浆过早，铺设面层时，所刷的水泥浆已风干硬结，不但没有粘结力，反而起了隔离层的作用，或采用先撒干水泥面后浇水（或先浇水后撒干水泥面）的扫浆方法。由于干水泥面不易撒匀，浇水也有多有少，容易造成干灰层、积水坑，成为日后面层空鼓的潜在隐患。

⑤炉渣垫层质量不好。使用未经过筛和未用水焖透的炉渣拌制水泥炉渣垫层（或水泥石灰炉渣垫层），这种粉末过多的炉渣垫层，本身强度低，容易开裂，造成地面空鼓。另外，炉渣内常含有煅烧过的煤石，会变成石灰，若未经水焖透，遇水后消解，体积膨胀而造成地面空鼓。使用的石灰熟化不透，未过筛，含有未熟化的生石灰颗粒，拌合物铺设后，生石灰颗粒慢慢吸水熟化，体积膨胀，使水泥砂浆面层拱起，也将造成地面空鼓，裂缝等缺陷。设置于炉渣垫层内的管道没有用细石混凝土固定

牢，产生松动，致使面层开裂、空鼓。

⑥门口处砖层过高或砖层湿润不够，使面层砂浆过薄以及干燥过快，造成局部面层裂缝和空鼓。

（3）水泥砂浆地面裂缝

1）现象

出现不规则裂缝，位置不固定，形状也不一。有表面裂缝，也有通底裂缝。

2）原因分析

①水泥安定性差，或用刚出窑的热水泥，凝结硬化时的收缩量大。或不同品种、不同强度等级的水泥混杂使用，凝结硬化的时间以及凝结硬化时的收缩量不同而造成面层裂缝。

②砂子粒径过细，或含泥量过大，使拌合物的强度低，也容易引起面层收缩裂缝。

③面层养护不及时或不养护，产生收缩裂缝。这对水泥用量大的地面，或用矿渣硅酸盐水泥做的楼面尤为显著。在温度高、空气干燥和有风季节，若养护不及时，楼面更易产生干缩裂缝；水泥砂浆过稀或搅拌不均匀，则砂浆的抗拉强度降低，影响砂浆与基层的粘结，容易导致楼面出现裂缝。

④面层因收缩不均匀产生裂缝，预制楼板未找平，使面层厚度不均，埋设管道、预埋件或地沟盖板偏高偏低等，也将造成面层厚薄不匀，新旧混凝土交接处因吸水率及垫层用料不同，也将造成面层收缩不匀，面层压光时撒干水泥面不均匀，也会使面层产生不等量收缩；面积较大的楼面未留伸缩缝，因温度变化而产生较大的胀缩变形，使楼面产生裂缝。

⑤结构变形，如因局部楼面堆荷过大而造成构件挠度过大，使构件下沉、错位，导致楼面产生不规则裂缝。这些裂缝一般是底面裂通的，使用外加剂过量而造成面层较大的收缩值。各种减水剂、防水剂等掺入水泥砂浆或混凝土中后，有增大其收缩值的不良影响，如果掺量不正确，面层完工后又不注意养护，则极易造成面层裂缝。

（4）带地漏的地面倒泛水

1）现象

地漏处地面偏高，地面倒泛水、积水。

2）原因分析

①阳台（外走廊）、浴厕间的地面一般应比室内地面低 20～50mm，但有时因图纸设计成一样平，施工时又疏忽，造成地面积水外流。

②施工前，地面标高抄平弹线不准确，施工中未按规定的泛水坡度冲筋、刮平。

③浴厕间地漏过高，以致形成地漏四周积水。

④土建施工与管道安装施工不协调，或中途变更管线走向，使土建施工时预留的地漏位置不合安装要求，管道安装时另行凿洞，造成泛水方向不对。

3.3.1.3 水磨石面层施工

水磨石面层施工工艺流程如图 3-16 所示。

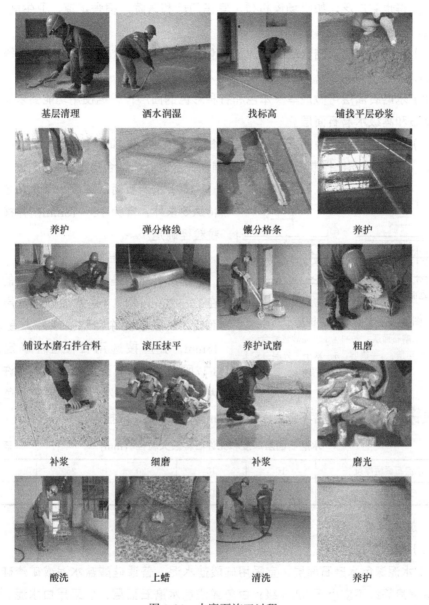

图 3-16 水磨石施工过程

检验水泥、石粒质量→配合比试验→技术交底→准备机具设备→基底处理→找标高→铺抹找平层砂浆→养护→弹分格线→镶分格条→搅拌→铺设水磨石拌合料→滚压抹平→养护→试磨→粗磨→补浆→细磨→补浆→磨光→清洗→打蜡上光→检查验收。

1. 一般规定

水磨石面层是属于较高级的建筑地面工程之一，也是目前工业与民用建筑中采用较广泛的楼面与地面面层的类型，其特点是：表面平整光滑、外观美、不起灰，又可按设计和使用要求做成各种彩色图案，因此应用范围较广。

（1）水磨石面层适用于有一定防潮（防水）要求的地段和较高防尘、清洁等建筑地面工程，如工业建筑中的一般装配车间、恒温恒湿车间。而在民用建筑和公共建筑中，使用得也更广泛，如机场候机楼、宾馆门厅和医院、宿舍走道、卫生间、饭厅、会议室、办公室等。

（2）水磨石面层的结合层的水泥砂浆体积比宜为1:3，相应的强度等级应不小于M10，水泥砂浆稠度（以标准圆锥体沉入度计）宜为30～35mm。

（3）水磨石面层可做成单一本色和各种彩色的面层；根据使用功能要求又分为普通水磨石和高级水磨石面层。

（4）水磨石面层是用石粒以水泥材料做胶结料加水按1:1.5～1:2.5（水泥:石粒）体积比拌制成的拌合料，铺设在水泥砂浆结合层上而成。

（5）水磨石面层厚度（不含结合层）除特殊要求外，宜为12～18mm，并按选用石粒粒径确定。

2. 水磨石面层构造

水磨石面层是采用水泥与石粒的拌合料在15～20mm厚1:3水泥砂浆基层上铺设而成。面层厚度除特殊要求外，宜为12～18mm，并应按选用石粒粒径确定，如图3-17所示。水磨石面层的厚度和允许石粒最大粒径见表3-9。水磨石面层的颜色和图案应按设计要求，面层分格不宜大于1000mm×1000mm，或按设计要求。

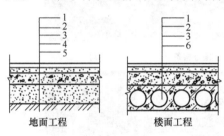

图3-17 水磨石面层构造示意图
1—水磨石面层；2—1:3水泥砂浆结合层；3—找平层；4—垫层；5—基土（分层夯实）；6—楼层结构层

水磨石面层厚度和允许石粒最大粒径（mm）　　　　表3-9

水磨石面层厚度	10	15	20	25	30
石粒最大粒径	9	14	18	23	28

3. 施工准备

(1) 材料准备

1) 水泥深色水磨石面层，宜采用硅酸盐水泥、普通硅酸盐水泥或矿渣硅酸盐水泥，其强度等级不应小于32.5级；白色或浅色水磨石面层，应采用白水泥。同颜色的面层应使用同一批水泥。

2) 石粒应用坚硬可磨的岩石（如白云石、大理石等）加工而成。石粒应有棱角、洁净、无杂质，其粒径除特殊要求外，宜为6～15mm。石粒应分批按不同品种、规格、色彩堆放在席子上保管，使用前应用水冲洗干净、晾干待用。

3) 玻璃条用厚3mm普通平板玻璃裁制而成，宽10mm左右（视石子粒径定），长度由分块尺寸决定。

4) 铜条用2～3mm厚铜板，宽度10mm左右（视石子粒径定），长度由分块尺寸决定。铜条须经调直才能使用。铜条下部1/3处每米钻四个孔径2mm，穿钢丝备用，如图 3-18 所示。

5）颜料：应采用耐光、耐碱的矿物颜料，不得使用酸性颜料。掺入量宜为水泥质量的 3%～6%，或由试验确定，超过量将会降低面层的强度。同一彩色面层应使用同厂同批的颜料。

6）草酸：白色结晶，受潮不松散，块状或粉状均可。

7）蜡用川蜡或地板蜡成品，颜色符合磨面颜色。

图 3-18 分隔条

8）配合比：水磨石面层拌合料的体积比，一般为水泥：石料＝1：（1.5～2.5）。

9）材料的关键要求

①石子：同一单位工程宜采用同批产地石子，石子大小、颜色均匀。颜色规格不同的石子应分类保管；石子使用前过筛，水洗净晒干备用。

②砂：细度模数相同，颜色相近，含泥量小于 3%。

③水泥：同一单位工程地面，应使用同一品牌、同一批号的水泥。

④颜料：宜用同一品牌、同一批号的颜料。如分两批采购，在使用前必须做试配，确认与施工好的面层颜色无色差才允许使用。

（2）机具准备

机械磨石机或手提磨石机、滚筒、油石（粗、中、细）、手推车、计量器、筛子、木耙、铁锹、小线、钢尺、胶皮管、拉线和靠尺、木拍板、刮杠、木抹子、铁抹子等（图 3-19～图 3-21）。

图 3-19 磨石机　　图 3-20 油石　　图 3-21 滚筒

（3）施工作业条件

1）施工前应在四周墙壁弹出水准基准水平墨线（一般弹＋1000mm 或＋500mm 线）。

2）门框和楼地面预埋件、水电设备管线等均应施工完毕并经检查合格，对于有室内外高差的门口部位，如果是安装有下槛的铁门时，尚应顾及室内外完成面能各在下槛两侧收口。

3）各种立管孔洞等缝隙应先用细石混凝土灌实堵严，（细小缝隙可用水泥砂浆灌堵）。

4）办好作业层的结构隐蔽验收手续。

5）作业层的顶棚，墙柱抹灰施工完毕。

6）石子粒径及颜色须由设计人员认定后才进货。

7）彩色水磨石如用白色水泥掺色粉拌制时，应事先按不同的配合比做样板，交设计人员或业主认可。一般彩色水磨石色粉掺量为水泥量的3%～5%，深色则不超过12%。

8）水泥砂浆找平层施工完毕，养护2～3d后施工面层。

4. 施工工艺

（1）操作工艺

1）基层清理、找标高

①把沾在基层上的浮浆、落地灰等用錾子或钢丝刷清理掉，再用扫帚将浮土清扫干净。

②根据水平标准线和设计厚度，在四周墙、柱上弹出面层的水平标高控制线。

2）贴饼、冲筋

根据水准基准线（如+500mm水平线），在地面四周做灰饼，然后拉线打中间灰饼（打墩），再用干硬性水泥砂浆做软筋（推栏），软筋间距约1.5m。在有地漏和坡度要求的地面，应按设计要求做泛水和坡度。对于面积较大的地面，则应用水准仪测出面层平均厚度，然后边测标高边做灰饼，如图3-22～图3-23所示。

 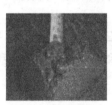  

找标高　　　地面四周做灰饼　　　拉线，补中间灰饼　　　冲筋

图3-22　贴饼、冲筋

3）水泥砂浆找平层

①找平层施工前宜刷水灰比为0.4～0.5的素水泥浆，也可在基层上均匀洒水湿润后，再撒水泥粉，用竹扫帚（把）均匀涂刷，随刷随做面层，并控制一次涂刷面积不宜过大。

②找平层用1∶3干硬性水泥砂浆，先将砂浆摊平，再用靠尺（压尺）按冲筋刮平，随即用灰板（木抹子）磨平压实，要求表面平整、密实保持粗糙。找平层抹好后，第二天应浇水养护至少1d。

图3-23　地漏处处理

4）分格条镶嵌

①找平层养护1d后，先在找平层上按设计要求弹出纵横两向直线或图案分格墨线，然后按墨线裁分格条。

②用纯水泥浆在分格条下部，抹成八字角通长座嵌

（与找平层约成30°角），铜条穿的钢丝要埋好。纯水泥浆的涂抹高度比分格条低3~5mm。分格条应镶嵌牢固，接头严密，顶面在同一水平面上，并拉通线检查其平整度及顺直，见图3-24~图3-26。

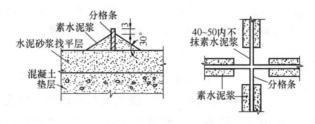

图3-24 分格嵌条设置

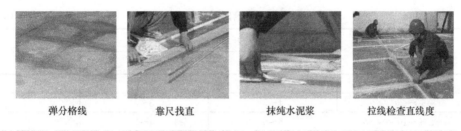

图3-25 分格条镶嵌

③分格条镶嵌好后，隔12h开始浇水养护，最少应养护两天，一般3~5d。

5）抹石子浆（石米）面层

①水泥石子浆必须严格按照配合比计量。若彩色水磨石应先按配合比将白水泥和颜料反复干拌均匀，拌完后密筛多次，使颜料均匀混合在白水泥中，并注意调足用量以备补浆之用，以免多次调合产生色差，最后按配合比与石米搅拌均匀，然后加水搅拌。

图3-26 分格条镶嵌结点

②铺水泥石子浆前一天，洒水将基层充分湿润。在涂刷素水泥浆结合层前应将分格条内的积水和浮砂清除干净，接着刷水泥浆一遍，水泥品种与石子浆的水泥品种一致，随即将水泥石子浆先铺在分格条旁边，将分格条边约100mm内的水泥石子浆轻轻抹平压实，以保护分格条，然后再整格铺抹，用灰板（木抹子）或铁抹子（灰匙）抹平压实（石子浆配合比一般为1:1.25或1:1.5）但不应用靠尺（压尺）刮。面层应比分格条高5mm，如局部石子浆过厚，应用铁抹子（灰匙）挖去，再将周围的石子浆刮平压实，对局部水泥浆较厚处，应适当补撒一些石子，并压平压实，要达到表面平整，石子（石米）分布均匀。

③石子浆面至少要经两次用毛刷（横扫）粘拉开面浆（开面），检查石粒均匀（若过于稀疏应及时补上石子）后，再用铁抹子（灰匙）抹平压实，至泛浆为止。要求将波纹压平，分格条顶面上的石子应清除掉。

④在同一平面上如有几种颜色图案时，应先做深色，后做浅色。待前一种色浆凝

图 3-27 磨光

固后,再抹后一种色浆。两种颜色的色浆不应同时铺抹,以免做成串色,界线不清,影响质量。但间隔时间不宜过长,一般可隔日铺抹。

⑤养护:石子浆铺抹完成后,次日起应进行浇水养护,并应设警戒线严防行人踩踏。

6)磨光

①大面积施工宜用机械磨石机研磨,小面积、边角处可使用小型手提式磨石机研磨,如图 3-27。对局部无法使用机械研磨时,可用手工研磨。开磨前应试磨,若试磨后石粒不松动,即可开磨。一般开磨时间同气温、水泥强度等级品种有关,可参考表 3-10。

水磨石开磨时间参数表　　　　表 3-10

平均温度(℃)	开磨时间(天)		备 注
	机 磨	人工磨	
20~30	3~4	2~3	
10~20	4~5	3~4	
5~10	5~6	4~5	

②磨光作业应采用"二浆三磨"方法进行,即整个磨光过程分为磨光三遍,补浆二次。

A. 用 60~80 号粗石磨第一遍,随磨随用清水冲洗,并将磨出的浆液及时扫除。对整个水磨面,要磨匀、磨平、磨透,使石粒面及全部分格条顶面外露。

B. 磨完后要及时将泥浆水冲洗干净,稍干后,涂刷一层同颜色水泥浆(即补浆),用以填补砂眼和凹痕,对个别脱石部位要填补好,不同颜色上浆时,要按先深后浅的顺序进行。

C. 补刷浆第二天后需养护 3~4d,然后用 100~150 号磨石进行第二遍研磨,方法同第一遍。要求磨至表面平滑,无模糊不清之处为止。

D. 磨完清洗干净后,再涂刷一层同色水泥浆。继续养护 3~4d,用 180~240 号细磨石进行第三遍研磨,要求磨至石子粒显露,表面平整光滑,无砂眼细孔为止,并用清水将其冲洗干净。

7)抛光

在水磨石面层磨光后涂草酸和上蜡前,其表面严禁污染。涂草酸和上蜡工作,应是在有影响面层质量的其他工序全部完成后进行。

①草酸可使用 10%~15% 浓度的草酸溶液,再加入 1%~2% 的氧化铝。

②上蜡。上述工作完成后,可进行上蜡。上蜡的方法是,在水磨石面层上薄涂一层蜡,稍干后用磨光机研磨,或用钉有细帆布(或麻布)的木块代替油石,装在磨石机上研磨出光亮后,再涂蜡研磨一遍,直到光滑洁亮为止,如图 3-28 所示。

(2)技术的关键要求

1)施工前必须编制详细的施工方案。

上草酸　　　　　　　　上蜡　　　　　　钉细帆布的木块代替油石磨光

图 3-28　抛光

2）操作工人操作前必须进行技术交底，明确施工要点和质量要点。

3）大面积施工前必须先做样板，待业主认可后再进行大面积施工。

5. 质量标准

水磨石面层应采用水泥与石粒拌合料铺设。面层厚度除有特殊要求外，宜为12～18mm，且按石粒粒径确定。水磨石面层的颜色和图案应符合设计要求。

白色或浅色的水磨石面层，应采用白水泥；深色的水磨石面层，宜采用硅酸盐水泥、普通硅酸盐水泥或矿渣硅酸盐水泥；同颜色的面层应使用同一批水泥。同一彩色面层应使用同厂、同批的颜料；其掺入量宜为水泥重量的3%～6%或由试验确定。

水磨石面层的结合层的水泥砂浆体积比宜为1∶3，相应的强度等级不应小于M10，水泥砂浆稠度（以标准圆锥体沉入度计）宜为30～35mm。

普通水磨石面层磨光遍数不应少于3遍。高级水磨石面层的厚度和磨光遍数由设计确定。

在水磨石面层磨光后，涂草酸和上蜡前，其表面不得污染。

（1）主控项目

1）水磨石面层的石粒，应采用坚硬可磨白云石、大理石等岩石加工而成，石粒应洁净无杂物，其粒径除特殊要求外应为6～15mm；水泥强度等级不应小于32.5；颜料应采用耐光、耐碱的矿物原料，不得使用酸性颜料。

检验方法：观察检查和检查材质合格证明文件。

2）水磨石面层拌合料的体积比应符合设计要求，且为1∶1.5～1∶2.5（水泥∶石粒）。

检验方法：检查配合比通知单和检测报告。

3）面层与下一层结合应牢固，无空鼓、裂纹。

检验方法：用小锤轻击检查。

注：空鼓面积不应大于400cm^2，且每自然间（标准间）不多于2处可不计。

（2）一般项目

1）面层表面应光滑；无明显裂纹、砂眼和磨纹；石粒密实，显露均匀；颜色图案一致，不混色；分格条牢固、顺直和清晰。

检验方法：观察检查。

2）踢脚线与墙面应紧密结合，高度一致，出墙厚度均匀。

检验方法：用小锤轻击、钢尺和观察检查。

注：局部空鼓长度不应大于300mm，且每自然间（标准间）不多于2处可不计。

3）楼梯踏步的宽度、高度应符合设计要求，楼层梯段相邻踏步高度差不应大于10mm，每踏步两端宽度差不应大于10mm，旋转楼梯梯段的每踏步两端宽度的允许偏差为5mm。楼梯踏步的齿角应整齐，防滑条应顺直。

检验方法：观察和钢尺检查。

4）水磨石面层的允许偏差应符合表3-11的规定。

检验方法：按表3-11的检验方法进行检验。

（3）质量关键要求

质量的关键要求主要是控制以下水磨石施工过程中容易产生的质量通病：

1）石粒显露不均匀，镶条显露不清，水磨石表面不平整。

2）分格块内四角空鼓。

6. 质量记录

水磨石面层的允许偏差和检验方法（mm）　　　　表3-11

项次	项目	允许偏差		检验方法
		普通水磨石面层	高级水磨石面层	
1	表面平整度	3	2	用2m靠尺和楔形塞尺检查
2	踢脚线上口平直	3	3	拉5m线和用钢尺检查，不足5m拉通线检查
3	缝格平直	3	2	拉5m线和用钢尺检查，不足5m拉通线检查

（1）水磨石面层施工技术、安全交底及专项施工方案。

（2）建筑地面工程水磨石面层质量验收检查文件及记录：

1）建筑地面工程设计图纸和变更文件等。

2）原材料出厂检验报告和质量合格证文件、材料进场检（试）验报告（含抽样报告）。

3）各层的强度等级、密实度等试验报告和记录。

4）建筑地面工程水磨石面层检验批质量验收记录。

（3）建筑地面工程子分部工程质量验收应检查的安全的功能项：

1）即有防水要求的建筑地面子分部工程的分项工程施工质量的蓄水检验记录及抽查复检记录。

2）建筑地面板块面层铺设子分部工程的材料证明资料。

7. 常见质量通病

（1）水磨石分格条压弯（铜条、铝条）或压碎（玻璃条）

1）现象

铜条或铝条弯曲，玻璃条断裂，分格条歪斜不直。这种现象大多发生在滚筒滚压过程中。

2）原因分析

①面层水泥石子浆虚铺厚度不够，用滚筒滚压后，表面同分格条平齐，有的甚至低于分格条，滚筒直接在分格条上碾压，致使分格条被压弯或压碎。

②滚筒滚压过程中，有时石子粘在滚筒上或分格条上，滚压时就容易将分格条压弯或压碎。

③分格条粘贴不牢，在面层滚压过程中，往往因石子相互挤紧而挤弯或挤坏分格条。

3）防治措施

①控制面层的虚铺厚度。

②滚筒滚压前，应先用铁抹子或木抹子在分格条两边约 10cm 的范围内轻轻拍实，并应将抹子顺分格条处往里稍倾斜压出一个小八字。这既可检查面层虚铺厚度是否恰当，又能防止石子在滚压过程中挤坏分格条。

③滚筒滚压过程中，应用扫帚随时扫掉粘在滚筒上或分格条上的石子，防止滚筒和分格条之间存在石子而压坏分格条。

④分格条应粘贴牢固。铺设面层前，应仔细检查一遍，发现粘贴不牢而松动或弯曲的，应及时更换。

⑤滚压结束后，应再检查一次，压弯的应及时校直，压碎的玻璃条应及时更换，清理后，用水泥与水玻璃做成的快凝水泥浆重新粘贴分格条。

（2）分格条两边或分格条十字交叉处石子显露不清或不匀

1）现象

分格条两边 10mm 左右范围内的石子显露极少，形成一条明显的纯水泥斑痕。十字交叉处周围也出现同样的一圈纯水泥斑痕。

2）原因分析

①分格条粘贴操作方法不正确。水磨石地面厚度一般为 12~15mm，常用石子粒径为 6~8mm。因此，在粘贴分格条时，应特别注意砂浆的粘贴高度和水平方向的角度。砂浆粘贴高度太高，有的甚至把分格条埋在砂浆里，在铺设面层的水泥石子浆时，石子就不能靠近分格条，磨光后，分格条两边就没有石子，出现一条纯水泥斑带，俗称"癞子头"，影响美观。

②分格条在十字交叉处粘贴方法不正确，嵌满砂浆，不留空隙。在铺设面层水泥石子浆时，石子不能靠近分格条的十字交叉处，结果周围形成一圈没有石子的纯水泥斑痕。

③滚筒的滚压方法不妥，仅在一个方向来回碾压，与滚筒碾压方向平行的分格条两边不易压实，容易造成浆多石子少的现象。

④面层水泥石子浆太稀，石子比例太少。

3）防治措施

①正确掌握分格条两边砂浆的粘贴高度和水平方向的角度，正确的粘贴方法应按图 3-24 所示，并应粘贴牢固。

②分格条在十字交叉处的粘贴砂浆,应留出15~20mm左右的空隙。这在铺设面层水泥石子浆时,石子就能靠近十字交叉处,磨光后,石子显露清晰,外形也较美观。

③滚筒滚压时,应在两个方向(最好采用"米"字形三个方向)反复碾压。如碾压后发现分格条两侧或十字交叉处浆多石子少时,应立即补撒石子,尽量使石子密集。

④以采用干硬性水泥石子浆为宜,水泥石子浆的配合比应正确。

3.3.2 板块面层铺设

学习目标

(1)根据实际工程合理进行板块面层施工准备。

(2)掌握板块面层施工工艺。

(3)在施工现场,进行安全、技术、质量管理控制。

(4)正确使用检测工具对板块面层施工质量进行检查验收。

(5)进行安全、文明施工。

施工一般规定

(1)铺设板块面层时,其水泥类基层的抗压强度不得小于1.2MPa。

(2)铺设板块面层的结合层和板块间的填缝采用水泥砂浆,应符合下列规定:

1)配制水泥砂浆应采用硅酸盐水泥、普通硅酸盐水泥或砂渣硅酸盐水泥;其水泥强度等级不宜小于32.5级。

2)配制水泥砂浆的砂应符合国家现行行业标准。

3)配制水泥砂浆的体积比(或强度等级)应符合设计要求。

(3)结合层和板块面层填缝的沥青胶结材料应符合国家现行有关产品标准和设计要求。

(4)板块面层的铺砌应符合设计要求,当设计无要求时,宜避免出现板块小于1/4边长的边角料。

(5)铺设水泥混凝土板块、水磨石板块、水泥花砖、陶瓷锦砖、陶瓷地砖、缸砖、料石、大理石和花岗石的结合和填缝的水泥砂浆,在面层铺设后,表面应覆盖、湿润,其养护时间不应少于7d。

当板块面层的水泥砂浆结合层的抗压强度达到设计要求后,方可正常使用。

(6)砖面层踢脚线施工时,不得采用石灰砂浆打底。

3.3.2.1 砖面层施工

砖面层施工工艺流程如下:

检验水泥、砂、砖质量→试验→技术交底→选砖→准备机具设备→排砖→找标高→基底处理→铺抹结合层砂浆→铺砖→养护→勾缝→检查验收。

1. 砖面层构造

砖面层应按设计要求采用普通黏土砖、缸砖、陶瓷地砖、水泥花砖或陶瓷锦砖等板块材在砂、水泥砂浆、沥青胶结料或胶粘剂结合层上铺设而成。

砂结合层厚度为 20～30mm；水泥砂浆结合层厚度为 10～15mm；沥青胶结料结合层厚度为 2～5mm；胶粘剂结合层厚度为 2～3mm。构造做法如图 3-29 所示。

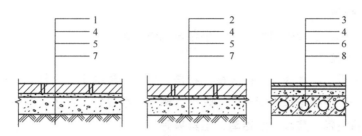

图 3-29 砖面层构造做法示意图

1—普通黏土砖；2—缸砖；3—陶瓷锦砖；4—结合层；
5—垫层（或找平层）；6—找平层；7—基土；8—楼层结构层

2．一般规定

（1）砖面层采用陶瓷锦砖、缸砖、陶瓷地砖和水泥花砖，应在结合层上铺设。

（2）有防腐蚀要求的砖面层采用的耐酸瓷砖、浸渍沥青砖、缸砖的材质、铺设以及施工质量验收应符合现行国家标准《建筑防腐蚀工程施工及验收规范》（GB 50212—2002）的规定。

（3）在水泥砂浆结合层上铺贴缸砖、陶瓷地砖和水泥花砖面层时，应符合下列规定：

1）在铺贴前，应对砖的规格尺寸、外观质量、色泽等进行预选，浸水湿润晾干待用。

2）勾缝和压缝应采用同品种、同强度等级、同颜色的水泥，并做养护和保护。

（4）在水泥砂浆结合层上铺贴陶瓷锦砖面层时，砖底面应洁净，每联陶瓷马赛克之间、与结合层之间以及在墙角、镶边和靠墙处，应紧密贴合。在靠墙处不得采用砂浆填补。

（5）在沥青胶结料结合层上铺贴缸砖面层时，缸砖应干净，铺贴时应在摊铺热沥青胶结料上进行，并应在胶结料凝结前完成。

3．施工准备

（1）材料准备

1）水泥：采用硅酸盐水泥、普通硅酸盐水泥或矿渣硅酸盐水泥，强度等级不宜低于 32.5 级。应有出厂证明和复试报告，当出厂超过三个月应做复试并按试验结果使用。

2）砂：采用洁净无有机杂质的中砂或粗砂，含泥量不大于 3%。不得使用有冰块的砂子。

3）沥青胶结料：宜用石油沥青与纤维、粉状或纤维和粉状混合的填充料配制。

4）胶粘剂：应符合防水、防菌要求。

5）面砖：颜色、规格、品种应符合设计要求，外观检查基本无色差，无缺棱、掉角，无裂纹，材料强度、平整度、外形尺寸等均符合现行国家标准相应产品的各项技术指标。

(2) 机具准备

1) 电动机械

砂浆搅拌机、手提电动云石锯、小型台式砂轮锯等。

2) 主要工具

磅秤、钢板、小水桶、半截大桶、扫帚、平锹、铁抹子、大杠、中杠、小杠、筛子、窗纱筛子、窄手推车、钢丝刷、喷壶、锤子、橡皮锤、凿子、溜子、方尺、铝合金水平尺、粉线包、盒尺、红铅笔、工具袋等。

(3) 作业条件

1) 墙面抹灰及墙裙做完。

2) 内墙面弹好水准基准墨线（如：+500mm 或 +1000mm 水平线）并校核无误。

3) 门窗框要固定好，并用 1:3 水泥砂浆将缝隙堵塞严实。铝合金门窗框边缝所用嵌塞材料应符合设计要求，且应塞堵密实并事先粘好保护膜。

4) 门框保护好，防止手推车碰撞。

5) 穿楼地面的套管、地漏做完，地面防水层做完，并完成蓄水试验办好检验手续。

6) 按面砖的尺寸、颜色进行选砖，并分类存放备用，做好排砖设计。

7) 大面积施工前应先放样并做样板，确定施工工艺及操作要点，并向施工人员交好底再施工。样板完成后必须经鉴定合格后方可按样板要求大面积施工。

4. 施工工艺

砖面层一般是按设计要求的形式铺设，常见的砖面层铺砌形式有"直缝式"、"人字纹式"、"席纹式"、"错缝花纹式"等。见图3-30。

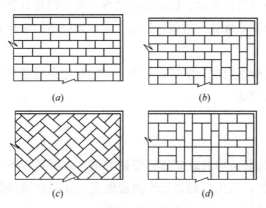

图 3-30 砖面层铺砌形式
(a) 直缝式；(b) 人字纹式；
(c) 席纹式；(d) 错缝花纹式

(1) 操作工艺

1) 基层处理：将混凝土基层上的杂物清理掉，并用錾子剔掉楼地面超高、墙面超平部分及砂浆落地灰，用钢丝刷净浮浆层。如基层有油污时，应用10%火碱水刷净，并用清水及时将其上的碱液冲净。

2) 找面层标高、弹线：根据墙上的+50cm（或1m）水平标高线，往下量测出面层标高，并弹在墙上。

3) 抹找平层砂浆

①洒水湿润：在清理好的基层上，用喷壶将地面基层均匀洒水一遍。

②抹灰饼和标筋：从已弹好的面层水平线下量至找平层上皮的标高（面层标高减去

砖厚及粘结层的厚度），抹灰饼间距1.5m，灰饼上平面就是水泥砂浆找平层的标高，然后从房间一侧开始抹标筋（又叫冲筋）。有地漏的房间，应由四周向地漏方向呈放射形抹标筋，并找好坡度。抹灰饼和标筋应使用干硬性砂浆，厚度不宜小于20mm。

③装档（即在标筋间装铺水泥砂浆）：清净抹标筋的剩余浆渣，涂刷一遍素水泥浆（水灰比为0.4~0.5）粘结层，要随涂刷随铺砂浆。然后根据标筋的标高，用小平锹或木抹子将已拌合的水泥砂浆（配合比为1∶3~1∶4）铺装在标筋之间，用木抹子摊平、拍实，小木杠刮平，再用木抹子搓平，使铺设的砂浆与标筋找平，并用大木杠横竖检查其平整度，同时检查其标高和泛水坡度是否正确，24h后浇水养护。

4）弹铺砖控制线：当找平层砂浆抗压强度达到1.2MPa时，开始上人弹砖的控制线。预先根据设计要求和砖板块规格尺寸，确定板块铺砌的缝隙宽度，当设计无规定时，紧密铺贴缝隙宽度不宜大于1mm，虚缝铺贴缝隙宽度宜为5~10mm。

在房间中间，从纵、横两个方向排尺寸，当尺寸不足整砖倍数时，将非整砖用于边角处，横向平行于门口的第一排应为塞砖，将非整砖排在靠墙位置，纵向非整砖对称排放在两墙边处，尺寸不小于整砖边长的1/2。根据已确定的砖数和缝宽，在地面上弹纵、横控制线（每隔4块砖弹一根控制线），如图3-31、图3-32所示。

图3-31 拉十字线控制厚度　　　　图3-32 选配试铺并编号

5）铺砖：为了找好位置和标高，应从门口开始，纵向先铺2~3行砖，以此为标筋拉纵横水平标高线，铺时应从里向外退着操作，人不得踏在刚铺好的砖面上，每块砖应跟线，操作程序是：

①铺砌前将砖板块放入半截水桶中浸水湿润，晾干后表面无明水时，方可使用，如图3-33所示。

②找平层上洒水湿润，均匀涂刷素水泥浆（水灰比为0.4~0.5），涂刷面积不要过大，铺多少刷多少，如图3-34所示。

③结合层的厚度：如采用水泥砂浆铺设时应为20~30mm，采用沥青胶结料铺设时应为2~5mm，采用胶粘剂铺设时应为2~3mm。

④结合层组合材料拌合：采用沥青胶结材料和胶粘剂时除了按出厂说明书操作外还应经试验室试验后确定配合比，拌合要均匀，不得有灰团，一次拌合不得太多，并在要求的时间内用完。如使用水泥砂浆结合层时，配合比宜为1∶2.5（水泥∶砂）干硬性砂浆。亦应随拌随用，初凝前用完，防止影响粘结质量。

图3-33 浸泡地砖

图3-34 刷素水泥浆

⑤铺砌时，砖的背面朝上抹粘结砂浆，铺砌到已刷好的水泥浆找平层上，砖上棱略高出水平标高线，找正、找直、找方后，砖上面垫木板，用橡皮锤拍实，顺序从内退着往外铺砌，做到面砖砂浆饱满，相接紧密、坚实，与地漏相接处，用砂轮锯将砖加工成与地漏相吻合。铺地砖时最好一次铺一间，大面积施工时，应采取分段、分部位铺砌，如图3-35～图3-40所示。

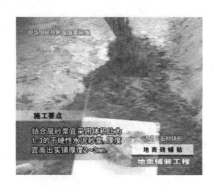
图3-35 铺贴结合层砂浆

图3-36 铺结合砂浆

图3-37 铺地砖

图3-38 橡皮锤敲实

⑥拨缝、修整：铺完2～3行，应随时拉线检查缝格的平直度，如超出规定应立即修整；将缝拨直，并用橡皮锤拍实。此项工作应在结合层凝结之前完成，如图3-41、图3-42所示。

 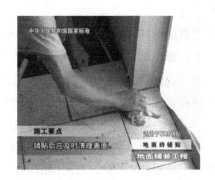

图 3-39　控制平整度　　　　图 3-40　及时清理表面

不同结合层具体操作如下：

在砂结合层上铺设砖面层时，砂结合层应洒水压实，并用刮尺刮平，而后拉线逐块铺砌。施工按下列要求进行：

①黏土砖的铺砌形式一般采用"直行"、"对角线"或"人字形"等铺法，在通道内宜铺成纵向的"人字形"，同时在边缘的一行砖应加工成45°角，并与墙或地板边缘紧密连接。

②铺砌砖时应挂线，相邻两行的错缝应为砖长的1/3～1/2左右。

③黏土砖应对接铺砌，缝隙宽度不宜大于5mm。在填缝前，应适当洒水并予拍实整平。填缝可用细砂、水泥砂浆或沥青胶结料。用砂填缝时，宜先将砂撒于砖面上，再用扫帚扫于缝中。用水泥砂浆或沥青胶结料填缝时，应预先用砂填缝至一半高度。

在水泥砂浆结合层上铺贴缸砖、陶瓷地砖和水泥花砖面层时，应符合下列规定：

①在铺贴前，应对砖的规格尺寸、外观质量、色泽等进行预选，并应浸水湿润后晾干待用。

②铺贴时宜采用干硬性水泥砂浆，面砖应紧密、坚实，砂浆应饱满，并严格控制标高。

③面砖的缝隙宽度应符合设计要求。当设计无规定时，紧密铺贴缝隙宽度不宜大于1mm；虚缝铺贴缝隙宽度宜为5～10mm。

④大面积施工时，应采取分段按顺序铺贴，按标准拉线镶贴，并做各道工序的检查和复验工作。

⑤面层铺贴应在24h内进行擦缝、勾缝和压缝工作。缝的深度宜为砖厚的1/3；擦缝和勾缝应采用同品种、同强度等级、同颜色的水泥，随做随清理水泥，并做养护和保护。

在水泥砂浆结合层上铺贴陶瓷马赛克时，应符合下列规定：

①结合层和陶瓷马赛克应分段同时铺贴，在铺贴前，应刷水泥浆，其厚度宜为2～2.5mm，并应随刷随铺贴，用抹子拍实。

②陶瓷马赛克底面应洁净，每联陶瓷锦砖之间、与结合层之间以及在墙角、镶边和靠墙处，均应紧密贴合，并不得有空隙。在靠墙处不得采用砂浆填补。

③陶瓷锦砖面层在铺贴后，应淋水、揭纸，并应采用白水泥擦缝，做面层的清理

和保护工作。

在沥青胶结料结合层上铺贴缸砖面层时，其下一层应符合隔离层铺设的要求。缸砖要干净，铺贴时应在摊铺热沥青胶结料后随即进行，并应在沥青胶结料凝结前完成。缸砖间缝隙宽度为 3~5mm，采用挤压方法使沥青胶结料挤入，再用胶结料填满。填缝前，缝隙内应予清扫并使其干燥。

6）勾缝擦缝（图 3-41）：面层铺贴应在 24h 内进行擦缝、勾缝工作，并应采用同品种、同强度等级、同颜色的水泥。宽缝一般在 8mm 以上，采用勾缝。若纵横缝为干挤缝，或小于 3mm 者，应用擦缝。

①勾缝：用 1∶1 水泥细砂浆勾缝，勾缝用砂应用窗纱过筛，要求缝内砂浆密实、平整、光滑，勾好后要求缝成圆弧形，凹进面砖外表面 2~3mm。随勾随将剩余水泥砂浆清走、擦净。

②擦缝：如设计要求不留缝隙或缝隙很小时，则要求接缝平直，在铺实修整好的砖面层上用浆壶往缝内浇水泥浆，然后用干水泥撒在缝上，再用棉纱团擦揉，将缝隙擦满。最后将面层上的水泥浆擦干净。

图 3-41 勾缝

图 3-42 洒水养护

7）养护（图 3-42）：铺完砖 24h 后，洒水养护，时间不应少于 7d。

8）镶贴踢脚板：踢脚板用砖，一般采用与地面块材同品种、同规格、同颜色的材料，踢脚板的立缝应与地面缝对齐，铺设时应在房间墙面两端头阴角处各镶贴一块砖，出墙厚度和高度应符合设计要求，以此砖上棱为标准挂线，开始铺贴，砖背面朝上抹粘结砂浆（配合比为 1∶2 水泥砂浆），使砂浆粘满整块砖为宜，及时粘贴在墙上，砖上棱要跟线并立即拍实，随之将挤出的砂浆刮掉，将面层清擦干净（在粘贴前，砖块材要浸水晾干，墙面刷水湿润）。

（2）技术关键要求

1）基层处理应按砖面层施工工艺流程要求严格操作。

2）排砖要合理、铺砖重点是门洞口、墙边及管根等处，并按砖面层施工工艺中的要求操作。

3）铺设砖面层 24h 后，宜加设围挡，洒水养护并不少于 7d。

5. 质量标准

（1）主控项目

1)面层所用的板块的品种、质量必须符合设计要求。

检验方法：观察检查和检查材质合格证明文件及检测报告。

2)面层与下一层的结合（粘结）应牢固，无空鼓。

检验方法：用小锤轻击检查。

注：凡单块砖边角有局部空鼓，且每自然间（标准间）不超过总数的5%可不计。

（2）一般项目

1)砖面层的表面应洁净、图案清晰，色泽一致，接缝平整，深浅一致，周边顺直。板块无裂纹、掉角和缺棱等缺陷。

检验方法：观察检查。

2)面层邻接处的镶边用料及尺寸应符合设计要求，边角整齐、光滑。

检验方法：观察和用钢尺检查。

3)踢脚线表面应洁净、高度一致、结合牢固、出墙厚度一致。

检验方法：观察和用小锤轻击及钢尺检查。

4)楼梯踏步和台阶板块的缝隙宽度应一致、齿角整齐；楼层梯段相邻踏步高度差不应大于10mm；防滑条顺直。

检验方法：观察和用钢尺检查。

5)面层表面的坡度应符合设计要求，不倒泛水、无积水；与地漏、管道结合处应严密牢固，无渗漏。

检验方法：观察、泼水或坡度尺及蓄水检查。

6)砖面层的允许偏差及检验方法应符合表3-12的规定。

砖面层的允许偏差和检验方法　　　表3-12

项次	项目	允许偏差（mm）				检验方法
		陶瓷马赛克	缸砖	陶瓷地砖	水泥花砖	
1	表面平整度	2.0	4.0	2.0	3.0	用2m靠尺和塞尺检查
2	缝格平直	3.0	3.0	3.0	3.0	拉5m线和用钢尺检查
3	接缝高低差	0.5	1.5	0.5	0.5	用钢尺和塞尺检查
4	踢脚上口平直	3.0	4.0	3.0	—	拉5m线和用钢尺检查
5	板块间隙宽度	2.0	2.0	2.0	2.0	用钢尺检查

（3）质量关键要求

施工中应避免出现：

1)板块空鼓。

2)踢脚板空鼓。

3)踢脚板出墙厚度不一致。

4)板块表面不洁净。

5)有地漏的房间倒坡。

6)地面铺贴不平，出现高低差。

6. 成品保护

（1）镶铺砖面层后，如果其他工序插入较多，应铺覆盖物对面层加以保护。

（2）切割面砖时应用垫板，禁止在已铺地面上切割。

（3）推车运料时应注意保护门框及已铺完地面，小车腿应包裹。

（4）操作时不要碰动管线，不要把灰浆掉落在已安完的地漏管口内。

（5）做油漆、浆活时，应铺覆盖物对面层加以保护，不得污染地面。

（6）要及时清擦残留在门窗框上的砂浆，特别是铝合金门窗框宜粘贴保护膜，预防锈蚀。

（7）合理安排施工顺序，水电、通风、设备安装等应提前完成，防止损坏面砖。

（8）结合层凝结前应防止快干、暴晒、水冲和振动，以保证其灰层有足够的强度。

（9）搭拆架子时注意不要碰撞地面，架腿应包裹并下垫木方。

7. 质量记录

（1）施工技术资料

施工技术交底记录

（2）施工物资资料

1）材料、构配件进场检验记录

2）进场材料的质量证明文件、检测报告和复试报告等

（3）施工测量记录

标高测量记录

（4）施工记录

1）隐蔽工程检查记录

2）砖面层施工记录

3）防水工程试水检查记录

（5）施工质量验收记录

1）砖面层工程检验批质量验收记录表

2）砖面层分项工程质量验收记录表

3）地砖面层质量分户验收记录表

3.3.2.2 大理石、花岗石面层施工

大理石、花岗石面层施工工艺流程如下：

检验水泥、砂、大理石和花岗石质量→试验→技术交底→试拼编号→准备机具设备→找标高→基底处理→铺抹结合层砂浆→铺大理石和花岗石→养护→勾缝→检查验收。

1. 大理石面层和花岗石面层构造

（1）大理石面层

大理石可根据不同色泽、纹理等组成各种图案。通常在工厂加工成20～30mm厚的板材，每块大小一般为300mm×300mm～500mm×500mm。方整的大理石地面，多采用紧拼对缝，接缝不大于1mm，铺贴后用纯水泥扫缝；不规则形的大理石铺地

接缝较大,可用水泥砂浆或水磨石嵌缝。大理石铺砌后,表面应粘贴纸张或覆盖麻袋加以保护,待结合层水泥强度达到60%~70%后,方可进行细磨和打蜡。

(2)花岗石面层

花岗石常加工成条形或块状,厚度较大,约50~150mm,其面积尺寸是根据设计分块后进行订货加工的。

铺设花岗石地面的基层有两种:一种是砂垫层;另一种是混凝土或钢筋混凝土基层。混凝土或钢筋混凝土表面常常要求用砂或砂浆做找平层,厚约30~50mm。砂垫层应在填缝以前进行洒水拍实整平。

大理石和花岗石面层是分别采用天然大理石板材和花岗石板材在结合层上铺设而成,构造做法如图3-43所示。

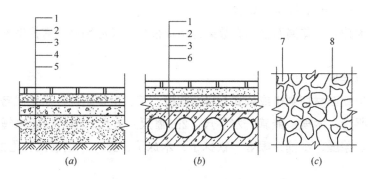

图3-43 大理石、花岗石面层
(a)地面构造;(b)楼层构造;(c)碎拼大理石面层平面
1—大理石(碎拼大理石)、花岗石面层;2—水泥或水泥砂浆结合层;
3—找平层;4—垫层;5—素土夯实;6—结构层(钢筋混凝土楼板);
7—拼块大理石;8—水泥砂浆或水泥石粒浆填缝

(3)结合层的厚度

当采用水泥砂(其体积比为1:4~1:6,水泥:砂)时应为20~30mm,当采用水泥砂浆时应为10~15mm。当采用1:4~1:6水泥砂结合层时,应洒水干拌均匀。当采用水泥砂浆结合时,宜为干硬性水泥砂浆。

大理石板材不得用于室外地面面层。

2. 施工准备

(1)技术准备

1)熟悉图纸,了解各部位尺寸和做法,弄清洞口、边角等部位之间的关系,画出大理石、花岗石地面的施工排版图。排版时注意非整块石材应放于房间的边缘,不同材质的地面交接处应在门口分开。

2)工程技术人员应编制地面施工技术方案,并向施工队伍做详尽的技术交底。

3)各种进场原材料规格、品种、材质等符合设计要求,质量合格证明文件齐全,进场后进行相应验收,需复试的原材料进场后必须进行相应复试检测,合格后方可使用;并有相应施工配合比通知单。

4)已做好样板,并经各方验收。

5）大理石和花岗石面层下的各层做法应已按设计要求施工并验收合格。

（2）材料准备

1）大理石、花岗石块均应为加工厂的成品，其品种、规格、质量应符合设计和施工规范要求，在铺装前应采取防护措施，防止出现污损、泛碱等现象。

2）水泥：宜选用普通硅酸盐水泥，强度等级不小于32.5级。

3）砂：宜选用中砂或粗砂。

4）擦缝用白水泥、矿物颜料，清洗用草酸、蜡。

5）材料的关键要求

①天然大理石、花岗石的技术等级、光泽度、外观等质重要求应符合国家现行行业标准《天然大理石建筑板材》（GB/T 19766—2005）、《天然花岗石建筑板材》（GB/T 18601—2009）的相关规定。

②天然大理石、花岗石必须有放射性指标报告，胶粘剂必须有挥发性有机物等含量检测报告。

（3）机具准备

手提式电动石材切割机或台式石材切割机、干、湿切割片、手把式磨石机、手电钻、修整用平台、木楔、簸箕、水平尺、2m靠尺、方尺、橡胶锤或木锤、小线、手推车、铁锹、浆壶、水桶、喷壶、铁抹子、木抹子、墨斗、钢卷尺、尼龙线、扫帚、钢丝刷。

（4）作业条件

1）大理石板块（花岗石板块）进场后应侧立堆放在室内，底下应加垫木方，详细核对品种、规格、数量、质量等是否符合设计要求，有裂纹、缺棱掉角的不能使用。

2）设加工棚，安装好台钻及砂轮锯，并接通水、电源，需要切割钻孔的板，在安装前加工好。

3）室内抹灰、地面垫层、水电设备管线等均已完成。

4）房内四周墙上弹好水准基准墨线（如+500mm水平线）。

5）施工操作前应画出大理石、花岗石地面的施工排版图，碎拼大理石、花岗石应提前按图预拼编号。

6）材料检验已经完毕并符合要求。

7）应已对所覆盖的隐蔽工程进行验收且合格，并进行隐检会签，基层洁净，缺陷已处理完，并做隐蔽验收。

8）对所有作业人员已进行了技术交底，特殊工种必须持证上岗。

9）作业时的环境如天气、温度、湿度等状况应满足施工质量可达到标准的要求。

10）竖向穿过地面的立管已安装完，并装有套管。如有防水层，基层和构造层已找坡，管根已做防水处理。

11）门框安装到位，并通过验收。

3. 施工工艺

（1）操作工艺

1）试拼：在正式铺设前，对每一房间的大理石或花岗石板块，应按图案、颜色、纹理试拼，试拼后按两个方向编号排列然后按照编号码放整齐。

2）弹线：在房间的主要部位弹互相垂直的控制十字线，用以检查和控制大理石或花岗石板块的位置，十字线可以弹在基层上，并引至墙面底部。依据墙面水准基准线（如+500mm线），找出面层标高，在墙上弹好水平线，注意与楼道面层标高一致。

3）试排：在房间内的两个互相垂直的方向，铺设两条干砂，其宽度大于板块，厚度不小于3cm。根据试拼石板编号及施工大样图，结合房间实际尺寸，把大理石或花岗石板块排好，以便检查板块之间的缝隙，核对板块与墙面、柱、洞口等部位的相对位置。

4）基层处理：在铺砂浆之前将基层清扫干净，包括试排用的干砂及大理石块，然后用喷壶洒水湿润，刷一层素水泥浆，水灰比为0.5左右，随刷随铺砂浆。

5）铺砂浆：根据水平线，定出地面找平层厚度，拉十字控制线，铺结合层水泥砂浆，结合层一般采用1:3的干硬性水泥砂浆，干硬程度以手捏成团不松散为宜。砂浆从里往门口处摊铺，铺好后用大杠刮平，再用抹子拍实找平。找平层厚度宜高出大理石底面标高3~4mm。

6）铺大理石或花岗石：一般房间应先里后外沿控制线进行铺设，即先从远离门口的一边开始，按照试拼编号，依次铺砌，逐步退至门口。铺前应将板预先浸湿阴干后备用，在铺好的干硬性水泥砂浆上先试铺合适后，翻开石板，在水泥砂浆找平层上满浇一层水灰比为0.5的素水泥浆结合层，然后正式镶铺。安放时四角同时往下落，用橡皮锤或木锤轻击木垫板（不得用木锤直接敲击大理石或花岗石），根据水平线用铁水平尺找平，铺完第一块向两侧和后退方向顺序镶铺。如发现空隙应将石板掀起用砂浆补实再行安装。

7）大理石或花岗石板块间，接缝要严，一般不留缝隙。

8）灌缝、擦缝：在铺砌后1~2昼夜进行灌浆擦缝。根据大理石或花岗石颜色，选择相同颜色矿物颜料和水泥拌合均匀调成1:1稀水泥浆（水泥:细砂），用浆壶徐徐灌入大理石或花岗石板块之间的缝隙，分几次进行，并用长把刮板把流出的水泥浆向缝隙内喂灰。灌浆时，多余的砂浆应立即擦去，灌浆1~2h后，用棉丝团蘸原稀水泥浆擦缝，与板面擦平，同时将板面上水泥浆擦净。

9）养护：面层施工完毕后，封闭房间，派专人洒水养护不少于7d。

10）打蜡：板块铺贴完工后，待其结合层砂浆的强度达到60%~70%即可打蜡抛光。其具体操作方法与水磨石地面面层基本相同，在板面上薄涂一层蜡，待稍干后用磨光机研磨，或用钉有细帆布或麻布的木块代替油石装在磨石机上，研磨出光亮后，再涂蜡研磨一次，直到光滑洁亮为止。

11）贴大理石踢脚板工艺流程

①粘贴法

根据墙面抹灰厚度吊线确定踢脚板出墙厚度，一般为8~10mm。

用 1:3 水泥砂浆打底找平并在表面划纹。

找平层砂浆干硬后,拉踢脚板上口的水平线,把湿润阴干的大理石踢脚板的背面,刮抹一层 2~3mm 厚的素水泥浆（可掺加 10% 左右的 108 胶）后,往底灰上粘贴,并用木锤敲实,根据水平线找直,24h 后用同色水泥浆擦缝,将余浆擦净,与大理石地面同时打蜡。

②灌浆法

在墙两端各安装一块踢脚板,其上棱高度在同一水平线内出墙厚度一致。然后沿两块踢脚板上棱拉通线,逐块依顺序安装,随时检查踢脚板的水平度和垂直度。相邻两块之间及踢脚板与地面、墙面之间用石膏稳牢。

灌 1:2 稀水泥砂浆,并随时把溢出的砂浆擦干净,待灌入的水泥砂浆终凝后把石膏铲掉。

用棉丝团蘸与大理石踢脚板同颜色的稀水泥浆擦缝。踢脚板的面层打蜡同地面一起进行。踢脚板之间的缝宜与大理石板块地面对缝镶贴。

12）冬期施工时,环境温度不应低于 5℃。

（2）技术关键要求

1）基层必须清理干净且浇水湿润,且在铺设干硬性水泥砂浆结合层之前、之后均要刷一层素水泥浆,确保基层与结合层、结合层与面层粘结牢固。

2）大理石或花岗石必须在铺设前浸水湿润,防止将结合层水泥浆的水分吸收,导致粘结不牢。

3）铺设前必须拉十字通线,确保操作工人跟线铺砌,铺完每行后随时检查缝隙是否顺直。

4）铺设标准块后,随时用水平尺和直尺找平,以防接缝高低不平,宽窄不匀。

5）铺设踢脚板时,严格拉通线控制出墙厚度,防止出墙厚度不一致。

6）房间内的水平线由专人负责引入,各个房间和楼道的标高应相互一致。

7）严格套方筛选板块,凡有翘曲、拱背、裂缝、掉角、厚薄不一、宽窄不方正等质量缺陷的板材一律不予使用；品种不同的板材不得混杂使用。

8）铺设前,应根据石材的颜色、花纹、图案、纹理等按设计要求,进行对色、拼花并试拼、编号。

4. 质量标准

大理石、花岗石面层采用天然大理石、花岗石（或碎拼大理石、碎拼花岗石）板材应在结合层上铺设。

天然大理石、花岗石的技术等级、光泽度、外观等质量要求应符合国家现行行业标准《天然大理石建筑板材》（GB/T 19766—2005）、《天然花岗石建筑板材》（GB/T 18601—2009）的规定。

板材有裂缝、掉角、翘曲和表面有缺陷时应予剔除,品种不同的板材不得混杂使用；在铺设前,应根据石材的颜色、花纹、图案纹理等按设计要求,试拼编号。

铺设大理石、花岗石面层前,板材应浸湿、晾干；结合层与板材应分段同时铺设。

(1) 主控项目

1) 大理石、花岗石面层所用板块的品种、规格、质量必须符合设计要求。

检验方法：观察检查和检查材质合格记录。

2) 面层与下一层应结合牢固，无空鼓。

检验方法：用小锤轻击检查。

注：凡单块板边角有局部空鼓，且每自然间（标准间）不超过总数的5%可不计。

(2) 一般项目

1) 大理石、花岗石表面应洁净、平整、无磨痕，且应图案清晰、色泽一致、接缝均匀、周边顺直、镶嵌正确、板块无裂纹、掉角、缺棱等缺陷。

检验方法：观察检查。

2) 踢脚线表面应洁净，高度一致，结合牢固，出墙厚度一致。

检验方法：观察和用小锤轻击及钢尺检查。

3) 楼梯踏步和台阶板块的缝隙宽度应一致、齿角整齐，楼层梯段相邻踏步高度差不应大于10mm，防滑条应顺直、牢固。

检验方法：观察和用钢尺检查。

4) 面层表面的坡度应符合设计要求，不倒泛水、无积水；与地漏、管道结合处严密牢固，无渗漏。

检验方法：观察、泼水或坡度尺及蓄水检查。

5) 大理石和花岗石面层（或碎拼大理石、碎拼花岗石）的允许偏差和检验方法应符合表3-13规定。

天然大理石和花岗石面层的允许偏差和检验方法 表3-13

项次	项　目	允许偏差（mm）		检验方法
		大理石面层和花岗石面层	碎拼大理石面层和碎拼花岗石面层	
1	表面平整度	1.0	3.0	用2m靠尺和楔形塞尺检查
2	缝格平直	2.0	—	拉5m线和用钢尺检查
3	接缝高低差	0.5	—	用钢尺和楔形塞尺检查
4	踢脚线上口平直	1.0	1.0	拉5m线和用钢尺检查
5	板块间隙宽度	1.0	—	用钢尺检查

(3) 质量关键要求

1) 基层处理是防止面层空鼓、裂纹、平整度差等质量通病的关键工序，因此要求基层必须具有粗糙、洁净和潮湿的表面。基层上的一切浮灰、油质、杂物，必须仔细清理，否则形成一层隔离层，会使结合层与基层结合不牢。表面较滑的基层应进行凿毛，并用清水冲洗干净，冲洗后的基层，最好不要上人。

2) 铺设地面前还需一次将门框校核找正，先将门框锯口线抄平校正，保证在地面面层铺设后，门扇与地面的间隙（风路）符合规范要求，然后将门框固定，防止松动位移。

3）铺设过程中应及时将门洞下的石材与相邻地面相接。在工序的安排上，大理石或花岗石地面以外房间的地面应先完成，保证过门处的大理石或花岗石与大面积地面连续铺设。

5. 成品保护

（1）存放大理石板块，不得雨淋、水泡、长期日晒。一般采用板块立放，光面相对。板块的背面应支垫木方，木方与板块之间衬垫软胶皮。在施工现场内倒运时，也须如此。

（2）运输大理石或花岗石板块、水泥砂浆时，应采取措施防止碰撞已做完的墙面、门口等。铺设地面用水时防止浸泡、污染其他房间地面墙面。

（3）试拼应在地面平整的房间或操作棚内进行。调整板块人员宜穿干净的软底鞋搬动、调整板块。

（4）铺砌大理石或花岗石板块过程中，操作人员应做到随铺随砌随清洁，清洁大理石板面应该用软毛刷和白色干布。

（5）新铺砌的大理石或花岗石板块的房间应临时封闭。当操作人员和检查人员踩踏新铺砌的大理石板块时，要穿软底鞋，并且轻踏在一块板材上。

（6）在大理石或花岗石地面上行走时，结合层砂浆的抗压强度不得低于1.2MPa。

（7）大理石或花岗石地面完工后，房间封闭，粘贴层产生强度后，应在其表面覆盖保护。

6. 安全环保措施

（1）在运输、堆放、施工过程中应注意避免扬尘、遗撒、沾带等现象，应采取遮盖、封闭、洒水、冲洗等必要措施。

（2）运输、施工所用车辆、机械的废气、噪声等应符合环保要求。

（3）电气装置应符合施工用电安全管理规定。

（4）职业健康安全关键要求

1）使用切割机、磨石机等手持电动工具之前，必须检查安全防护设施和漏电保护器，保证设施齐全、灵敏有效，以防触电。

2）大理石、花岗石等板材应堆放整齐稳定，高度适宜，装卸时应稳拿稳放，以免材料损坏并伤及自身。

3）夜间施工或阴暗处作业时，照明用电必须符合施工用电安全规定。

4）使用手持电动工具的施工操作人员应戴绝缘手套，穿胶靴；石材切割打磨操作人员应戴防尘口罩和耳塞；其他施工操作人员一律佩戴安全帽。

（5）环境关键要求

1）施工现场的环境温度应控制在5℃以上。冬期施工时原材料和操作环境温度不得低于5℃，不得使用冻块的砂子，板块表面严禁出现结冰现象，如室内无取暖和保温措施严禁施工。

2）切割石材的地点应采取防尘措施，适当洒水。

3）切割石材应安排在白天进行，并选择在较封闭的室内防止噪声污染，影响周围环境。

4）建筑废料和粉尘应及时清理，放置指定地点，若临时堆放在现场，必要时还应进行覆盖，防止扬尘。

7. 质量记录

（1）施工技术资料

1）图纸会审记录

2）施工技术交底记录

（2）施工物资资料

1）材料、构配件进场检验记录

2）进场材料的质量证明文件、检测报告和复试报告等

（3）施工测量记录

标高测量记录

（4）施工记录

1）隐蔽工程检查记录

2）面层施工记录

（5）施工质量验收记录

1）大理石和花岗石面层工程检验批质量验收记录表

2）大理石和花岗石面层分项工程质量验收记录表

3）地面大理石和花岗石面层质量分户验收记录表

8. 常见质量通病

（1）地面空鼓

基层清理不干净、结合层水泥浆拌合不均、刮刷不均、干硬性水泥砂浆太稀或铺的太厚、板背面浮灰没有除净、事先未用水湿润、养护时间短、过早使用等原因易造成面层空鼓。

（2）踢脚板不直、出墙厚度不一产生的原因主要有厚度不符合要求；贴踢脚板时，未拉线、未吊线等。

3.3.2.3 实木地板面层施工

实木地板面层施工工艺流程如下：

检验实木地板质量→技术交底→准备机具设备→清理基层测量弹线→铺设木格栅→铺设毛地板→铺设面层实木地板→镶边→地面磨光→油漆打蜡→清理木地板面。

1. 基本规定

（1）实木地板面层采用条材和块材实木地板或采用拼花实木地板，以空铺或实铺方式在基层（楼层结构层）上铺设而成。

（2）实木地板面层可采用单层木地板面层或双层木地板面层铺设。这种面层具有弹性好、导热系数小、干燥、易清洁和不起尘等材料性能，是一种较理想的建筑地面

材料。单层木地板面层适用于办公室、托儿所、会议室、高洁度实验室和中、高档旅馆及住宅。双层木地板面层,特别是拼花木板面层又称硬木面层,属于较高级的面层装饰工程,其面层坚固、耐磨、洁净美观,但造价较贵,施工操作要求较高,适用于高级民用建筑、室内体育训练、比赛、练习用房和舞厅、舞台等公共建筑,以及有特殊要求建筑的硬木楼、地面工程,如计量室、精密机床车间等。

(3)单层木板面层是在木格栅上直接钉企口木板;双层木板面层是在木格栅上先钉一层毛地板,再钉一层企口木板。木格栅有空铺和实铺两种形式,空铺式是将木格栅搁于墙体的垫木上,木格栅之间加设剪刀撑,木板面层在木板下面留有一定高度的空间,以利通风换气,使木板和格栅保持干燥而不至于腐烂,为节约木材,亦有用混凝土格栅代替木格栅;实铺式是将木板面层铺钉在固定于水泥类基层上的木龙骨上,木龙骨之间常用炉渣等隔声材料填充,并加设横向木撑,木材部分均需涂防腐油。其构造做法见图 3-44~图 3-46。

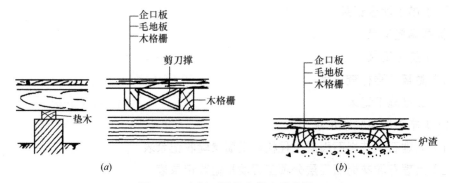

图 3-44 木板面层构造做法示意图
(a)空铺式;(b)实铺式

图 3-45 单层面层

图 3-46 双层面层

(4)拼花木板面层是用加工好的拼花木板铺钉于毛地板上或以沥青胶结料(或以胶粘剂)粘贴于毛地板、水泥类基层上铺设而成。其构造做法见图 3-47。

(5)实木地板面层下的木格栅、垫木、毛地板所采用木材、选材标准和铺设时木材含水率以及防腐、防蛀处理等,均应符合现行国家标准。

(6)实木地板面层下的木格栅、垫木、毛地板的防腐、防蛀、防潮处理,其处理剂产品的技术质量标准必须符合现行国家标准。

(7)厕浴间、厨房等潮湿场所相邻的实木面层连接处,应做防水(防潮)处理。

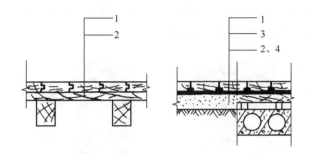

图 3-47 拼花木板面层构造示意图
1—拼花木板;2—毛地板;3—沥青胶结料或胶粘剂;4—水泥类基层

(8) 实木面层铺设在水泥类基层上,其基层表面应坚硬、平整、洁净、干燥、不起砂。

(9) 室内地面工程的实木面层格栅下架空结构层(或构造层)符合设计和标准要求后方可进行面层的施工。

(10) 实木地板下填充的轻质隔声材料一定要进行干燥。

(11) 实木地板面层镶边时如设计无要求,应用同类材料镶边。

(12) 木地板的面层验收,应在竣工后三天内验收。

2. 施工准备

(1) 技术准备

1) 进行图纸审核,核对设备安装与装修之间有无矛盾;图纸说明是否齐全、明确;设计图表之间的规格、材质、标高等,是否有"错、漏、碰、缺"。

2) 实木地板的质量应符合规范和设计要求,在铺设前,应得到业主对地板质量、数量、品种、花色、型号、含水率、颜色、油漆、尺寸偏差、加工精度、甲醛含量等验收认可。

3) 实木地板施工前,要进行详细的技术交底,铺设面积较大时,应编制施工方案,确定铺设方法、工艺步骤、基层材料、质量要求、工期、验收规范等,并在铺设前应得到设计和业主认可,施工应严格执行。

4) 实木地板大面积铺设前,应做样板间,经验收合格后,再大面积铺设。

(2) 材料准备

1) 企口板。企口木板(图 3-48)应采用不易腐朽、不易变形开裂的木材制成顶面刨平、侧面带有企口的木板,其宽度不应大于 120mm,厚度应符合设计要求。一般规格为:厚 15mm、18mm、20mm;宽 50mm、60mm、70mm、75m、90mm、100mm;长 250~900mm(以上规格也可以按设计要求订做)。

2) 毛地板。毛地板(图 3-49)材质同企口板,但可采用钝棱料,其宽度不宜大于 120mm。

3) 拼花木板。拼花木板多采用质地优良、不易腐朽的硬杂木材制成,由于多用短狭条相拼,故不易变形、开裂,一般选用水曲柳、核桃木、柞木等树种。拼花木板的常用尺寸为：长 250~300mm、宽 30~50mm、厚 18~23mm。其接缝可采用企口接缝、截口接缝或平头接缝形式，见图 3-50。

图 3-48　企口实木面板

图 3-49　毛地板

　　企口接缝　　截口接缝　　平头接缝
图 3-50　拼花木板接缝

4）木地板敷设所需要的木格栅（也称木棱）、垫木、沿缘木（也称压檐木）、剪刀撑及毛地板其规格尺寸按设计要求加工。木格栅、垫木、沿缘木、剪刀撑及毛地板常用规格见表 3-14。

木格栅、垫木、沿缘木、剪刀撑及毛地板常用规格一览表　　表 3-14

名　称		宽（nm）	厚（nm）
垫木（压檐木）	空铺式	100	50
	实铺式	平面尺寸 120×120	20
剪刀撑		50	50
木格栅（或木棱）	空铺式	根据设计或计算决定	同左
	实铺式	梯形断面上 50，下 70；矩形 70	50
毛地板		不大于 120	22~25

5）砖和石料：用于地垄墙和砖墩的砖强度等级，不能低于 MU7.5。采用石料时，风化石不得使用；凡后期强度不稳定受潮后会降低强度的人造块材均不得使用。

6）胶粘剂及沥青：若使用胶粘剂粘贴拼花木地板面层，选用环氧沥青、聚氨酯、聚醋酸乙烯和酪素胶等。若采用沥青贴拼花木地板面层，应选用石油沥青。

7）其他材料：防潮垫、8~10 号镀锌铅丝、50~100mm 钉、木地板专用钉等。

8）实木地板面层所采用的材质和铺设时的木材含水率必须符合设计要求，木格栅、垫木和毛地板等必须做防腐、防蛀、防火处理。

9）硬木踢脚板：宽度、厚度、含水率均应符合设计要求，背面应满涂防腐剂，花纹颜色应力求与面层地板相同。

10）实木地板须有商品检验合格证并符合设计要求，必要时应进行复检。

（3）机具准备

冲击钻、手枪钻、手提电圆锯、小电刨、平刨、压刨、台钻相应设置、板磨光机、砂带机。手动工具包括：手锯、手刨、线刨、锤子、斧子、冲子、挠子、手铲、凿子、螺丝刀、钎子棍、撬棍、方尺、割角尺、木折尺、墨斗、磨刀石等。

（4）作业条件

1）加工订货材料已进场，并经过验收合格。

2）室内湿作业已经结束，并已经过验收和测试。

3）门窗已安装到位。

4）木地板已经挑选，并经编号分别存放。

5）墙上水平标高控制线已弹好。

6）基层、预埋管线已施工完毕，水系统打压已经结束，均经过验收合格。

7）应已对所覆盖的隐蔽工程进行验收且合格，并进行隐检会签。

8）对所有作业人员已进行了技术交底，特殊工种必须持证上岗。

9）作业时的施工条件（工序交叉、环境状况等）应满足施工质量可达到标准的要求。

3. 施工工艺

（1）操作工艺

具体操作工艺一般分底层木地板的铺设和楼层木地板的铺设。底层木地板一般采用空铺方法施工，而楼层木地板可采用空铺也可采用实铺方法进行施工，按设计要求组织施工。

1）地面基层验收、清理、弹线。

2）铺钉防腐、防水 20mm×50mm 松木地板格栅，400mm 中距（图 3-51～图 3-55）。地板格栅应用防水防腐 20mm×40mm×50mm 木垫块垫实架空，垫块中距

钻孔

安装紧固件

紧固件入楼板深度不超过板厚2/3

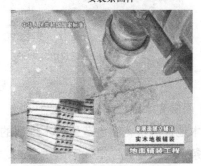

预制板上不能采用钻孔安装预埋件

图 3-51　安装预埋件

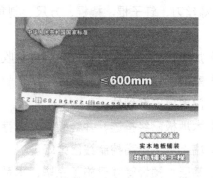

图 3-52　安装木格栅，固定点间距不超过 600mm

400mm，与格栅钉牢。同时将地板格栅用 10 号镀锌钢丝两根与钢筋鼻子绑牢，格栅间加钉 50mm×50mm 防腐、防火松木横撑，中距 800mm。地板格栅及横撑的含水率不得大于 18%，格栅顶面必须刨平刨光，并每隔 1000mm 中距凿 10mm×10mm×50mm 通风槽一道（以上尺寸，如有设计要求时，按设计施工）。

图 3-53　粘贴法安装龙骨

3）地板木格栅安装完毕，须对格栅进行找平检查，各条格栅的顶面标高，均须符合设计要求，如有不合要求之处，须彻底修正找平。符合要求后，按 45°斜铺 22mm 厚防腐、防火松木毛地板一层，毛地板的含水率应严格控制并不得大于 12%。铺设毛地板时接缝应落在木格栅中心线上，钉位相互错开。毛地板铺完应刨修平整。用多层胶合板做毛地板使用时，应将胶合板的铺向与木地板的走向垂直。

图 3-54　龙骨上做防潮层

4）面层实木地板铺设

①木地板的拼花组合造型：木地板的拼花组合造型，有长地板条错缝组合式、长短地板条错缝组合式、单人字形组合式、双人字形组合式、方格组合式、阶梯组合式及设计要求的其他组合形式等。

②弹线：根据具体设计，在毛地板上用墨线弹出木地板组合造型施工控制线，即

每块地板条或每行地板条的定位线。凡属地板条错缝组合造型的拼花木地板,则应以房间为中心,先弹出相互垂直并分别与房间纵横墙面平行的标准十字线两条,或与墙面成 45°角交叉的标准十字线两条,然后据具体设计的木地板组合造型、具体图案,以地板条宽度及标准十字线为准,弹出每条或每行地板的施工定位线,以便施工。弹线完毕,将木地板进行试铺,试铺后编号分别存放备用。

图 3-55　安装保温隔声材料

③将毛地板上所有垃圾、杂物清理干净,加铺防潮纸层、然后开始铺装实木地板。可从房间一边墙根开始,也可从房间中部开始(根据具体设计,将地板周围镶边留出空位),并用木块在墙根所留镶边空隙处将地板条(块)顶住,然后顺序向前铺直至铺到对面墙根时,同样用木块在该墙根镶边空隙处将地板顶住,然后将开始一边墙根处的木块楔紧,待安装镶边条时再将两边木块取掉(图3-56)。

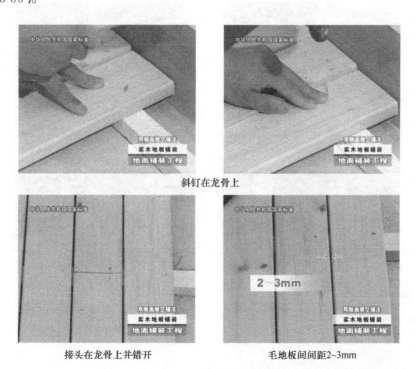

图 3-56　毛地板安装

④铺钉实木地板条按地板条定位线及两顶端中心线,将地板条铺正、铺平、铺齐,用地板条厚 2~2.5 倍长的圆钉,从地板条企口榫凹角处斜向将地板条钉于地板格栅上,如图 3-57 所示。钉头须预先打扁,冲入企口表面以内,以免影响企口接缝严密,必要时在木地板条上可先钻眼后钉钉,如图 3-58 所示。钉钉个数应符合设计要求,设计无要求时,地板长度小于 300mm 时侧边应钉 2 个钉,长度大于 300mm 小于 600mm 时应钉 3 个钉,600~900mm 钉 4 个钉,板的端头应钉 1 个钉固定。所有

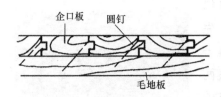

图 3-57 企口板钉设

地板条应逐块错缝排紧钉牢，接缝严密。板与板之间，不得有任何松动、不平、不牢。

⑤粘铺地板（图3-59）：按设计要求及有关规范规定处理基层，粘铺木地板用胶要符合设计要求，并进行试铺，符合要求后再大面积展开施工。铺贴时要用专用刮胶板将胶均匀地涂刮于地面及木地板表面，待胶不黏手时，将地板按定位线就位粘贴，并用小锤轻敲，使地板条与基层粘牢。涂胶时要求涂刷均匀，厚薄一致，不得有漏涂之处。地板条应铺正、铺平、铺齐，并应逐块错缝排紧粘牢。板与板之间不得有任何松动、不平、缝隙及溢胶之处。

⑥实木地板装修质量经检查合格后，应根据具体设计要求，在周边所留镶边空隙内进行镶边（具体设计图中无镶边要求者，本工序取消）。

5）踢脚板安装：当房间设计为实木踢脚板（图3-60）时，踢脚应预先刨光，在

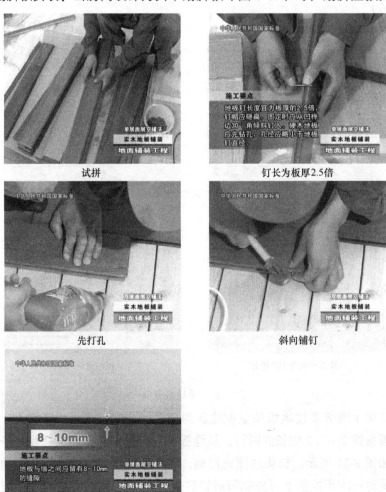

图 3-58 实木地板面板铺钉

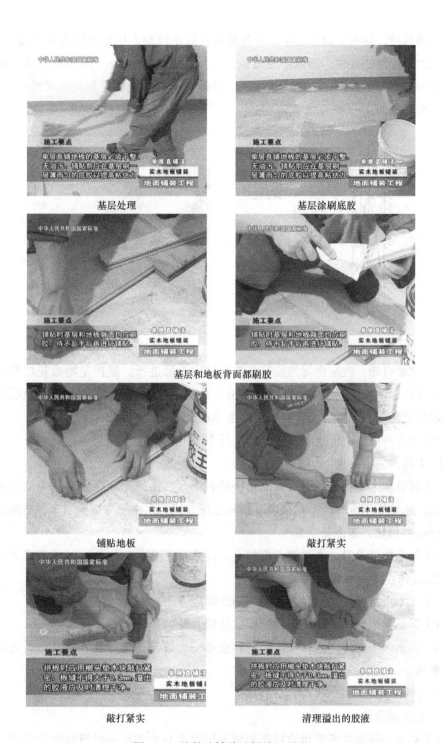

图 3-59 胶粘法铺贴地板施工过程

靠墙的一面开成凹槽,并每隔 1m 钻直径 6mm 的通风孔,在墙内应每隔 750mm 砌入防腐木砖,在防腐木砖外面钉防腐木块,再将踢脚板固定于防腐木块上。踢脚板板面要垂直,上口呈水平线,在踢脚板于地板交角处,钉上 1/4 圆木条,以盖住缝隙。

6)地板磨光(图 3-61):地面磨光用磨光机,转速应在 5000r/min 以上,所用砂布应先粗后细,砂布应绷紧绷平,长条地板应顺木纹磨,拼花地板应与木纹成45°斜磨。磨时不应磨的太快,磨深不宜过大,一般不超过1.5mm,要多磨几遍,磨光机不用时应先提起再关闭,防止啃咬地面,机器磨不到的地板要用角磨机或手工去磨,直到符合要求为止。

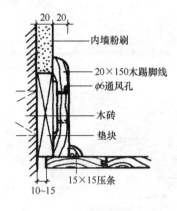
图 3-60　木踢脚线

图 3-61　地板磨光

7）油漆打蜡：应在房间内所有装饰工程完工后进行。硬拼花地板花纹明显,所以,多采用透明的清漆涂刷,这样可透出木纹,增强装饰效果。打蜡可用地板蜡,以增加地板的光洁度,木材固有的花纹和色泽最大限度地显示出来。

8）清理地面、交付验收使用,或进行下道工序的施工。

（2）技术关键要求

1）铺设实木地板面层时,其木格栅的截面尺寸、间距和稳固方法等均应符合设计要求。木格栅固定时,不得损坏基层和预埋管线。木格栅应垫实钉牢,与墙之间应留30mm的缝隙,表面要平直。

2）毛地板铺设时,木材髓心应向上,其板间缝隙不应大于3mm,与墙之间应留8~12mm的空隙,表面应刨平。

3）实木地板面层铺设时,面层与墙之间应留8~12mm的缝隙。

4）采用实木制作的踢脚线,背面应抽槽并做防腐处理。

5）实木地板在门口与其他地面材料交接处,以及与暖气罩等交接处做法应符合设计要求。

4．质量标准

（1）主控项目

1）实木地板面层所采用的材质和铺设时的木材含水率必须符合设计要求。木格栅、垫木和毛地板等必须做防腐、防蛀处理。

检验方法：观察和检查材质合格证明文件及检验报告。

2）木格栅安装应牢固、平直。

检验方法：观察、脚踩检验。

3）面层铺设应牢固,粘结无空鼓。

检验方法：观察、脚踩或用小锤轻击检验。

（2）一般项目

1）实木地板面层应刨平、磨光、无明显刨痕和毛刺等现象；图案清晰，颜色均匀一致。

检验方法：观察、手摸和脚踩检查。

2）面层缝隙应严密；接头位置应错开，表面洁净。

检验方法：观察检查。

3）拼花地板接缝应对齐，粘、钉严密；缝隙宽度均匀一致；表面洁净，胶粘无溢胶。

检验方法：观察检查。

4）踢脚线表面应光滑，接缝严密，高度一致。

检验方法：观察和钢尺检查。

5）实木地板面层的允许偏差和检验方法应符合表3-15的规定。

（3）质量关键要求

1）实木地板面层所用材料木材的含水率必须符合设计要求。木格栅、垫木和毛地板等必须做防腐、防蛀处理。

实木地板面层的允许偏差和检验方法（mm） 表3-15

项次	项 目	实木地板面层允许偏差			检 验 方 法
		松木地板	硬木地板	拼花地板	
1	板面缝隙宽度	1.0	0.5	0.2	用钢尺检查
2	表面平整度	3.0	2.0	2.0	用2m靠尺和楔形塞尺检查
3	踢脚线上口平直	3.0	3.0	3.0	拉5m线，不足5m拉通线和用钢尺检查
4	板面拼缝平直	3.0	3.0	3.0	拉5m线，不足5m拉通线和用钢尺检查
5	相邻板材高差	0.5	0.5	0.5	用钢尺和楔形塞尺检查
6	踢脚线与面层接缝	1.0	1.0	1.0	楔形塞尺检查

2）木格栅安装牢固、平直；固定宜采用在混凝土内预埋膨胀螺栓固定，或采用在混凝土内钉木楔铁钉固定。不宜用钢丝固定，因为钢丝不易绞紧，一旦松动，面层上有人走动时就会出响声，同时钢丝易锈蚀断裂，隐患较大。

3）面层铺设牢固，粘结无空鼓；木地板铺设时，必须注意其芯材朝上。木材靠近髓心处颜色较深的部分，即为芯材。芯材具有含水量较小，木质坚硬，不易产生翘曲变形。

4）实木地板面层应刨平、磨光，刨光分三次进行，要注意必须顺着木纹方向，刨去总厚度不宜超过1.5mm。以刨平刨光为度，无明显刨痕和毛刺等现象，之后，用砂纸磨光，要求图案清晰、颜色均匀。

5）面层缝隙严密，接头位置符合设计要求，表面洁净；地板四周离墙应保证有

10~20mm 的缝隙,其作用有二:一是减少木板从墙体中吸收水分,并保持一定的通风条件,能够调节温度变形而引起的伸缩;二是防止地板上的行走和撞击声传至隔壁室内。该缝隙宽度由踢脚板遮盖。

6)拼花地板接缝应对齐,粘、钉严密,缝隙宽度均一致,表面洁净。

5. 成品保护

(1)验收并挑选完的地板应编号按房间码放整齐,使用时应轻拿轻放,不能乱堆乱放,严禁碰坏棱角。

(2)搬运和铺设木地板时,不应损坏墙面已装修好的部位,严禁互相损坏。

(3)施工作业人员和质量检查人员应穿软底鞋,到面层施工时还应加套软鞋套,走路要轻。

(4)不得在已铺好的面层上施工作业,特别是敲砸等,严禁将电动工具等放在已铺好的木地板上,以防止损坏面层。

(5)地板施工应注意施工环境温、湿度的变化。施工完毕用软布将地板擦拭干净,覆盖塑料薄膜,以防止开裂和变形。

(6)地板磨光后应及时刷油和打蜡。

(7)指定专人负责成品保护工作,特别是门口交接处和交叉作业施工时,须协调好各项工作。

(8)防止卫生间水和涂料油漆的污染。

6. 安全环保措施

(1)施工所用机械的噪声等应符合环保要求。

(2)电气装置应符合施工用电安全管理规定。

(3)防止机械伤害。

(4)职业健康安全关键要求

1)清理地面时,要防止碎屑崩入眼内。

2)大量使用电动工具,防护要到位。

3)进入施工现场必须戴安全帽,穿防护鞋,避免作业环境导致物体打击等事故。

4)施工期间要做好安全交底。

(5)环境关键要求

1)所用材料应为环保产品,产品存放应有指定地点。

2)施工中余下的边角料、锯末等要及时清理,并存放在指定地点,同时防止扬尘。

3)胶粘剂空桶严禁长期在室内放置,剩下的胶粘剂不用时要及时盖盖封存,严禁长时间暴露,污染环境。

4)木地板施工完后,房间应做好通风。防火间距、消防设施、电器设备应按规定设置。

7. 质量记录

(1)施工技术资料

1）图纸会审记录

2）施工技术交底记录

（2）施工物资资料

1）材料、构配件进场检验记录

2）进场材料的质量证明文件、检测报告和复试报告等

（3）施工测量记录

标高测量记录

（4）施工记录

1）隐蔽工程检查记录

2）面层施工记录

（5）施工试验记录

胶粘剂配合比记录

（6）施工质量验收记录

1）实木地板面层工程检验批质量验收记录表

2）实木地板面层分项工程质量验收记录表

8. 常见质量通病

木地板踩踏时有响声。

（1）现象

人行走时，地板发出响声。轻度的响声只在较安静的情况才能发现，施工中往往被忽略。

（2）原因分析

1）木格栅采用预埋钢丝法（图3-62）锚固时，施工过程中钢丝容易被踩断或清理基层时铲断，造成木格栅固定不牢。

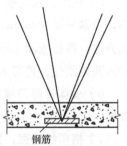

图3-62 预埋钢丝法

2）木格栅本身含水率大或施工时周围环境湿度大（室内湿作业刚完或仍在交叉进行的情况下铺设木格栅），填充的保温隔声材料（如焦渣、泡沫混凝土碎块）潮湿等原因，使木格栅受潮膨胀，导致在施工过程中以及完工后各结合部分因木格栅干缩而产生松动，受荷时滑动变形发出响声。

3）采用预埋"冂"形铁件锚固木格栅时，如锚固铁件顶部呈弧形，木格栅锚固不稳；或锚固铁件间距过大，木格栅受力后弯曲变形；或木垫块不平有坡度，木格栅容易滑动；或钢丝绑扎不紧，结合不牢等，木格栅也会松动（图3-63、图3-64）。

4）对空铺木地板，当木格栅设计断面偏小，间距偏大时，面层木板条的跨度就增大，人行走时因地板的弹性变形而出现响声。

（3）预防措施

1）采用预埋钢丝法锚固木格栅，施工时要注意保护钢丝，不要将钢丝弄断。

2）木格栅及毛地板必须用干燥料。毛地板的含水率不大于15%，木格栅的含水

率不大于20%。材料进场后最好入库保存,如码放在室外,底部应架空,并铺一层油毡,上面再用苦布加以覆盖,避免日晒雨淋。

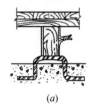 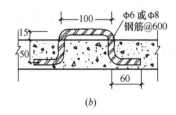 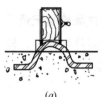 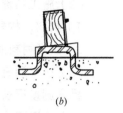

图3-63 采用预埋"几"形铁件固定木格栅　　　　图3-64 木格栅不正确的锚固方法
（a）预埋"几"形铁件；（b）"几"形铁做法　　　（a）锚固铁件顶部呈弧形；（b）木垫块不平

3）木格栅应在室内环境比较干燥的情况下铺设。室内湿作业完成后,应将地面清理干净,晾放7～10d,雨季晾放10～15d。保温隔声材料如焦渣、泡沫混凝土块等要晾干或烘干。

4）锚固铁件的间距顺格栅一般不大于800mm,锚固铁件顶面宽度不小于100mm,而且要弯成直角,用双股14号钢丝与木格栅绑扎牢固,格栅上要刻3mm左右的槽,钢丝要形成两个固定点。然后用撬棍将木格栅撬起,垫好木垫块。木垫块的表面要平,宽度不小于40mm,两头伸出木格栅不小于20mm,并用钉子与木格栅钉牢。

5）楼层为预制楼板的,其锚固铁件应设于叠合层。如无叠合层时,可设于板缝内,埋铁中距400mm。如板宽超过900mm时,应在板中间增加锚固点。增加锚固点的方法:在楼板面（不要在肋上）凿一小孔,用14号钢丝绑扎100长φ6的钢筋棍,伸入孔内别住,再与木格栅绑牢,垫好木垫块。

6）横撑或剪刀撑间距800mm,与格栅钉牢,但横撑表面应低于格栅面10mm左右。

7）格栅铺钉完,要认真检查有无响声,不合要求不得进行下道工序。

8）对空铺木地板,木格栅的强度和挠度应经计算,间距不宜大于400mm,面板厚度（刨光后的净尺寸）不宜小于20mm,人行走过程中,地面板弹性变形不应过大。

（4）治理方法

检查木地板响声,最好在木格栅铺钉后先检查一次,铺钉毛地板后再检查一次,如有响声,针对产生响声的原因进行修理。

1）垫木不实或有斜面,可在原垫木附近增加一、二块厚度适当的木垫块,用钉子在侧面钉牢。

2）钢丝松动时,应重新绑紧或加绑一道钢丝。

3）锚固铁件顶部呈弧形造成木格栅不稳定时,可在该处用混凝土将其筑牢。

4）锚固铁件间距过大时,应增加锚固点。方法是凿眼绑钢筋棍或用射钉枪在木格栅两边射入螺栓,再加钢板将木格栅固定。

3.3.2.4 中密度（强化）复合地板面层施工

中密度（强化）复合地板面层施工工艺流程如下：

检验强化复合地板质量→技术交底→准备机具设备→基底清理→弹线→防火、防腐处理→铺衬垫→铺强化复合地板→清理验收。

1. 基本规定

（1）强化复合地板面层采用条材强化复合地板或采用拼花强化复合地板，以浮铺方式在基层上铺设。

（2）强化复合地板的材料以及面层下的板或衬垫等材质应符合设计要求，可采用双层面层和单层面层铺设，其厚度应符合设计要求。强化复合地板面层的条材和块材应采用具有商品检验合格证的产品，其技术等级和质量要求均应符合国家现行标准的规定。

（3）强化复合地板面层铺设时，粘贴材料应采用具有耐老化、防水和防菌等无毒等性能的材料，或按设计要求选用；胶粘剂选用应符合现行国家标准《民用建筑工程室内环境污染控制规范》（GB 50325）的规定。

（4）强化复合地板面层下衬垫的材质和厚度应符合设计要求。

（5）强化复合地板面层铺设时，相邻板材接头位置应错开不小于300mm的距离；与墙之间应留不小于10mm的空隙。

（6）大面积铺设强化复合地板面层时，应分段铺设，分段缝的处理应符合设计要求。

（7）强化复合地板面层的允许偏差应符合国家标准《建筑地面工程施工质量验收规范》（GB 50209—2002）中的规定。

2. 施工准备

（1）技术准备

1）强化复合地板面层下的各层做法应已按设计要求施工并验收合格。

2）样板间或样板块已经得到认可。

（2）材料准备

1）强化复合地板：强化复合地板面层所采用的条材和块材，其技术等级和质量要求应符合设计要求。木格栅、垫木和毛地板等必须做防腐、防蛀、防火处理。木格栅应选用烘干料，毛地板，如选用人造板，应有性能检测报告，而且对甲醛含量复验。

2）胶粘剂：应采用具有耐老化、防水和防菌等无毒等性能的材料，或按设计要求选用。胶粘剂应符合现行国家标准《民用建筑工程室内环境污染控制规范》（GB 50325）的规定。

（3）机具准备

1）根据施工条件，应合理选用适当的机具设备和辅助用具，以能达到设计要求为基本原则，兼顾进度、经济要求。

2）常用机具设备有：角度锯、螺机、水平仪、水平尺、方尺、钢尺、小线、錾子、刷子、钢丝刷等。

（4）作业条件

1）材料检验已经完毕并符合要求。

2）应已对所覆盖的隐蔽工程进行验收且合格，并进行隐检会签。

3）施工前，应做好水平标志，以控制铺设的高度和厚度，可采用竖尺、拉线、弹线等方法。

4）对所有作业人员已进行了技术交底。

5）作业时的施工条件（工序交叉、环境状况等）应满足施工质量可达到标准的要求。

6）木地板作业应待抹灰工程和管边试验等项施工完后进行。

3. 施工工艺

（1）操作工艺

1）基底清理：基层表面应平整、坚硬、干燥、密实、洁净、无油脂及其他杂质，不得有麻面、起砂裂缝等缺陷。条件允许时，用自流平地面找平为佳。

2）铺衬垫：将衬垫铺平，用胶粘剂点涂固定在基底上。

3）铺强化复合地板：从墙的一边开始铺粘企口强化复合地板，靠墙的一块板应离开墙面10mm左右，以后逐块排紧。板间企口应满涂胶，挤紧后溢出的胶要立刻擦净。强化复合地板面层的接头应按设计要求留置，如图3-65、图3-66所示。

图3-65　木地板与墙边留　　　图3-66　强化复合地板面层的
　　　8～10mm缝隙　　　　　　　接头错缝不小于300mm

4）铺强化复合地板时应从房间内退着往外铺设。

5）不符合模数的板块，其不足部分在现场根据实际尺寸将板块切割后镶补，并应用胶粘剂加强固定。

（2）施工要点

1）硬质纤维板面层应铺贴在混凝土基层上，其表面应平整、洁净、干燥、不起砂，含水率不应大于9%。其平整度以2m直尺检查，允许空隙为2mm。

2）胶粘剂亦可采用脲醛树脂与水泥拌合成的胶粘剂，其配合比应通过试验确定，或按表3-16配制。

脲醛树脂与水泥胶粘剂配合比（质量比） 表 3-16

材料名称	脲醛树脂（5011）	水泥（32.5级）	20%浓度氯化铵溶液（氯化铵：水＝1：4）	水（洁净水）
配合比	100	160～170	7～9	14～16

3）沥青胶结料宜采用 10 号或 30 号建筑石油沥青。当掺机油时，其配合比应通过试验确定。沥青的软化点宜为 60～80℃，针入度宜为 20～40mm。

4）在面层铺贴前，应按设计图案、尺寸、弹线试铺，并应检查其拼缝高低、平整度、对缝等，符合要求后应进行编号。施工时宜从房间中心向四周铺贴。

5）采用胶粘剂铺贴面层时，应按编号顺序在基层表面和硬质纤维板背面分别涂刷胶粘剂，其厚度：基层表面应为 1mm；硬质纤维板背面应为 0.5mm。应待 5min 后铺贴，在铺贴的板面上加压，使之粘贴牢固，防止翘曲。

6）采用沥青胶结料铺贴面层时，应先涂刷一遍同类底子油，后用沥青胶结料随涂随铺，其厚度宜为 2mm。在铺贴时，木板块背面亦应涂刷一层薄而均匀的沥青胶结料。

7）当采用沥青胶结料或胶粘剂铺贴拼花木板面层时，其相邻两块的高差不应高于铺贴面 1.5mm 或低于铺贴面 0.5mm，不符合要求的应予重铺。在铺贴时，应防止沥青胶结料或胶粘剂溢出表面，溢出时应随即刮去。

8）硬质纤维板间的缝隙宽度宜为 1～2mm，相邻两块板的高度差不宜大于 1mm，板面与基层间不得有空鼓现象。面层应平整，用 2m 直尺检查，其允许空隙为 2mm。

9）铺设中密度（强化）复合地板面层的面积达 70m² 或房间长度达 8m 时，宜在每间隔 8m 宽处放置铝合金条，以防止整体地板受热变形，如图 3-67 所示。

图 3-67 房间长或宽超过 8m 时应设伸缩缝

10）整体地板拼装后，用木踢脚线封盖地板面层。

11）铺贴完后 1～2d 即可涂漆打蜡，并应保持房间通风。夏季 24h，冬季 48h 后方可正式使用（图 3-68）。

4. 质量标准

中密度（强化）复合地板面层的材料以及面层下的材料应符合设计要求，并应采用具有商品检验合格证的产品，其技术等级及质量要求均应符合国家现行标准的规定。

基层清理

铺防潮层

铺木地板

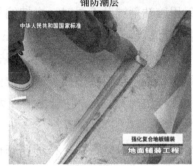
收口

图 3-68　中密度（强化）复合地板面层施工过程

中密度（强化）复合地板面层铺设时，相邻板材接头位置应错开不小于 300mm 距离；与墙之间应留不小于 10mm 空隙。

（1）主控项目

1）中密度（强化）复合地板面层所采用的材料，其技术等级及质量要求应符合设计要求。木格栅、垫木和毛地板等必须做防腐、防蛀处理。

检验方法：观察检查和检查材质合格证明文件及检测报告。

2）木格栅安装应牢固、平直。

检验方法：观察、脚踩检查。

3）面层铺设应牢固。

检验方法：观察、脚踩。

（2）一般项目

1）中密度（强化）复合地板面层图案和颜色应符合设计要求，图案清晰，颜色一致，板面无翘曲。

检验方法：观察、用 2m 靠尺和楔形塞尺检查。

2）面层的接头应错开、缝隙严密、表面洁净。

检验方法：观察检查。

3）踢脚线表面光滑，接缝严密，高度一致。

检验方法：观察和钢尺检查。

4）中密度（强化）复合木地板面层的允许偏差应符合表 3-17 的规定。

检验方法：应按表 3-17 中的检验方法检验。

中密度（强化）复合地板面层的允许偏差和检验方法（mm）　　表 3-17

项次	项　目	允许偏差	检　验　方　法
1	板面缝隙宽度	0.5	用钢尺检查
2	表面平整度	2.0	用 2m 靠尺和楔形塞尺检查
3	踢脚线上口平齐	3.0	拉 5m 通线，不足 5m 拉通线和用钢尺检查
4	板面拼缝平直	3.0	拉 5m 通线，不足 5m 拉通线和用钢尺检查
5	相邻板材高差	0.5	用钢尺和楔形塞尺检查
6	踢脚线与面层的接缝	1.0	楔形塞尺检查

5. 成品保护

（1）施工时应注意对定位定高的标准杆、尺、线的保护，不得触动、移位。

（2）对所覆盖的隐蔽工程要有可靠保护措施，不得因铺设强化复合地板面层造成漏水、堵塞、破坏或降低等级。

（3）强化复合地板面层完工后应进行遮盖和拦挡，避免受侵害。

（4）后续工程在强化复合地板面层上施工时，必须进行遮盖、支垫，严禁直接在强化复合地板面上动火、焊接、和灰、调漆、支铁梯、搭脚手架等。

6. 安全环保措施

（1）施工所用机械的噪声等应符合环保要求。

（2）电气装置应符合施工用电安全管理规定。

（3）防止机械伤害。

7. 质量记录

（1）材质合格证明文件及检测报告。

（2）强化复合地板面层分项工程质量验收评定记录。

（3）木材防火、防腐处理记录。

（4）细木工板等人造板材游离甲醛含量复验记录。

（5）样板间室内环境污染物浓度检测记录。

（6）所覆盖部分的隐蔽工程验收记录。

3.3.2.5　地毯面层施工

地毯具有吸声、隔声、保温、隔热、防滑、弹性好、脚感舒适以及外观优雅等使用性能和装饰特点，其铺设施工亦较为方便快捷。随着石油化工和建材业的发展，我国在传统手工打结美术工艺羊毛地毯和机织混纺类精密图案地毯的基础上，大力开拓簇绒编织化纤地毯（聚酰胺、聚丙烯腈、聚酯或聚丙烯等纤维地毯）、天然橡胶绒地毯、剑麻地毯、聚氯乙烯塑料地毯及无纺地毯（地毡）等多品种新型地毯的生产，使地毯的应用更为广泛。

根据《建筑地面工程施工质量验收规范》（GB 50209—2002）的规定，建筑地面的地毯面层采用方块、卷材地毯在水泥类面层（或基层）上铺设，要求水泥类面层

（或基层）表面应坚硬、平整、光洁、干燥，无凹坑、麻面、裂缝，并应清除油污、钉头和其他突出物。

地毯面层构造做法如图 3-69 所示。

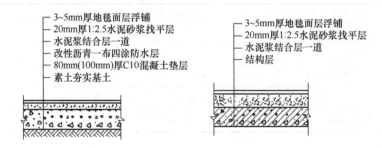

图 3-69　地毯面层构造做法

地毯面层施工工艺流程：

检验地毯质量→技术交底→准备机具设备→基底处理→弹线套方、分格定位→地毯剪裁→钉倒刺板条→铺衬垫→铺地毯→细部处理收口→检查验收。

1. 基本规定

（1）地毯面层应采用方块、卷材地毯在水泥类面层（或基层）上铺设。

（2）水泥类面层（或基层）表面应平整、坚硬、光洁、干燥，无凹坑、麻面、裂缝，并应清除油污、钉头和其他突出物。

（3）海绵衬垫应满铺平整，地毯拼缝处不露底衬。

（4）固定式地毯（满铺毯）铺设应符合下列规定：

1）固定式地毯用的金属卡条（倒刺板）、金属压条、专用双面胶带等必须符合设计要求。

2）铺设的地毯张拉应适宜，四周卡条固定牢；门口处应用金属压条等固定。

3）地毯周边应塞入卡条和踢脚线之间的缝中；粘贴地毯应用胶粘剂与基层粘贴牢固。

（5）活动式地毯（块毯）铺设应符合下列规定：

1）地毯拼成整块后直接铺在洁净的地上，地毯周边应塞入踢脚线下。

2）与不同类型的建筑地面连接处，应按设计要求收口。

3）小方块地毯铺设，块与块之间应挤紧服贴。

（6）楼梯地毯铺设，每梯段顶级地毯应用压条固定于平台上，每级阴角处应用卡条固定牢。

2. 施工准备

（1）技术准备

1）地毯面层下的各层做法应已按设计要求施工并验收合格。

2）样板间或样板块已经得到认可。

（2）材料准备

1）地毯：地毯的品种、规格、颜色、花色、胶料和辅料及其材质必须符合设计要求和国家现行地毯产品标准的规定。污染物含量低于室内装饰装修材料地毯中有害物质释放限量标准。

地毯按等级分为轻度家用级、中度家用或轻度专业使用级、一般家用或一般专业使用级、重度家用或中度专业使用级、重度专业使用级和豪华级等大致六级，通常在设计选用地毯时，主要是根据铺设部位、使用功能和装饰等级与造价等因素进行综合权衡，以确定地毯的等级。施工时，地毯的品种、规格、色泽、图案应符合设计，其材质应符合现行有关材料的标准和产品说明书的规定。地毯表面应平整、洁净，无松弛、起鼓、皱折、翘边等缺陷。施工单位应按设计要求及现场实测，按品种和铺设面积一次备足，放置于干燥房间，不得使之受潮或被水浸。

2）垫料

对于无底垫的地毯，当采用倒刺钉板条做固定铺设时，应配置垫层铺衬材料。常用的地毯垫料有两种，一是橡胶波状衬底垫料或人造橡胶泡沫衬底垫料；二是毛麻毡垫。垫料的厚度一般不大于10mm，要求密衬均匀，避免松软。

3）胶粘剂与接缝带

地毯面层在采用固定式铺设时，需要使用胶粘剂进行粘贴的部位通常有两处，一是地毯与楼地面直接粘贴时使用；二是地毯与地毯连接拼缝时使用。房间内多为地毯的长边之间进行拼接，走廊一般为成卷地毯端头的拼缝连接。

①胶粘剂

地毯粘结固定所用的胶粘剂主要有两类，一类是聚醋酸乙烯胶粘剂，系以醋酸乙烯聚合物乳液为基料配制而成，具有粘结强度高、无味无毒、存放稳定和施工安全方便等优点；另一类是合成橡胶粘结剂，是以氯丁橡胶为基料掺以其他树脂、增稠剂和填料配制而成，具有初始粘结强度高、耐水性好、无毒、不燃等优点。每类胶粘剂又有不同品种，实际选用时应根据所采用的地毯品种，特别是与地毯背衬材料相配套确定胶粘剂品种。

②接缝带

应用于地毯拼接对缝的接缝带，其成品为热熔式地毯接缝带，宽150mm，备有一层热熔胶，使用时将其表面加热至130～180℃，其胶层熔融，即可将对接的地毯边端靠紧压在接缝带上，自然冷却后便完成地毯的拼缝连接。此外，也可使用双面粘结胶带或采取其他施工拼缝辅料（配合缝针）的粘结措施。

地毯的生产厂家一般会推荐或配套提供胶粘剂；如没有，可根据基层和地毯以及施工条件选用。所选胶粘剂必须通过试验确定其适用性和使用方法。污染物含量低于室内装饰装修材料胶粘剂中有害物质限量标准。

4）倒刺钉板条及金属收口条

①倒刺钉板条或称倒刺板

这是固定地毯的常用固定件（图3-70）。一般采用4～6mm厚度的胶合板锯割成宽约25mm、长1200mm的板条，板条上设置两排斜向铁钉（"朝天钉"，斜角为60°～75°）用于勾挂地毯，并等距离设置7～9枚水泥钢钉以便将板条固定于楼地面。倒

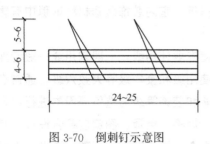

图 3-70 倒刺钉示意图

刺钉板条可购买成品,也可现场自制。倒刺板应顺直,倒刺均匀,长度、角度符合设计要求。

②金属收口条

在地毯铺设工程中,凡端头露明处,或与其他饰面材料交接处,以及高低差部位收口处,均应采用铝合金倒刺收口条(图 3-71),以保证美观并保护地毯端口。在一些重要部位,为防止使用时被踩踏损坏或踢起地毯边缘,还应选用铝合金压条或锑条作为可靠的坚固措施。

(3)机具准备

常用机具设备有:裁毯刀、裁边机、地毯撑子(图 3-72)、手锤、角尺、直尺、熨斗等。

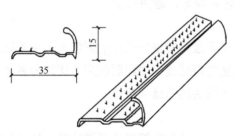

图 3-71 金属收口条

图 3-72 地毯撑子

(4)作业条件

1)材料检验已经完毕并符合要求。

2)应已对所覆盖的隐蔽工程进行验收且合格,并进行隐检会签。

3)施工前,应做好水平标志,以控制铺设的高度和厚度,可采用竖尺、拉线、弹线等方法。

4)对所有作业人员已进行了技术交底,特殊工种必须持证上岗。

5)作业时的环境如天气、温度、湿度等状况应满足施工质量可达到标准的要求。

6)水泥类面层(或基层)表面层已验收合格,其含水量应在 10% 以下。

3. 施工工艺

(1)操作工艺

1)基层处理:把沾在基层上的浮浆、落地灰等用錾子或钢丝刷清理掉,再用扫帚将浮土清扫干净。如条件允许,用自流平地面找平为佳。

2)弹线套方、分格定位:严格依照设计图纸对各个房间的铺设尺寸进行度量,检查房间的方正情况,并在地面弹出地毯的铺设基准线和分格定位线。活动地毯应根据地毯的尺寸,在房间内弹出定位网格线。

3)地毯剪裁(图 3-73):根据放线定位的数据,剪裁出地毯,长度应比房间长度大 20mm。

4)钉倒刺板条(图 3-74):沿房间四周踢脚边缘,将倒刺板条牢固钉在地面基层上，倒刺板条应距踢脚 8～10mm。

5）铺衬垫：将衬垫采用点粘法粘在地面基层上，要离开倒刺板 10mm 左右。

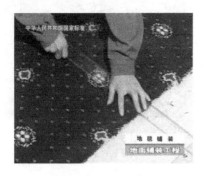
图 3-73　地毯剪裁

图 3-74　钉倒刺板条

6）铺设地毯：先将地毯的一条长边固定在倒刺板上，毛边掩到踢脚板下，用地毯撑子拉伸地毯，直到拉平为止；然后将另一端固定在另一边的倒刺板上，掩好毛边到踢脚板下。一个方向拉伸完，再进行另一个方向的拉伸，直到四个边都固定在倒刺板上。在边长较长的时候，应多人同时操作，拉伸完毕时应确保地毯的图案无扭曲变形（图 3-75）。

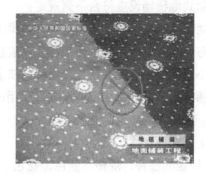

图 3-75　地毯拼花

7）铺活动地毯时应先在房间中间按照十字线铺设十字控制块，之后按照十字控制块向四周铺设。大面积铺贴时应分段、分部位铺贴。如设计有图案要求时，应按照设计图案弹出准确分格线，并做好标记，防止差错。

8）当地毯需要接长时，应采用缝合或烫带粘结（无衬垫时）的方式，缝合应在铺设前完成，烫带粘结应在铺设的过程中进行，接缝处应与周边无明显差异。

9）细部收口（图 3-76、图 3-77）：地毯与其他地面材料交接处和门口等部位，应用收口条做收口处理。

4. 质量标准

地毯面层采用方块、卷材地毯在水泥类面层（或基层）上铺设。

水泥类面层（或基层）表面应坚硬、平整、光洁、干燥、无凹坑、麻面、裂缝，并应清除油污、钉头和其他突出物。

海绵衬垫应满铺平整，地毯拼缝处不露底衬。

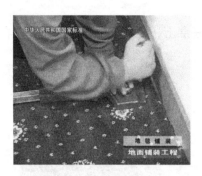 

图 3-76 将地毯压入压条下或与踢脚的缝隙内　　图 3-77 收口处理

固定式地毯铺设应符合下列规定：

①固定地毯用的金属卡条（倒刺板）、金属压条、专用双面胶带等必须符合设计要求。

②铺设的地毯张拉应适宜，四周卡条固定牢；门口处应用金属压条等固定。

③地毯周边应塞入卡条和踢脚线之间的缝中。

④粘贴地毯应用胶粘剂与基层粘贴牢固。

活动式地毯铺设应符合下列规定：

①地毯拼成整块后直接铺在洁净的地上，地毯周边应塞入踢脚线下。

②与不同类型的建筑地面连接处，应按设计要求收口。

③小方块地毯铺设，块与块之间应挤紧服贴。

楼梯地毯铺设，每梯段顶级地毯应用压条固定于平台上，每级阴角处应用卡条固定牢。

（1）主控项目

1）地毯的品种、规格、颜色、花色、胶料和辅料及其材质必须符合设计要求和国家现行地毯产品标准的规定。

检验方法：观察检查和检查材质合格记录。

2）地毯表面应平服、拼缝处粘贴牢固、严密平整、图案吻合。

检验方法：观察检查。

（2）一般项目

1）地毯表面不应起鼓、起皱、翘边、卷边、显拼缝、露线和无毛边，绒面毛顺光一致，毯面干净，无污染和损伤。

检验方法：观察检查。

2）地毯同其他面层连接处、收口处和墙边、柱子周围应顺直、压紧。

检验方法：观察检查。

5. 成品保护

（1）地毯进场应尽量随进随铺，库存时要防潮、防雨、防踩踏和重压。

（2）铺设时和铺设完毕应及时清理毯头、倒刺板条段、钉子等散落物，严格防止将其铺入毯下。

（3）地毯面层完工后应将房间关门上锁，避免受污染破坏。

（4）后续工程在地毯面层上需要上人时，必须带鞋套或者是专用鞋，严禁在地毯面上进行其他各种施工操作。

6. 安全环保措施

（1）电气装置应符合施工用电安全管理规定。

（2）胶粘剂、水性处理剂、稀释剂和溶剂等使用后，应及时封闭存放，废料和包装物应及时清出室内。

7. 质量记录

（1）地毯材质合格证明文件及性能检测报告。

（2）胶粘剂合格证明文件及性能试验报告。

（3）地毯面层分项工程质量验收评定记录。

8. 常见质量通病

（1）地毯起皱、不平

1）基层不平整或地毯受潮后出现胀缩。

2）地毯未牢固固定在倒刺板上，或倒刺板不牢固。

3）未将毯面完全拉伸至押平，铺毯时两侧用力不均或粘结不牢。

（2）毯面不洁净

1）铺设时刷胶将毯面污染。

2）地毯铺完后未做有效的成品保护，受到外界污染。

（3）接缝明显

缝合或粘合时未将毯面绒毛捋顺，或是绒毛朝向不一致，地毯裁割时尺寸有偏差或不顺直。

（4）图案扭曲变形

拉伸地毯时，各点的力度不均匀，或不是同时作业造成图案扭曲变形。

3.3.2.6 塑料面层施工

塑料面层施工工艺流程：

检验水泥、砂、塑料板质量→试验→技术交底→准备机具设备→基底处理→弹线→刷底胶→铺塑料板→擦光上蜡→检查验收。

1. 基本规定

（1）塑料板面层应采用塑料板块材、塑料板焊接、塑料卷材以胶粘剂在水泥类基层上铺设。

（2）水泥类基层表面应平整、坚硬、干燥、密实、洁净、无油脂及其他杂质，不得有麻面、起砂裂缝等缺陷。

（3）胶粘剂选用应符合现行国家标准《民用建筑工程室内环境污染控制规范》（GB 50325）的规定。其产品应按基层材料和面层材料使用的相容性要求，通过试验确定。

（4）塑料板面层的允许偏差应符合国家标准《建筑地面工程施工质量验收规范》

（GB 50209—2002）中的规定。

塑料类地板构造参见图3-78。

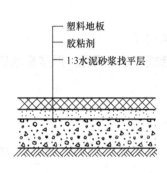

图3-78 塑料类地板构造

2. 施工准备

（1）技术准备

1）塑料板面层下的各层做法应已按设计要求施工并验收合格。

2）样板间或样板块已经得到认可。

（2）材料准备

1）水泥：宜采用硅酸盐水泥、普通硅酸盐水泥，其强度等级应在32.5级以上；不同品种、不同强度等级的水泥严禁混用。

2）砂：应选用中砂或粗砂，含泥量不得大于3%。

3）塑料板：板块和卷材的品种、规格、颜色、等级应符合设计要求和现行国家标准的规定。塑料地板饰面采用的板块（片）应平整、光洁、无裂纹，色泽均匀，厚薄一致，边缘平直；板内不应有杂物和气泡，并应符合产品的各项技术指标。

4）聚氯乙烯卷材地板

聚氯乙烯（PVC）卷材地板是以聚氯乙烯树脂为主要原料，并加入适当助剂，在片状连续基材上经涂敷工艺生产的地面装饰卷材；尚有多层复合的产品，即除基材与涂层外，还有中间层及表面耐磨层。带基材的聚氯乙烯卷材地板又分为发泡型和致密型两类产品。

聚氯乙烯卷材地板产品的外观质量和物理性能指标应符合相关规范的规定。聚氯乙烯卷材地板的包装，其耐磨层向外卷在管芯上，应有外包装。在每卷包装的明显处，应标明产品名称、生产厂名、产品标记、等级、批号、重量、长度。卷材地板产品在运输过程中，不得受到冲击、日晒、雨淋。贮存时，应分批直立贮存在温度为20℃以下的仓库内，距离热源要在1m以外；库房内应空气流通、干燥。

5）半硬质聚氯乙烯块状地板

半硬质聚氯乙烯块状塑料地板产品，是由聚氯乙烯共聚树脂为主要原料，加入填料、增塑剂、稳定剂、着色剂等辅料，经压延、挤出或热压工艺所生产的单层和同质复合的半硬质块状铺地装饰材料。

①品种与规格

半硬质聚氯乙烯块状塑料地板的品种为单层和同质复合地板。半硬质聚氯乙烯块状塑料地板的厚度为1.5mm，长度为300mm，宽度为300mm。也可由供需双方议定其他规格产品。

②技术要求

半硬质聚氯乙烯块状塑料地板产品的外观、尺寸偏差和物理性能，应符合相关规范的规定。试件边与直角尺边的最大公差值，应小于0.25mm。

③冲击、日晒、雨淋。

贮存时，应分批贮存在温度为40℃以下的仓库内，距热源不得小于1m，堆放高度不得超过 2m。

凡是在低于 0℃环境贮存的塑料地板，施工前必须置于室温内缓暖 24h 以上。

6）焊条

选用等边三角形或圆形截面，表面应平整光洁，无孔眼、节瘤、皱纹，颜色均匀一致。焊条成分和性能应与被焊的板相同。质量应符合有关技术标准的规定，并有出厂合格证。

7）乳胶腻子

石膏乳胶腻子的配合比（体积比）为石膏：土粉：聚醋酸乙烯乳液：水＝2：2：1：适量。滑石粉乳胶腻子的配合比（重量比）为滑石粉：聚醋酸乙烯乳液：水：羧甲基纤维素溶液＝1：（0.2～0.25）：适量：0.1。前者用于基层表面第一道嵌补找平，后者用于第二道修补打平。

8）底胶

按原胶粘剂（非水溶性）的重量加 10%65 号汽油和 10%的醋酸乙酯（或乙酸乙酯）搅拌均匀即成。如用水溶性胶粘剂，可用原胶加适量的水搅拌均匀即可。

9）胶粘剂

塑料板的生产厂家一般会推荐或配套提供胶粘剂；如没有，可根据基层和塑料板以及施工条件选用乙烯类、氯丁橡胶类、聚氨酯、环氧树脂、建筑胶等。所选胶粘剂必须通过试验确定其适用性和使用方法。如室内用水性或溶剂型胶粘剂，应测定其总挥发性有机化合物（TVOC）和游离甲醛的含量。胶粘剂应存放在阴凉通风、干燥的室内。胶的稠度应均匀，颜色一致，无其他杂质和胶团，超过生产期三个月的产品要取样检验，合格后方可使用。超过保质期的产品不得使用。胶粘剂的选用应符合《民用建筑工程室内环境污染控制规范》（GB 50325）的规定。

（3）机具准备

机械设备：空气压缩机、调压变压器、吸尘器、多功能焊塑枪、电热空气焊枪等。

主要机具：木工细刨、木锤、橡皮锤、拌腻子槽、油灰刀、铆刀、V 形缝切口刀、切条刀、剪刀、橡胶滚筒、焊条压辊、油刷、锯齿形涂胶刮板、塑料盆、皮老虎、医用注射器、称量天平、塑料布、开刀、砂袋等。

（4）作业条件

1）材料检验已经完毕并符合要求。

2）基面层与基层粘结牢固，不允许有空鼓、起壳。阴阳角必须方正，无灰尘和砂粒。基层含水率低于 10%。

3）检查验收门框，竖向穿楼板管线以及预埋件。

4）应已对所覆盖的隐蔽工程进行验收且合格，并进行隐检会签。

5）施工前，应做好水平标志，以控制铺设的高度和厚度，可采用竖尺、拉线、弹线等方法。

6）对所有作业人员已进行了技术交底，特殊工种必须持证上岗。

7）作业时的环境如天气、温度、湿度等状况应满足施工质量可达到标准的要求。

3. 施工工艺

（1）基层处理：把沾在基层上的浮浆、落地灰等用篾子或钢丝刷清理掉，再用扫帚将浮土清扫干净。用自流平地面找平，养护至达到强度要求。清水冲洗，不允许残留白灰。

（2）弹线：将房间依照塑料板的尺寸，排除塑料板的放置位置，并在地面弹出十字控制线和分格线。可直角铺板，也可弹45°或60°斜角铺板线。

（3）刷底胶：铺设前应将基底清理干净，并在基底上刷一道薄而均匀的底胶，底胶干燥后，按弹线位置沿轴线由中央向四面铺贴。

（4）铺塑料板：将塑料板背面用干布擦净，在铺设塑料板的位置和塑料板的背面各涂刷一道胶。在涂刷基层时，应超出分格线10mm，涂刷厚度应小于1mm。在粘贴塑料板块时，应待胶干燥至不沾手为宜，按已弹好的线铺贴，应一次就位准确，粘贴密实。基层涂刷胶粘剂时，不得面积过大，要随贴随刷。

（5）铺塑料板时应先在房间中间按照十字线铺设十字控制板块，之后按照十字控制板块向四周铺设，并随时用2m靠尺和水平尺检查平整度。大面积铺贴时应分段、分部位铺贴。

（6）塑料卷材的铺贴：预先按已计划好的卷材铺贴方向及房间尺寸裁料，按铺贴的顺序编号，刷胶铺贴时，将卷材的一边对准所弹的尺寸线，用压滚压实，要求对线连接平顺，不卷不翘。然后依以上方法铺贴。

（7）如设计有图案要求时，应按照设计图案弹出准确分格线，并做好标记，防止差错。

（8）当板块缝隙需要焊接时，宜在48h以后施焊，亦可采用先焊后铺贴。焊条成分、性能与被焊的板材性能要相同。

（9）冬期施工时，环境温度不应低于10℃。

4. 质量标准

塑料板面层应采用塑料板块材、塑料板焊接、塑料卷材以胶粘剂在水泥类基层上铺设。

水泥类基层表面应平整、坚硬、干燥、密实、洁净、无油脂及其他杂质，不得有麻面、起砂、裂缝等缺陷。

胶粘剂选用应符合现行国家标准《民用建筑工程室内环境污染控制规范》(GB 50325)的规定。其产品应按基层材料和面层材料使用的相容性要求，通过试验确定。

（1）主控项目

1）塑料板面层所用的塑料板块卷材的品种、规格、颜色、等级应符合设计要求和现行国家标准的规定。

检验方法：观察检查和检查材质合格证明文件及检测报告。

2）面层与下一层的粘结应牢固，不翘边、不脱胶、无溢胶。

检验方法：观察检查和用敲击及钢尺检查。

注：卷材局部脱胶处面积不应大于 20cm²，且相隔间距不小于 50cm 可不计；凡单块板块料边角局部脱胶处且每自然间（标准间）不超过总数的 5% 者可不计。

（2）一般项目

1）塑料板面层应表面洁净，图案清晰，色泽一致，接缝严密、美观。拼缝处的图案、花纹吻合，无胶痕；与墙边交接严密，阴阳角收边方正。

检验方法：观察检查。

2）板块的焊接，焊缝应平整、光洁，无焦化变色、斑点、焊瘤和起鳞等缺陷，其凹凸允许偏差为 ±0.6mm。焊缝的抗拉强度不得小于塑料板强度的 75%。

检验方法：观察检查和检查检测报告。

3）镶边用料应尺寸准确、边角整齐、拼缝严密、接缝顺直。

检验方法：用钢尺和观察检查。

4）塑料板面层的允许偏差应符合表 3-18 的规定。

检验方法：应按表 3-18 的检验方法检验。

塑料板面层的允许偏差和检验方法（mm）　　　表 3-18

项次	项 目	允许偏差	检 验 方 法
1	表面平整度	2.0	用 2m 靠尺和楔形塞尺检查
2	缝格平直	3.0	拉 5m 线和用钢尺检查
3	接缝高低差	0.5	用钢尺和楔形塞尺检查
4	踢脚线上口平直	2.0	拉 5m 线和用钢尺检查
5	板块间隙宽度	—	用钢尺检查

5. 成品保护

（1）施工时应注意对定位定高的标准杆、尺、线的保护，不得触动、移位。

（2）对所覆盖的隐蔽工程要有可靠保护措施，不得因铺设塑料板块面层造成漏水、堵塞、破坏或降低等级。

（3）塑料板面层完工后应进行遮盖和拦挡，避免受侵害。

（4）后续工程在塑料板面层上施工时，必须进行遮盖、支垫，严禁直接在塑料板面上动火、焊接、和灰、调漆、支铁梯、搭脚手架等；进行上述工作时，必须采取可靠保护措施。

6. 安全环保措施

（1）在运输、堆放、施工过程中应注意避免扬尘、遗撒、沾带等现象，应采取遮盖、封闭、洒水、冲洗等必要措施。

（2）运输、施工所用车辆、机械的废气、噪声等应符合环保要求。

（3）电气装置应符合施工用电安全管理规定。

（4）易燃材料较多，应加强保管、存放、使用的管理。

7. 质量记录

（1）材质合格证明文件及检测报告。

（2）胶粘剂合格证明文件及复试报告。

（3）塑料板面层分项工程质量验收评定记录。

（4）覆盖部位的隐蔽工程验收记录。

8. 常见质量通病

（1）面层翘曲、空鼓

1）基层不平或刷胶后没有风干就急于铺贴或粘的过迟黏性减弱，都易造成翘曲和空鼓。

2）底层未清理干净，铺设时未滚压实、胶粘剂涂刷不均匀、板块上有尘土或环境温度过低，都易造成空鼓。

（2）高低差超过允许偏差

1）板块厚薄不均匀，铺设前未进行认真挑选。

2）涂胶厚度不一致，差距过大。

（3）板面不洁净

1）铺设时刷胶太多太厚，铺贴后胶液外溢未清理干净。

2）地面铺完后未做有效的成品保护，受到外界污染。

（4）面层凹凸不平

表面平整度差，涂胶用力不均，温度过低。做自流平找平时未按要求施工，或上人过早，造成基底不平整。

（5）错缝

板的规格尺寸误差大，角度不准，施工方法不对。

小结

本节基于楼地面面层施工工作过程的分析，以现场楼地面面层施工操作的工作过程为主线，分别对水泥混凝土面层、水泥砂浆面层、现浇水磨石面层、砖面层、石材面层、实木地板面层、复合木地板面层、地毯面层和塑料面层施工过程中的技术准备、材料准备、机具准备、施工工艺流程、施工操作工艺、施工质量标准、成品保护、安全环保措施和质量文件进行了介绍。通过学习，你将能够根据实际工程选用楼地面面层工程材料并进行材料准备，合理选择施工机具、编制施工机具需求计划，通过施工图、相关标准图集等资料制定施工方案，在施工现场进行安全、技术、质量管理控制，正确使用检测工具对楼地面面层施工质量进行检查验收，进行安全、文明施工，最终成功完成楼地面面层工程施工。

思考题

1. 简述天然石材地面铺贴施工方法。
2. 简述瓷砖、地砖地面铺贴施工方法。
3. 简述塑胶地板的施工工艺。
4. 试述实木木地板的施工方法。
5. 试述复合木地板的施工要点。

6. 试分析实木地板起鼓的原因和防治措施。
7. 试分析地砖地面空鼓的原因和防治措施。
8. 试分析水泥砂浆地面起砂的原因和防治措施。
9. 试分析陶瓷锦砖地面缝隙不顺直、纵横错缝的原因和防治措施。

操作题

1. 请选择地砖地面进行工程质量检测，并填写检验批验收记录表。
2. 请选择现浇水磨石地面进行工程质量检测，并填写检验批验收记录表。
3. 请选择复合木地板进行工程质量检测，并填写检验批验收记录表。
4. 请选择板块地面进行工程质量检测，并填写检验批验收记录表。

项目实训

砖地面地面施工工作任务书

班级　　　　　　姓名　　　　　　学号

工作名称	砖 地 面 施 工
工作对象	根据给出的工程图纸（部分），进行砖地面施工，按照工作要求完成
工作要求	学生根据学习内容，查阅相关资料，熟悉砖地面施工工艺、质量标准和安全环保措施；看懂上述施工图，做好施工准备工作，填写施工材料、机具清单，做好计划单；准备工作完成后，按照图纸要求进行砖地面施工，施工过程中注意劳动保护和环境保护。最后，进行检查评价，各小组陈述施工工艺、安全要求和质量要求
任务要求	根据工程施工图，正确进行工程施工准备，合理选择施工机具和材料等，进行砖地面施工，并符合砖地面施工施工工艺标准和建筑装饰装修工程质量验收规范的要求
基本工作思路	查阅相关资料，掌握砖地面施工工艺和质量标准，制定工作计划和组织分工，按照工艺流程进行砖地面施工，并按照验收规范要求过程控制施工质量，及时调整，最后进行工程质量检查验收

参 考 文 献

[1] 中国建筑工程总公司. 建筑装饰装修工程施工工艺标准. 北京：中国建筑工业出版社，2003，5.

[2] 本书编写组. 建筑施工手册（第四版 缩印本）. 北京：中国建筑工业出版社，2010，5.

[3] 刘念华. 建筑装饰施工技术. 北京：科学出版社，2002，8.

[4] GB 50300—2001 建筑工程施工质量验收统一标准.

[5] GB 50209—2002 建筑地面工程施工质量验收规范.

[6] GB 50210—2001 建筑装饰装修工程质量验收规范.

[7] GB 50327—2001 住宅装饰装修工程施工规范.

[8] 顾建平. 建筑装饰施工技术. 天津：天津科学出版社，1997.

[9] 李永盛，丁洁民. 建筑装饰工程施工. 上海：同济大学出版社，1999.

[10] 张蒙. 土木工程现场施工技术细节丛书——抹灰工. 北京：化学工业出版社，2008，1.

[11] 中华人民共和国工程建设标准强制性条文房屋建筑部分 2010 版. 北京：中国建筑工业出版社，2010，1.

[12] 中国建筑装饰协会. 建筑装饰实用手册. 北京：中国建筑工业出版社，2000.

[13] 建筑工人操作技能系列 VCD：抹灰工操作技能. 北京：机械工业出版社，2004，11.

[14] 中国建筑装饰协会. 住宅装饰装修工程施工规范操作实录演示（VCD）. 中国工程建设标准化协会，2004，6.

[15] 现行建筑施工规范大全（上下册）缩印本. 北京：中国建筑工业出版社，2009，12.

[16] 北京土木建筑学会. 装饰装修工程现场施工处理方法与技巧. 北京：机械工业出版社，2009，6.

[17] 叶刚. 建筑装饰装修工程施工与验收技术. 北京：中国电力出版社，2007，7.

[18] 北京土木建筑学会. 建筑装饰装修施工过程资料表格形成及填写范例. 北京：中国电力出版社，2009.

[19] 万方建筑图书建筑资料出版中心. 江苏省建筑工程施工资料表格填写范例（第三版）. 北京：清华同方光盘电子出版社，2008.